コーヒーの科学

「おいしさ」はどこで生まれるのか

旦部幸博　著

ブルーバックス

カバー装幀／芦澤泰偉・児崎雅淑
カバー写真／©ゲッティイメージズ
もくじ・章扉・本文デザイン／齋藤ひさの
本文図版／さくら工芸社

はじめに

私の本職は基礎医学、その中でもいわゆるバイオ系の研究者で、普段は大学でがんに関わる遺伝子を研究したり微生物学の講義を行ったりしています。そんな人間が、なぜ「コーヒーの科学」なんて本を執筆するのかと、不思議に思った方もいるかもしれません。

長らく更新をサボっているので胸を張って言えることではないのですが、私は「百珈苑」というコーヒーに関するウェブサイトを公開しています。インターネット黎明期の1996年に始めた、国内コーヒー分野では古株のサイトです。私がコーヒーに興味を持ったのは大学1年の冬のこと。初めての一人暮らしで迎えた誕生日に「何か一つ、新しい趣味でもはじめてみよう」と思い立ち、たまたま頭に浮かんだのがコーヒーでした。格段深い理由があったわけでもなく、「コーヒーは割と好きだし」という軽い気持ちで、近所のスーパーで挽き売りのコーヒー豆とペーパードリップの道具を買って、見よう見まねで淹《い》れてみたのがはじまりです。

当時はコーヒーの味がわかるどころか、じつはそれまでブラックで飲んだこともほとんどありませんでした。それでも「こりゃ何かが違うな」と、翌日近くの本屋でコーヒー本を買って「勉強」をはじめ、コーヒーミルを買ったり、好みの豆を求めて喫茶店巡りをしたり……そしてその後、大学院の研究室で昼食後に皆の分をまとめて淹れる「コーヒー係」を買って出るようになり、毎日淹れているうちにすっかり深みにはまってしまいました。いろんな抽出法や手網焙煎に手を染めたのもこの頃です。

そうして蓄積したコーヒーに関するコツや知識を公表しようと始めたのが「百珈苑」です。それを見てコメントをくれた人たちから誘いを受けて、メーリングリストや掲示板などで交流するようになり、彼らと情報交換しながら一層深みにはまり、現在にいたっています。

私は子供の頃の理科好きが高じて科学者になったような、いわゆる典型的な「理系人間」で、物事の原理や理論を考えずにはいられない癖があります。また大学院時代は生薬薬理という、薬用植物に含まれる有効成分を抽出して薬効を調べる研究が専門だったため、特にコーヒーの香味成分に興味を抱きつづけてきました。実際に自分で煎ったり淹れたりしていると、やり方一つでコーヒーの香味が大きく変わり、「コーヒーの香味の元になるのは何だろう?」「焙煎や抽出のとき、それらの成分はどう変動しているのだろう?」など、疑問が次々に湧いてきます。

ところが、国内のコーヒーに関する書籍をいろいろ探しても科学的な情報に踏み込んだものは少なく、答えはもちろん、手がかりさえもなかなか見つかりません。そこで古い専門書を一通り読んだ後は、海外の学術論文から情報をかき集めました。幸いＰｕｂＭｅｄなどの文献検索がオンラインで可能になり、ネット経由で入手可能な論文も増えたため、コーヒーに関する論文なら分野を問わず、片っ端から内容をチェックしつづけました。研究者とはいっても自分の専門分野以外に関しては素人同然です。「大学時代にもっと真面目に勉強しておけばよかった」と後悔しつつも、古い記憶と資料を頼みに、また知らない話題は教科書を見つけて一から勉強して読み進め……気付けば入手した文献はいつしか千本を越えました。

その甲斐あって、最近やっとコーヒー研究全体の輪郭がおぼろげに見えてきた気がしています。ただし、これらの研究は大企業の研究所で行われたものも多く、私たちに身近な、家庭や中小の自家焙煎店には当てはまらない部分が多々あります。現在は、親交のあるコーヒー屋さんたちや趣味人たちと一緒に、そのギャップを埋めていくことが当面の関心事になっています。

何だか、前書きだか自己紹介だか判らなくなってきましたが、本書はそんな私が二十余年前に読みたくてたまらなかった「コーヒーの科学」の本です。これまでに得た知識をエスプレッソみたいにぎゅっと濃縮して、ページの許すかぎり詰めこみました。当時の私と同じようにコーヒーを深く知りたいと願う人、理科好きの人、知的冒険を楽しみたい人、そして何より、コーヒーが好きな人たちの「なぜ?」に答える一冊になればと願います。

それでは、ぜひお気に入りのコーヒーでも飲みながら……。

コーヒーの科学　もくじ

第3章 コーヒーの歴史 63

第4章 コーヒーの「おいしさ」

第5章 おいしさを生み出すコーヒーの成分 129

第6章 焙煎の科学 165

第7章 コーヒーの抽出 219

第8章 コーヒーと健康 267

第1章

コーヒーってなんだろう？

科学を知ればコーヒーが変わる！

「あなたにとってコーヒーとはなんですか？」

昔、お茶やコーヒー好きが集まるインターネットのコミュニティで、みんなにそう質問してみたことがあります。「ほっと一息つくための嗜好品」「目覚めの一杯が一日のはじまり」「ケーキのお供」という答えから、「僕にとっては生活の糧です」と答えた喫茶店に勤めるプロの方。「私にはちょっと苦すぎて……」という紅茶派の人。中には「コーヒーはコーヒー以外の何物でもない」という何だか哲学的な回答まで、じつにいろんな視点から見た答えが返ってきました。

「視点が変われば、ものの見え方が変わる」と言うように、いつもと同じ一杯のコーヒーも、別の視点から見ると、また違う姿が見えてきます。コーヒー好きの一消費者の視点、喫茶店などのプロの視点……そして「科学の視点」もその一つです。特に化学、医学、生物学、工学といった自然科学の分野では、多くの研究者が「味や香りの正体は何だろう？」「健康への影響は？」など、コーヒーのさまざまな謎に挑んできました。

彼らの研究成果は学術論文などのかたちで公表されています。その分野の専門家以外が読むには正直、骨が折れるものも多いのですが、苦労に見合うだけの価値が詰まっています。日頃コーヒーに感じている疑問への答えやヒント、そしてコーヒーのような日常的な飲み物に、こんなに多くの「身近な科学の種」が潜んでいたのかと、いつも驚きの連続です。

この本では、すでにコーヒーに詳しい人はもちろん、コーヒーに少し興味はあるけどあまり知らないという方も対象にして、自然科学のさまざまな専門分野の最新論文に基づく知見を踏まえて、いろんな角度から「科学の視点で見たコーヒー」とその魅力に迫ります。

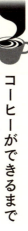

コーヒーができるまで

まずは各論に入る前に、これから迫ろうとする「コーヒー」がどのようにして作られているかについて、流れをおって説明しておきましょう。

私たちが普段飲んでいるコーヒー、もっと具体的にいうと「飲み物としてのコーヒー」は、元をたどれば、「コーヒーノキ」というアカネ科の植物の種子を原材料として作られています。

コーヒーノキは寒さに弱いため、熱帯から亜熱帯に位置する生産国のコーヒー農園で栽培されており、年に1回または数回、白い花を咲かせた後、「コーヒーベリー」または「コーヒーチェリー」と呼ばれるサクランボ大の果実を、枝にたくさん実らせます。果実は熟すると赤色または黄色に色づき、ほのかに甘く、果物としてそのまま食べることも可能です。ただし果実の大部分を大きな種子が占めているので果肉が薄く、あまり食べ応えがあるものではありません。

生産者にとっても私たち消費者にとっても、重要なのは果肉ではなく種子、すなわち「コーヒー豆」の方です。私たちが飲むコーヒーには砂糖や乳製品、中には香料や保存料などを加えたものもありますが、全てに入っているわけではありません。全てに共通するものはコーヒー豆と、抽出するための水（お湯）の二つだけ。これが原材料の全てだと言っていいでしょう。

果実とコーヒー豆の構造

ここでコーヒーの果実の構造を見てみましょう（図1－1）。コーヒーの種子、すなわち「コーヒー豆」は、幾重もの層に覆われたかたちで果実の中心に収まっています。いちばん外側を光沢のある果皮（外果皮）が覆い、その下にやや透明がかった果肉（中果皮）の薄い層があります。通常は、この果皮と果肉をあわせた部分を「パルプ（果肉）」またはコーヒーパルプと呼んでいます。果肉の内側には通常2個（または1個。58頁）の「パーチメント」と呼ばれる薄い殻のようなもので覆われた種子が入っていて、「ムシラージ（ミュシレージ）」または粘質物と呼ばれる、ヌルヌルした粘性のある果肉層がその周りを取り囲んでいます。

パーチメントは、果肉層のいちばん内側（内果皮または中果皮の一部など）が変化したもので、その中にある、梅干しで言うと俗に「天神様」と言われる「仁」の部分に相当するのが、コーヒーの種子である「生豆（なままめ、きまめ）」です。パーチメントの中は、内部をほとんど埋め尽くす大きさまで生豆が生長しており、収穫後間もないときには、周乳と呼ばれる液状の軟

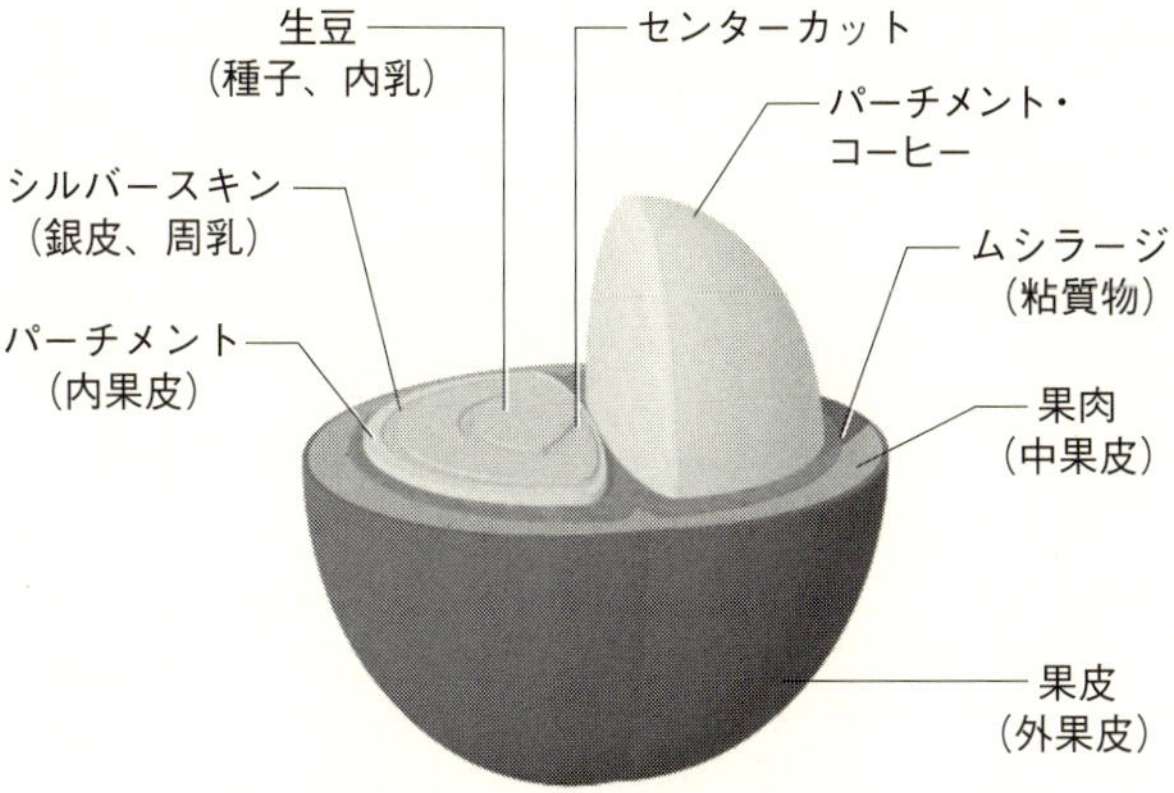

図1-1　コーヒー豆の構造

らかい組織がその隙間を満たしています。精製後のコーヒー豆では、乾ききった周乳が薄い皮膜になって生豆の表面全体を覆うとともに、生豆中央の溝（センターカット）の内部を埋めています。この皮膜のことを「シルバースキン（銀皮）」と呼びます。

コーヒーの加工工程

コーヒーの果実を収穫し、そこから最終的に「飲み物としてのコーヒー」を作るためには、何段階かの加工の工程が必要になります（図１－２）。大きく分けると、①農園で収穫した果実から生の生豆を取り出す「精製」、②生豆を加熱してコーヒーの味や香り、色を作り出す「焙煎」、③焙煎した豆から水（お湯）で成分を引き出して飲み物にする「抽出」です。

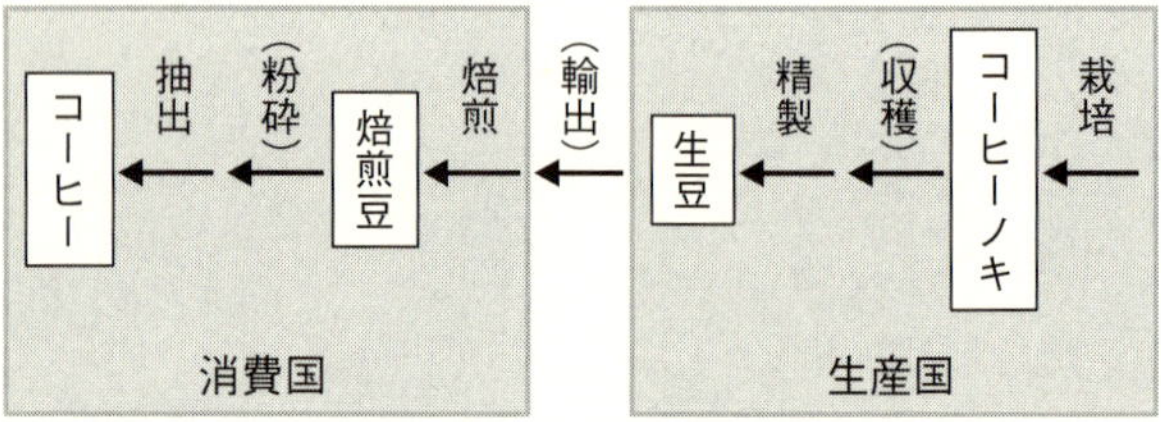

図1-2　コーヒーができるまで

精製

農園で収穫された果実は集積場に集められて、その中から生豆だけを取り出します。このときの工程が「精製（プロセシング）」です。プロセシングとはもともと単に「加工」を意味する言葉で、生産地では選別や乾燥などとあわせた一連の作業として行われます。国際的な用語集（ＩＳＯ３５０９）ではその後行う焙煎と粉砕までを、広い意味でプロセシングに含めていますが、本書では国内の用例にならって、生産地で生豆を取り出す工程を「精製」と呼ぶことにします。

先ほどのコーヒー豆の構造（図１－１）からわかるように、果実から生豆を取り出すには、それを取り巻くパルプやムシラージ、パーチメントを取り除く必要があります。特に生豆を直接覆っているのはパーチメントなので、これをどうにかして外してやればいいのです。収穫した直後の水分が多い状態では、生豆もパーチメントも柔らかくてなかなか上手く外れてくれませんが、ある程度乾かしてから機械的に力をかければパーチメントが「ぱちん」と割れて、中から生豆が飛び出てきます。この「パーチメントがある程度乾いた状態」までどうやって持っていくかという方法の違いから、コーヒーの精製はいくつかの方式に分類されます。

■乾式精製（ドライプロセス）：別名、ナチュラル、非水洗式（アンウォッシュト）

水を使わない精製法で、収穫した果実をまるごと天日干しし、完全に乾燥させます。からからに干涸《ひから》びるとパルプ、ムシラージ、パーチメントがくっついて厚い殻（ハスク）になり、それを割ると中から生豆だけが出てきます。コーヒー利用の初期から行われていた歴史的にもっとも古い方法で、水の便が悪いブラジル南部やイエメンなどでは今でも主流の精製法です。

■湿式精製（ウェットプロセス）：別名、水洗式（ウォッシュト）

精製に水を使う方法です。後述の半水洗式も精製に水を使うため、こちらを「フルウォッシュト（全水洗式、英語では fully washed）」と呼んで区別することもあります。この方法ではまず、果実をパルパーという器械にかけて、果皮と果肉を剝き取り洗い流します。しかし、普通のパルパーではパーチメントにくっついているムシラージまでは完全に取り除くことができません。そこで、これを大きな水槽に浸けて一晩ほどおきます。するとその間に水中微生物による発酵でムシラージが分解されていくので、その後もう一度表面に残ったヌルヌルを洗い流して、パーチメントに覆われた生豆を取り出します。この状態のものを「パーチメント・コーヒー」と呼び、この状態で保管しておいて、パーチメントの薄い殻（ハル）を脱穀してから輸出します。パルパーが発明された1850年代からカリブ海などで行われるようになり、その後世界各地で主流になりました（73頁）。

■半水洗式（セミウォッシュト）

前の二つの折衷型で、前半のパルプ処理までは湿式、後半は乾式と同様なので「パルプト・ナチュラル」とも呼ばれます。全水洗式がパルプ処理後と水槽発酵後の合計2回の水洗いをするのに対して、こちらは1回だけなので「半」水洗式。半分だけとは言え精製に水を使うので、国際用語集では湿式の一種として分類されています。

20世紀に入ってパルパーの改良が進んだことで生まれた比較的新しい精製法です。高性能のパルパーやムシラージ・リムーバーと呼ばれる器械を使って、パルプだけでなくムシラージの部分までこそぎ落とし、パーチメントに覆われた状態で乾燥、脱穀して生豆を取り出します。1980年代以降にブラジルで広まったものですが、近年はムシラージをどこまで削るかで香味を調節できることから、コスタリカやパナマなど中米の農園では「ハニー精製」という名前で、スペシャルティコーヒー（81頁）という高級品作りに応用されています。インドネシアのスマトラ島やスラウェシ島で行う「スマトラ式」という精製法も、半水洗式の一種に分類されます。

Coffee Column

動物の○○から採る最高級コーヒー

インドネシアに「コピ・ルアク」という一風変わった、時に100g1万円以上もする、高価なコーヒーがあります。「コピ」はコーヒー、「ルアク」はジャコウネコを意味する現地語です。じつはこのコピ・ルアク、コーヒーの果実を食べたジャコウネコの糞から未消化の生豆だけを集めたものです。「なぜわざわざそんなものを」と思うかもしれませんが、その歴史は古く、19世紀後半のフランスの文献でも既に紹介されています。当時から「知る人ぞ知る」珍品として、高値で取引されていたのですが、「動物の糞から採る、世界で最も高価なコーヒー」として1995年にイグノーベル賞を受賞したり、映画に取り上げられたりして、一躍有名になりました。動物に果肉を消化させて生豆だけを取り出すと考えれば、これも精製法の一種だと言えるでしょう。

汚いと思うかもしれませんが、生豆はパーチメントに覆われたまま出てくるので、中身は「一応」汚れていませんし、万一、雑菌が付いていても焙煎すれば全部死ぬので「一応」衛生的にも問題ありません。もちろん、気分的にどうかは人それぞれなので、無理にはお薦めしませんが。

あまりに高値で売れるものだからか、近年ではサルの糞から集めるインドの「モンキーコーヒー」や、ジャクーという鳥の糞から集めるブラジルの「ジャクーコーヒー」、タイではなんとゾウにコーヒーの果実を食べさせて作る「ブラックアイボリー」という類似品も出ています。また本家のコピ・ルアクでは、狭い檻に閉じ込めたジャコウネコにコーヒー豆を無理矢理食べさせて作る業者もいて、動物虐待ではないかと社会問題化しつつあるようです。ユニークなコーヒーですが、あまり話題になりすぎて過熱するのも、考えものかもしれません。

焙煎

精製された生豆は、保管中のカビ発生を防ぐために水分量が12％以下になるまで乾燥させた後、生産国から消費国に輸出され、そこで次の加工処理である「焙煎」が行われます（166頁）。コーヒーの焙煎とは一言でいうと「生豆を乾煎《からい》りすること」で、残った水分を飛ばしながら、通常180〜250℃まで加熱していきます。コーヒー豆は焙煎された後、時間が経過するにつれて香りが抜けたり成分が変質したりして、香味が劣化していきます。この経時劣化を最低限にとどめるために、焙煎は生産地ではなく消費地またはその近くで行うのが一般的です。

焙煎は、生豆中の成分をコーヒーの色、香り、味の成分に作り変える、とても重要な工程です。英語では、焙煎前の生豆を「グリーンコーヒー」と呼びますが、その名の通り緑がかった色合いで、香りも味も青臭く、そのまま煮出しても、「私たちの知っているコーヒー」にはなりません。そんな生豆を焙煎すると、次第に褐色、黒褐色と変化していくとともに、香ばしい匂いと苦味を持った「焙煎豆」に生まれ変わります。まったく同じ生豆を原料にしても、焙煎の度合い（焙煎度）が「浅煎り→中煎《ちゅうい》り→深煎り」と進むにつれて、とても元が同じとは思えないくらい、味や香りは大きく変化していきます。どんなコーヒーが好みかは人それぞれですが、その特徴となるどんな香味も焙煎抜きでは生まれないと言っても決して過言ではないでしょう。

抽出

焙煎されたコーヒー豆は、「コーヒーミル」と呼ばれる器具で挽いて小さく砕いた後、その中の成分をお湯や水に溶かし出します。この工程が「抽出」で、これでようやく私たちが普段口にする「飲み物としてのコーヒー」が完成します（220頁）。ひとたび抽出されたコーヒーは、焙煎豆のときよりもはるかに変質しやすいため、香味を重視するならば抽出はできるだけ飲む直前に行うのが理想的です。インスタントや缶コーヒーなどを除けば、家で飲むときには自分たちで抽出することになりますから、抽出こそがもっとも私たちにとって身近な加工工程だと言っていいでしょう。
色や味、香りの成分が新しく生まれる焙煎の過程とは違って、抽出の過程では特に新しい成分が生み出されるわけではありません。しかし焙煎豆に含まれる数多くの成分の中から、どの成分がどれだけ出てくるかのバランスによって、出来上がるコーヒーの香味は変わります。ドリップ、サイフォン、エスプレッソ、プレス式……いろいろな抽出法がありますが、それぞれ専用の器具や機械を使って行うため、この成分バランスに違いが生じます。また同じ抽出法でも、わずかな条件の違いによって、成分バランスが変わることが珍しくありません。喫茶店で飲んだのと同じ焙煎豆、同じ器具を使っているはずなのに、自分で淹れても同じ味にならなかったり、昨日はおいしく出来たコーヒーが今日は同じ味にならなかったりするのもこのためです。抽出は「コーヒーという飲み物」を作り出す、いわば「総仕上げ」に当たる重要な工程です。

こうして、農園で収穫されたコーヒーの果実から、①精製　②焙煎　③抽出の加工を経て、私たちが飲んでいるコーヒーが作られているのです。

第2章

コーヒーノキとコーヒー豆

図2-1　コーヒーノキの葉と花　(写真提供:《左》Forest & Kim Starr,《右》Secretaria de Agricultura e Abastecimento)

「コーヒーノキは、アカネ科のコーヒーノキ属(コフェア属)に属する常緑樹です」……というのが、コーヒー関係の本では「お約束」の書き出しです。そこから品種や生産地の説明に入るのがこれまたお約束なのですが、ここではもう少し詳しく植物学の世界に踏み込んでみましょう。

アカネ科ってどんな植物?

コーヒーノキが含まれるアカネ科は、被子植物門双子葉植物綱キク亜綱リンドウ目に含まれる植物のグループで、南極大陸と、アフリカ・アジアの一部を除く、地球上のほとんどの場所に分布しています。現在、６０９属１３６７３種が含まれており、植物の科の中ではキク科、ラン科、マメ科に次いでトップ４、植物全体の約４％を占める一大グループです。草や、つる状のもの(草本植

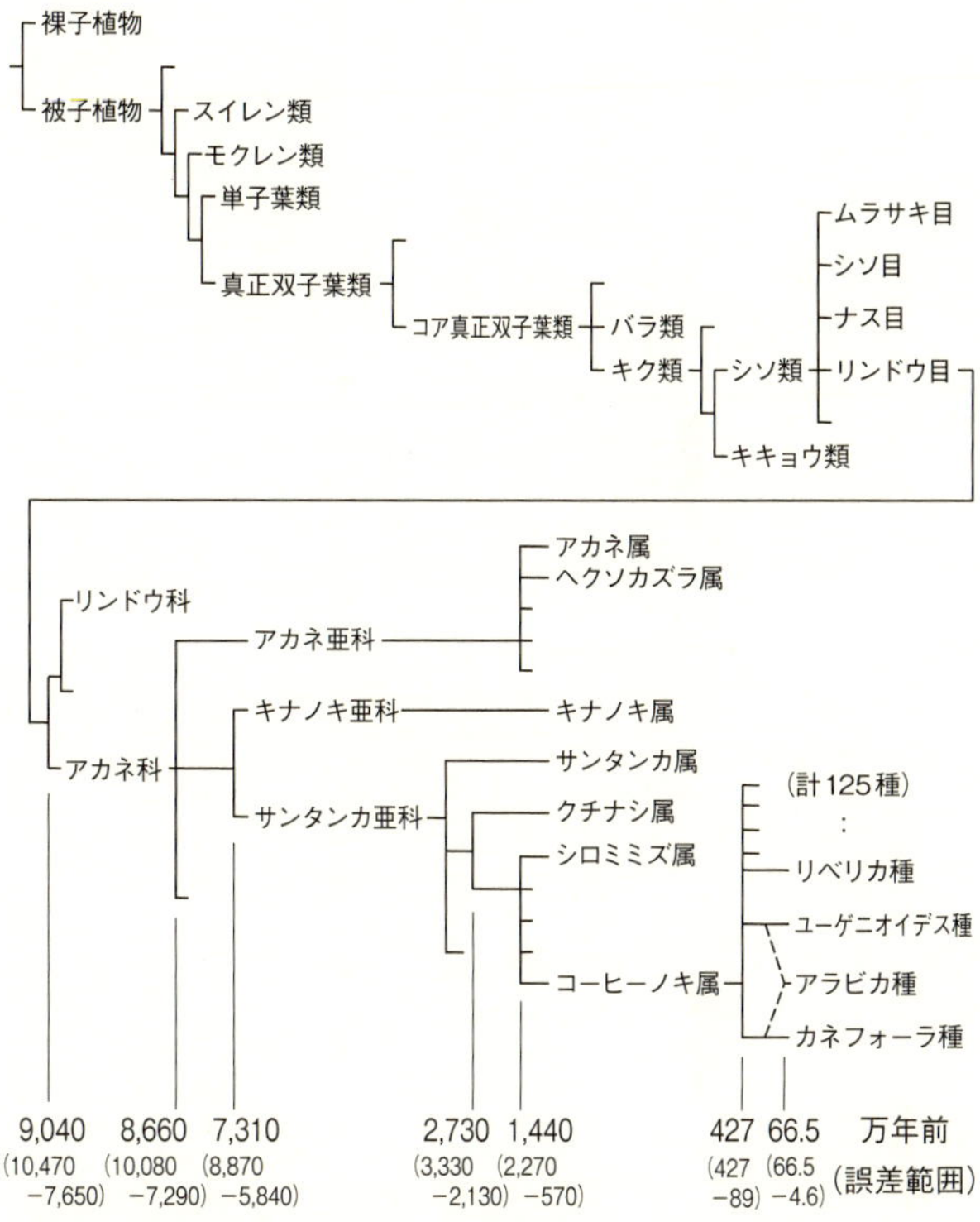

図2-2　アカネ科とコーヒーノキの系統樹　APG III, Bremer & Eriksson (2009), Yuら (2011) を元に作成

物）と樹木になるもの（木本植物）の両方がありますが、熱帯性の低木が特に多く、葉や花の形態に共通の特徴が見られます。一部の例外を除いて、アカネ科植物の葉は切れ込みやギザギザがない真っ直ぐな葉縁をもち、枝の同じ場所から2枚の葉が左右対称に付いていて、葉の付け根に托葉と呼ばれる小片が付きます。また花びらは複数あるように見えますが、付け根のところで一つにくっついて筒状になっており、花びらの付け根よりも下の枝寄りの部分に、将来、果実と種子になる子房があります。これらはコーヒーノキにも共通する特徴です（図2－1）。

アカネ科には、染料の原料となるアカネや、マラリアの特効薬キニーネが発見されたキナノキ、その芳香が歌にもなったクチナシなど、ヒトとの関わりが深い植物もいくつか含まれます（図2－2）。しかし有名なのはこの程度で、トップ4という割には、栽培作物や園芸植物として身近なキク科、ラン科、マメ科はもちろん、5位のイネ科より存在感が薄いことは否めません。アカネ科の中で最もヒトとの関わりが深い植物はコーヒーノキだと言ってもいいでしょう。

コーヒーノキの起源

アカネ科コーヒーノキ属、すなわちコーヒーノキの仲間は、現在はアフリカ、東南アジア、中南米、ハワイなど、赤道に沿って地球をぐるりと一周する、北回帰線から南回帰線までの地帯（コーヒーベルト）で見ることができます（図2－3）。ただしそのほとんどは元から自生してい

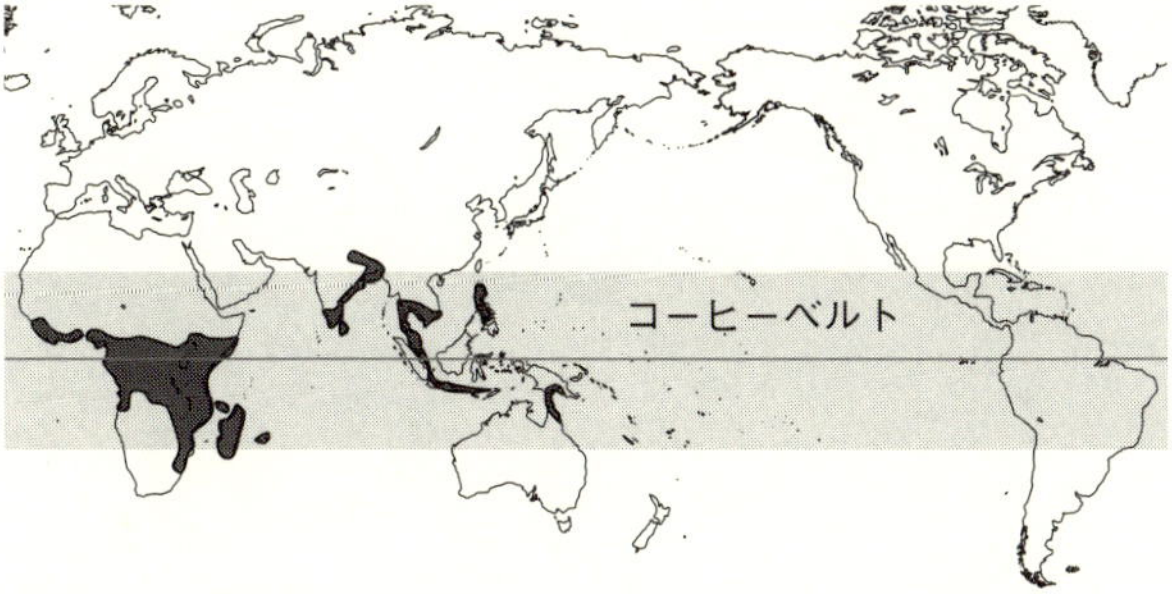

図2-3　コーヒーノキ属の分布　Davisら（2011）を元に作成

たものではなく、17世紀以降に人為的に持ち込まれた栽培品種です。野生のコーヒーノキ属はマダガスカル島を含むアフリカ大陸と、インド半島沿岸部からオーストラリア北東部にかけての南・東南アジアに分布しています。ちなみに日本はコーヒーノキの自生域には含まれませんが、沖縄や小笠原諸島などが栽培可能エリアに入ります。また日本の植物で最もコーヒーノキに近い仲間は、沖縄や南西諸島に自生するシロミミズという低木で、現地ではその種子をコーヒー代わりに飲むこともあるそうです。本土に自生する植物では、クチナシが最もコーヒーノキに近縁です。

こうした近縁の植物たちの中から、コーヒーノキはどのように生まれてきたのでしょうか。野生のコーヒーノキの仲間はアフリカ大陸、マダガスカル島、インドなどに分布することから、これらの地域が一つの巨大な大陸、ゴンドワナ大陸の中で近接していた約１億６０００万年前に、コーヒーノキの共通祖先が生まれ、大陸が分裂したときに離ればなれになったという仮説が、1982年にフランスの植物学者ルロワによって発表されました。これは元々、他の植物について提唱されていた仮説で、このような植物を「ゴンドワナ植物群」と呼びます。

　しかしこの「コーヒー＝ゴンドワナ植物説」は、近年コーヒーノキ属の遺伝子解析が進んだ結果、否定されつつあります。コーヒーノキ属が他のアカネ科植物から分岐したのは、もっと新しい時代だという説が現在の主流です。コーヒーノキの祖先はおよそ2730万年前にクチナシの祖先から分岐し、その後、1440万年前にシロミミズの祖先と分岐して、下ギニア地方（現在のカメルーン周辺）で生まれたと言われています。ここからアフリカ熱帯地域全体に広がった後、アフリカ大陸を縦断する大地溝帯（グレート・リフト・バレー）や海峡、サバンナなどで森林が分断された地域に分かれ、それぞれの環境に適応して進化しはじめました（図2-4）。これが約420万年前のことだと推定されています。これらの地域には、現在もそれぞれ固有のコーヒーノキ属の植物が自生しており、中でもカメルーン、タンザニア、マダガスカルは

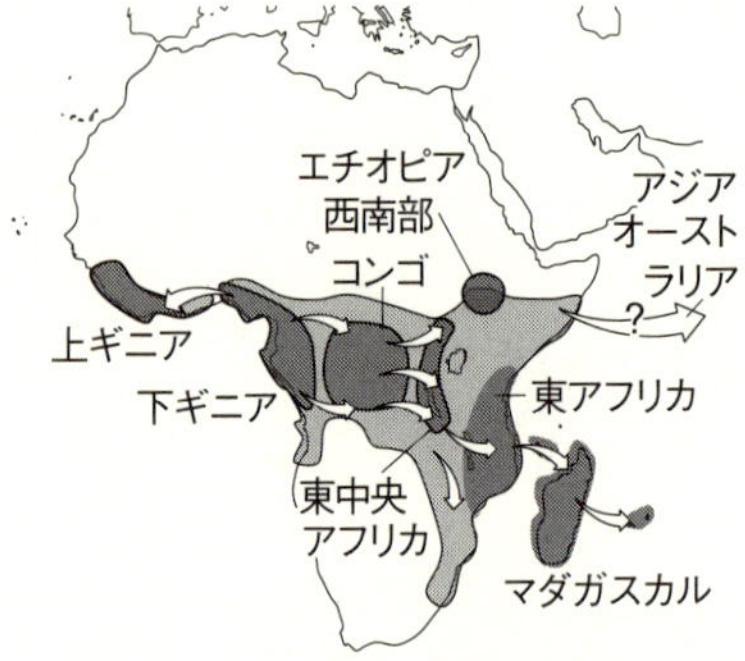

図2-4　アフリカ大陸での伝播　Anthonyら（2010）を元に作成

遺伝的多様性が保たれている「ホットスポット」になっています。またアジア、オーストラリアにはソマリア半島の低地に適応したものが伝わったと考えられています。

こうしてコーヒーノキ属は世界に広がっていき、今では125もの種が知られています。しかし現在、その中で「コーヒー」を採るために栽培されているものは何とたったの2種類。アラビカ種とカネフォーラ（ロブスタ）種がほとんどすべてを占めています。

コーヒーノキ属の代表種

アラビカ種 *Coffea arabica* L.（1753）

アラビカ種はコーヒーノキ属を代表する種です。本書では特に断りを入れない場合、「コーヒーノキ」はこのアラビカ種のことを指すと考えてかまいません。125種のコーヒーノキ属の中で最もヒトとの関わりが深く、最も付き合いが長い植物種です。15~17世紀に飲用が広まった「最初のコーヒー」であり、その後の数百年間は、このアラビカ種が「世界で唯一のコーヒー」でした。現在も全生産量の約6~7割を占めており、私たちが普段飲むコーヒーのほとんどはアラビカ種のみか、あるいはアラビカ種をメインにカネフォーラ種をブレンドしたものです。

アラビカ種は、エチオピア（アビシニア）高原が原産です。より正確には、エチオピア高原の西南部、標高1300〜2000mに位置する、現在の行政区分では南部諸民族州とオロミア州の一部、19世紀にカファ王国という国があった地域が、元々の原産地だと考えられています（図2-4）。エチオピア西南部には今でも野生のコーヒーノキから生豆を得ていますが、地域によってはこうした野生または半野生のコーヒーノキから生豆を得ています。

アラビカ種は、標高1000〜2000mの、気温が低めの高地での栽培に適し、世界中で商業栽培されています。後述のカネフォーラ種と比べて、香味に優れた高品質のコーヒーとして高く評価されていますが、病虫害に弱いのが難点です。この弱点を克服するために後述のカネフォーラ種などとの交配で、耐病性のハイブリッド品種も作出されており（80頁）、それも生産上はアラビカ種に含められます。

カネフォーラ種 *Coffea canephora* Pierre ex A.Froehner（1897）

コーヒーノキ属の中でアラビカ種に次いで重要なのがカネフォーラ種です。この名前ではぴんとこないかもしれませんが、「ロブスタ」と言えばコーヒーに詳しい人ならわかるかもしれません。カネフォーラ種とロブスタ種は植物学上、同じ種であり、「カネフォーラ種」が正式な学名です（78頁）。ただしコーヒー業界では「ロブスタ」の呼び名がよく用いられます。

ロブスタとは「頑強な」「粗野な」という意味の言葉です。その名が示すようにアラビカ種よりも耐病性に優れ、低地でも栽培可能で、しかも収量が多いという「頑強さ」がありますが、香味はアラビカ種よりも「粗野」だと評価されており、安価で取引されています。こうした特徴から、洗練されていない古い栽培種だと思われがちですが、コーヒーの世界ではアラビカ種よりも「新顔」です。19世紀末に東南アジアでコーヒーさび病（カビの一種による伝染病、74頁）が流行したとき、唯一、全ての型のさび病に耐性を持つものとして見いだされ、以降、インドネシアやベトナム、インド、ブラジルの一部、西アフリカなどを中心に栽培されています。

カネフォーラ種は中央アフリカ原産で、現在は西アフリカから中央アフリカ高地に至るまでの広い範囲に自生し、標高250〜1500mの比較的多雨な環境を好みます。アラビカ種と比べて生豆のショ糖や油脂分の含有量が少なく、出来上がったコーヒーの酸味や香りでは劣ります。さらに「ロブスタ臭（ロブ臭）」と呼ばれる独特の土臭さがあり、これも低評価の原因になっています。一方で、苦味の元となるクロロゲン酸類やカフェインが多く、アラビカ種に少しブレンドすると苦味やコクが増強されます。イタリアの伝統的なエスプレッソではこれを狙って配合したり、ブレンドやインスタント、缶コーヒーでも高価なアラビカ種を節約するため配合することがあります。近年、生豆を蒸気で処理することでロブスタ臭を低減し、酸味を増やす方法が考案され（212頁）、10年前には全生産量の2割だったものが3〜4割にまで増加しています。

リベリカ種 *Coffea liberica* W.Bull. ex Hiern（1876）

少し古いコーヒー関係の本を読むと、アラビカ種、カネフォーラ種に、リベリカ種を加えた３種が「コーヒーの三原種」と呼ばれる、と書かれています。リベリカ種はその名の通り西アフリカのリベリアで最初に見つかったもので、カネフォーラ種よりも少し前からインドネシアで栽培されていました。カネフォーラ種ほどではないものの苦味が強く、香味の評価ではアラビカに劣ります。耐病性も両者の中間で、一部の型のさび病には抵抗性を持ちます。

現在では世界的にリベリカ種の生産量はごくわずかです。ただし、西アフリカやフィリピン、マレーシアの一部で栽培されており、ブラジルなどにも「デウェブレイ」というリベリカ種の変種が見られます。また、インドの試験場でアラビカ種との交配から生まれたSラインというハイブリッド品種の系統には、リベリカ種の遺伝子を受け継いでいるものがあります。

このほか、世界各国の農業試験場では、西アフリカのステノフィラ種や、マダガスカル島周辺やマスカレン諸島のマスカロコフェアをはじめ、研究・育種のためにさまざまなコーヒーノキ属の植物が栽培されています。ただし商業規模に達しているものはほとんどありません。

種と品種

植物をはじめとする生物で、分類の基準となる単位は「種（生物種）」です。植物によっては、この「種」の下にもう少し小さな分類群として、亜種、変種、品種、栽培品種（園芸品種）を設ける場合があります。これらの下位分類をどう扱うかは栽培作物、園芸植物など分野で異なる部分もあるのですが、植物学上は一般に次のようになります。

亜種：種ほど大きな形態的な違いはないが、地理的分布や生態的に相違点があるもの。
変種：分布その他にはあまり違いがないが、形態的に複数の点で違いが見られるもの。
品種：八重咲きや花の色など、形態的な違いが一ヵ所だけの場合のもっとも小さな分類単位。
栽培品種：亜種、変種、品種につけられる「通り名」で、栽培作物や園芸植物に用いる。

コーヒーノキではアラビカ種やカネフォーラ種が分類上の「種」に相当します。また19世紀末から20世紀初頭にかけて、アラビカ種の中で果実が黄色いものや大型のものなど、形が異なるものが見つかり「変種」として扱われていました。しかしその後、エチオピア西南部での調査が進んだ結果、野生のアラビカ種の方がもっと大きなばらつきを持つ、遺伝的にも形態的にも多様な集団であることが判明したため、「変種」の基準を満たさないとして却下されています。したがって現在、アラビカ種には植物学上の亜種や変種は存在しません。以前は変種とされていたものも今は、多様なアラビカ種の中の「栽培品種」として扱われています。

アラビカ種は変わり種

さて、ここからはコーヒーを語る上でもっとも重要なアラビカ種を中心に話をしましょう。

もっともヒトに身近で、コーヒーノキ属を代表する存在として扱われるアラビカ種ですが、植物学的に見るとじつは125種の中でいちばんの「変わり種」です。最大の違いは染色体の数です。アラビカ種を除くコーヒーノキ属の染色体数は22本（2n）ですが、唯一、アラビカ種だけがその倍の44本（2n）です。

また自家受粉が可能なことも大きな特徴です。じつはコーヒーノキ属には、おしべやめしべが花筒《かとう》から飛び出すくらい長い種類と、花筒に収まる短い種類があり、以前は前者がコーヒーノキ属（105種）、後者はプシランツス属（20種）という別の属に分類されていました。この花の形の違いは受粉の様式に関係しています。前者は、自分の花粉とめしべでは受粉できない「自家不和合性」という性質を持っています。またほとんどが風媒花で、突き出たおしべやめしべは、花粉を風で運んで他の樹とやりとりするのに適しています。一方、後者は自家受粉可能（自家和合性）で、同じ花筒の中で受粉が成立します。

自家不和合性と自家和合性、どちらを選ぶかはその植物の生存戦略に関わっています。自家受粉が可能なら、確実に受粉して子孫を残せるメリットがある反面、遺伝的多様性が失われやすく、急激な環境変化に弱くなるというデメリットがあります。一方、自家受粉不能ならばその反対で、遺伝的多様性を確保できますが、送粉に失敗するリスクが高くなります。このどちらを選択するかで、コーヒーノキ属はそれぞれの花の形を選んだわけですが、アラビカ種は他家受粉に適したタイプの花を持ちながら、自家受粉が可能という異色の存在なのです。

この特徴は、コーヒー栽培が世界に広まった歴史にも影響しています（69頁）。コーヒーノキがイエメンから持ち出されたときも、オランダ、パリ、マルティニーク島と運ばれたときも、ブラジルに盗み出されたときも、それぞれわずか1〜数個の種子や苗木で新しい土地への移植に成功しました。これは自家受粉ができるアラビカ種だからこそ可能だったことです。これが例えばカネフォーラ種のように自家受粉できないタイプだったなら、たくさんの種子や苗木を一度に移植しないと、子孫を増やすどころか、種子である生豆を採ることも不可能なので、コーヒー栽培が今のように全世界に普及していなかったかもしれません。

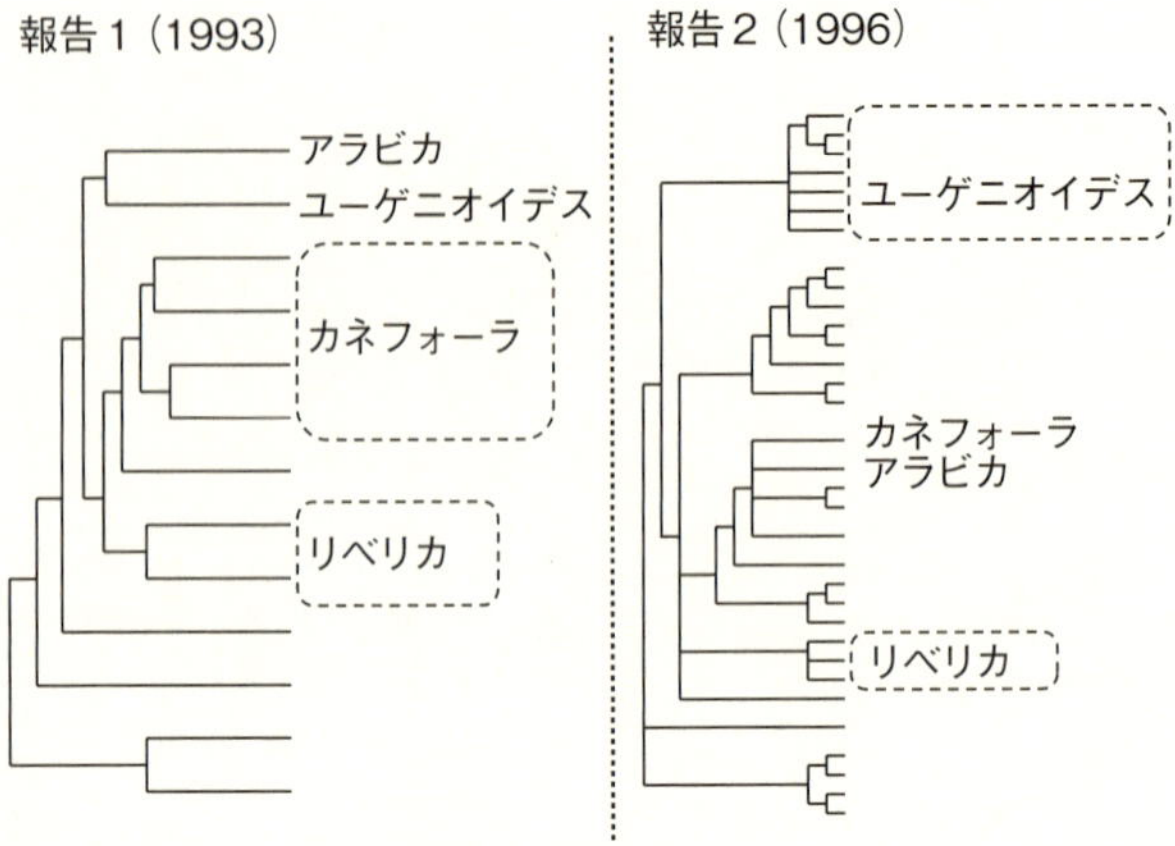

図2-5　コーヒーノキ属の遺伝子解析　Lashermesら（1993, 1996）を元に作成

アラビカ種の生い立ち

この変わり種のコーヒーノキ、アラビカ種はどのようにして生まれてきたのでしょうか。

それを解明したのは、1990年代に始まったコーヒーノキの遺伝子解析です。アラビカ種を含めたコーヒーノキ属の遺伝子を系統分析したところ、奇妙なことに二つの異なる結果が得られました（図2-5）。ある研究ではアラビカ種はカネフォーラ種ともっとも近縁、別の研究ではユーゲニオイデス種という、あまり知られていない種と近縁という結果になったのです。このユーゲニオイデス種は、タンザニア西部の標高1000～2000mの高地に自生する種で、自家受粉は不能、現地ではコーヒーとして飲むこともあるそうです。また生豆にカフ

表2-1　カネフォーラ、アラビカ、ユーゲニオイデスの比較

	カネフォーラ種	アラビカ種	ユーゲニオイデス種
染色体数（2n）	22	44	22
生息地域	西～中央アフリカ	エチオピア西南部	タンザニア西部
標高（m）	250～1,500	1,000～2,000	1,000～2,000
降雨量	多雨～湿潤	湿潤～やや乾燥	湿潤～やや乾燥
生豆中のカフェイン量（乾燥重量中）	2.4%	1.2%	0.3～0.8%

ェインが少ないことから、近年、低カフェイン品種の開発用としても注目されています。

その後、さらなる研究の結果、アラビカ種が持つ44本の染色体のうち、半数の22本がカネフォーラ種、残りの22本がユーゲニオイデス種のものに近いことが判明しました。また、母親のみから引き継がれる、葉緑体とミトコンドリアのDNAを遺伝子解析すると、アラビカ種はユーゲニオイデス種に近いという結果が得られました。これらを総合すると、アラビカ種は、カネフォーラ種の祖先を父方に、ユーゲニオイデス種の祖先を母方とする、異種交配によって生まれ、さらにそのとき染色体数が倍加した、「異質四倍体」と呼ばれるタイプの植物だと考えられます。なお、四倍体化すると同時に自家不和合性から自家和合性に変わる現象が他の植物で報告されており、アラビカ種が自家受粉可能なことも、四倍体化による副産物だと考えられています。

ところで、カネフォーラ種は西～中央アフリカの、比較的

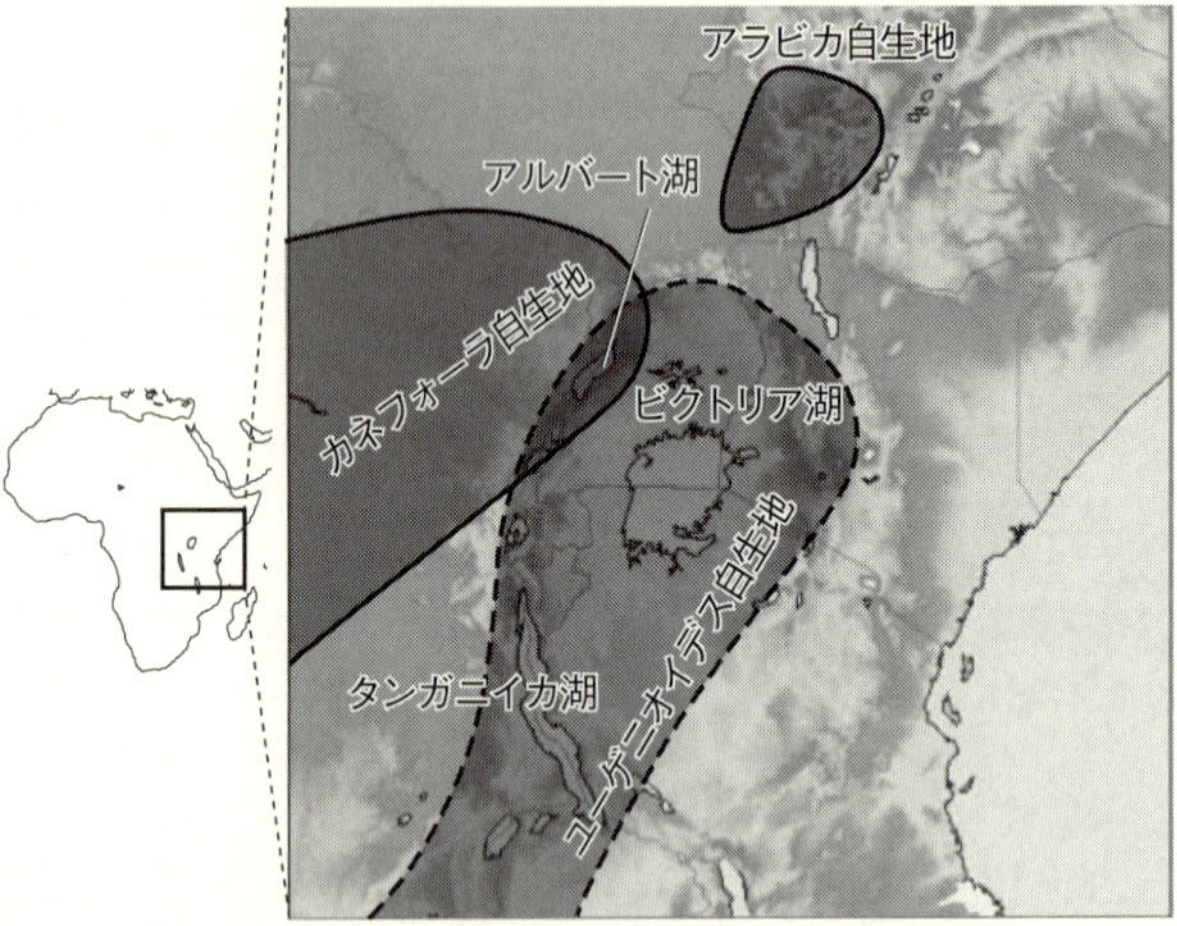

図2-6　アラビカ種の生まれ故郷　Lashermesら（1999）を元に作成

標高が低く雨が多い地域に見られるのに対し、ユーゲニオイデス種はやや乾燥した中央アフリカ高地に見られます（表2－1）。この生息地が異なる「アラビカ種の両親たち」は、どうやって巡りあったのでしょうか。じつは現在、両者が共生している地域が世界に一ヵ所だけあります。それはビクトリア湖北西に位置するアルバート湖の周辺です（図2－6）。このためフランス開発研究所（ＩＲＤ）のグループは、この周辺に生えていたユーゲニオイデス種の祖先に、カネフォーラ種の祖先の花粉が偶然受粉して、さらにこれが倍数化したものがアラビカ種の祖先だという仮説を提唱しています。

今から数十万年前にアルバート湖周辺で

生まれたアラビカ種の祖先は、その後山脈沿いにエチオピア西南部まで広がり、そこで大きな試練に見舞われたと考えられています。氷河期の到来です。現在からもっとも近い最終氷期（ヴュルム氷期）は7万年前にはじまりました。その寒さのピークである2万年前頃のアフリカには、冷たく乾燥した砂漠が広がり、エチオピア高原でも、特に高い山頂部は万年雪に閉ざされました。コーヒーノキは霜に弱いため、アラビカ種の祖先も次々に枯れていったと考えられます。そんななか、やや標高が低いエチオピア西南部は比較的温暖だったため、一部には森林も点在しており、アラビカ種はそこを「避難シェルター」として生き残ったのです。

やがて時が経ち、今から1万年前に最終氷期が終わると、そこから「氷河時代の生き残り」が再び繁殖をはじめ、それが現在自生するアラビカ種につながったと考えられています。

Coffee Column

コーヒーゲノムプロジェクト

2014年9月、フランスとアメリカを中心とする国際的な研究プロジェクトが『Science』誌に一報の論文を発表しました。コーヒーノキのゲノム解読が完了したのです。解析に用いられたのはアラビカでなく、カネフォーラ種（ロブスタ）でした。四倍体由来のアラビカよりもゲノムサイズが小さく、解読に向いていたからです。アラビカについては、ブラジルでEST（発現シーケンスタグ）ライブラリという、部分的な遺伝子データベースがすでに作製されており、これらとも照合しながら、アラビカ種のゲノム解読も現在進められています。

ゲノム解読によっていったい何がわかるのでしょうか。解読チームはさっそくコーヒーゲノムからカフェイン合成に関わる候補遺伝子を全てピックアップし、チャやカカオと比べた結果、コーヒーの遺伝子群だけが、他の植物との違いが大きいことを突き止めました。これはコーヒーが進化する過程で、カフェイン合成能を独自に獲得したことを意味します。言い換えると、植物にとってカフェインを作ることが、一種の「収斂進化《しゅうれん》」である可能性が示されたのです。

また、今回解読されたロブスタの「頑強さ」、特にさび病への完全耐性は、コーヒー生産の未来にとって大きな意義があります。解読されたゲノムのどこかに、耐さび病性のカギになる遺伝子があるはずだからです。それをアラビカに遺伝子導入すれば、新しい耐病品種が作出できると期待されます。また香味に優れた高品質な品種の開発などにもつながるかもしれません。ゲノム解読によって、コーヒーの植物学的研究は新たな局面を迎えたといえるでしょう。

コーヒーノキは「日陰者」？

現在、野生のアラビカ種はエチオピア西南部から南スーダンにかけての原生林に見られます。葉や実の形や大きさ、新芽の色などがばらばらで、きわめて多様な集団です。1950年代の採集調査では13種類に分類されましたが、まだまだ多くのものが眠っているとも言われています。現地ではこれらを「森のコーヒー（フォレスト・コーヒー）」と呼び、その果実を採取してコーヒー豆を得ています。また採取するときに周りの草木を刈るなど、少し人手が加わった、完全な野生とはいえないものは「セミフォレスト・コーヒー」と呼ばれます。こうした事情から、エチオピアのアラビカ種は植物学上、「エチオピア野生種、半野生種」と総称されます。なお、これらのアラビカ種は現在、温暖化による絶滅が危惧されています。

他にもエチオピアでは、他の生産国の栽培品種とは異なるアラビカ種の姿が見られます。例えば東部の古い産地の一つ、ハラー地方のジェルジェルツー村には、高さ8mにもなる樹齢100年以上の古木があり、村人たちが樹の周りに組んだ足場に登って収穫しています。一方、他の生産国では、樹高が高いと収穫しにくくなるため、2〜3mに剪定《せんてい》するのが一般的です。もともとアラビカ種は、他の高い木の陰で育つ陰生植物（陰樹）で、弱い日照でも生育に必要なだけの光合成を行うことが可能です。具体的には、日光を全く遮るものがない状態（完全日照）の2割程度で光合成能が頭打ちになります。このため原生林の中では、背の高い樹と下草の間のニッチ（生態的地位）を占める、樹高4～6ｍの低木として育ちます。

この植生的な特徴から、中米などいくつかの生産国では、農園にアカシアやバナナなど背の高い樹（シェードツリー）を混植して、その木陰にコーヒーノキを植える「シェード栽培」を行っています。彼らの説明によれば、原生林本来の環境を模したシェード栽培によって過度の気温上昇や葉の日焼けを防ぎ、高品質なコーヒーができるそうです。また農園の植生の多様さが昆虫や鳥などの生態系を維持し、環境や遺伝的多様性の維持に有用だとか、結果的にコーヒー農園の病虫害が減るなど、エコロジー面のメリットを主張する人もいます。

一方でシェード栽培には、日当たりが減って花芽の付きが悪くなるのに加え、収穫その他で機械を導入しにくくなるため、生産性が低下するデメリットがあります。このため、もともと霧が多くて日照が弱い地域では、シェードツリーを使わずにコーヒーノキ自身に陰を作らせる密植栽培も行われています。ブルーマウンテンで有名なジャマイカやブラジルの一部、ハワイなどがその代表です。これらの国の農業試験所からはシェードツリーを使わなくても品質に違いがないというデータが出ています。ただし、どちらが高品質になるかは、産地の気候や栽培法の違いによる向き不向きのほかに、自分たちのコーヒーが他の産地より良質だとアピールしたい生産国の思惑も絡んでくるため、どっちの言い分も鵜呑みにはできず、判断が難しい問題の一つです。

光合成以外に日照が影響するものに発芽抑制が挙げられます。植物の多くは日当たりのいい方が発芽しやすいのですが、コーヒーの発芽は強い光で抑制されるため、日陰の方が生えやすくなっています。こうした性質を獲得しながら、コーヒーノキは原生林に適応して生き残ってきたのです。

コーヒー豆は「豆」じゃない

コーヒー豆は英語で「ｃｏｆｆｅｅ　ｂｅａｎ」、直訳するとそのまま「コーヒー豆」ですが、ダイズやアズキなどの、いわゆる「豆類」とはその構造が大きく異なります。一般に豆類と呼ばれるマメ科植物の種子は、胚乳が退化消失しており、子葉（双葉）に養分が蓄えられる「無胚乳種子」です。これに対してコーヒー豆は、種子の大部分が胚乳で構成されている「有胚乳種子」です（図2－7）。その証拠に、生豆を上手く解剖すれば、3㎜ほどの胚（胚芽）の先に、小さな双葉がちゃんと付いているのが観察できます。生豆の端をナイフで少し切り落として胚の場所を確認し、そこから上手く切り出していけば観察できるので一度挑戦してみて下さい。

　有胚乳種子を食用などに利用する植物は、米や小麦、トウモロコシなど、単子葉植物に多く見られます。一方、双子葉植物では豆類、クリ、クルミ、アーモンド、アブラナなど無胚乳種子を利用するものばかりで、有胚乳種子を利用するのはヒマシ油や綿実油を採るトウゴマやワタ、そ

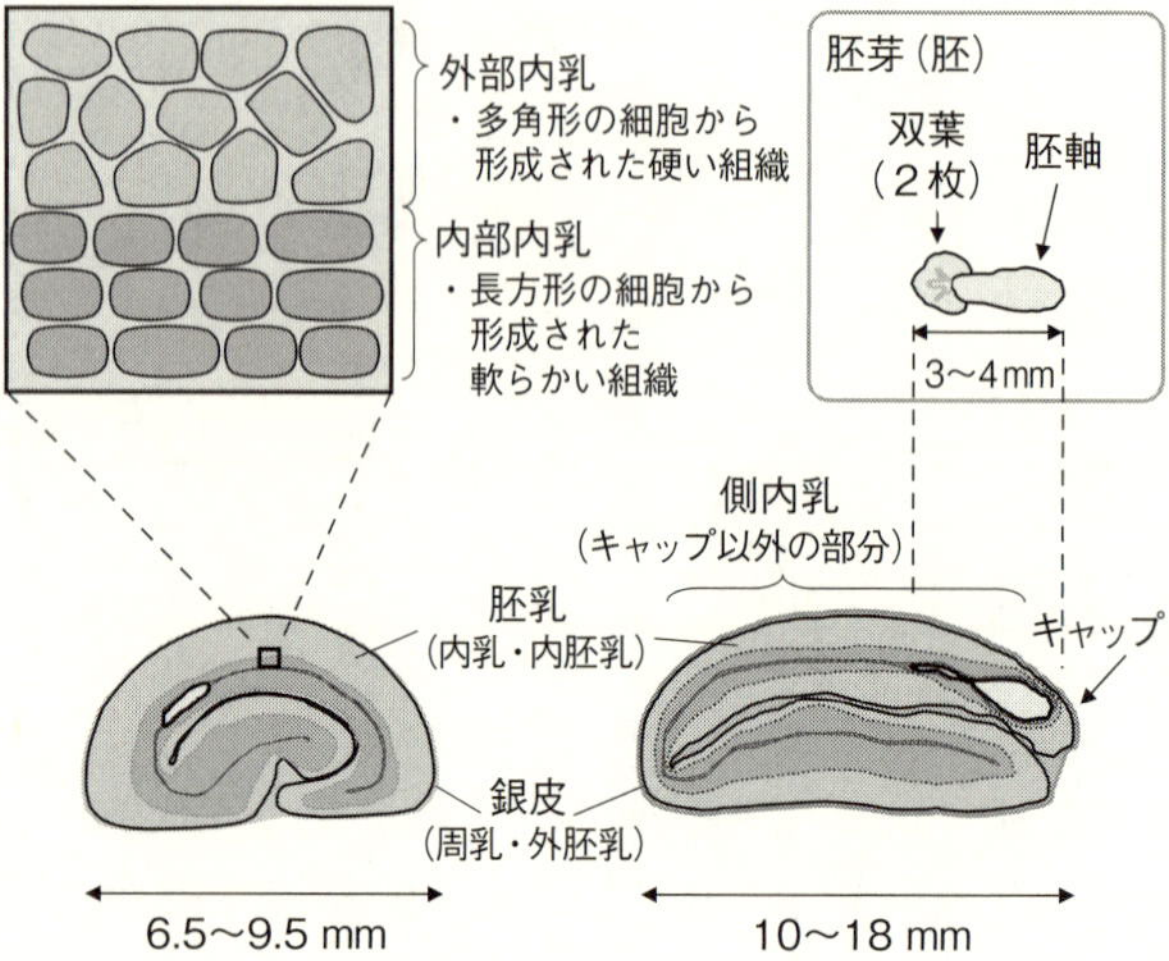

図2-7　コーヒー生豆の構造

してコーヒーとカカオくらいのもの。この点でも、じつはコーヒー豆はかなり異色の存在だと言えます。

植物の胚乳には、胚と同様に両親の遺伝子をどちらも持っているタイプと、果肉と同様に母方の遺伝子だけを持つタイプがあり、前者を「内乳」、後者を「周乳」と呼びます。内乳は被子植物に見られる重複受精（56頁）で生まれる胚乳細胞に、周乳は胚のうの周りにあった母方の植物組織（珠心）に、それぞれ由来する組織です。コーヒーの場合は生豆が内乳、それを包む銀皮が周乳にあたり、種子全体をパーチメントが覆っています。このため、パーチメントを「種皮」と呼ぶ人もいますが、厳密には、ここは果肉（内果皮、または中果皮の一部）が木化したもので、種子の表層組織が変化して生じる種皮とは別物です。コーヒー豆本来の種皮は退化消失しており、内乳の表面を覆う薄いワックス層がその名残です。

生豆を植えると芽が出るの？

昔、私が開設していたインターネット掲示板で「焙煎する前の生豆を地面に植えたら、芽は出るのですか?」と訊かれたことが何度かありました。簡単な答えは「出ない」なのですが、たまに発芽することがあって、意外とややこしい質問です。「パーチメントが外れたものは発芽しない」と答える人もいますが、それも簡単な答えとしては十分なものの、厳密に言うと誤りです。

少なくとも生産地で種子を播く場合、パーチメントが無くても発芽は可能です。突き破らないと芽が出せない分、むしろ邪魔な存在とも言え、実験室で人工培養するときはわざわざ外して発芽させることもあります。ただし輸入される生豆では話が別です。もともとコーヒー豆は時間が経つと発芽能力を失いやすく、アラビカ種ではパーチメント付きでも、半年程度で発芽率ががくんと落ちて、ゼロに近づきます。パーチメントを外すと、その直後は発芽率が高いのですが、胚が乾きやすくなるため、もともと短い胚の寿命がさらに短くなるのです。通常の生豆は、輸出するまでにパーチメントを外した上、途中でカビが生えないように水分量12％以下に乾燥させてあります。我々が目にする生豆がほとんど発芽しないのはこのためです。

パーチメントは乾燥だけでなく、他の環境ストレスや病害からも中身を守る働きがあるため、コーヒー農園でも普通はパーチメントが付いたままの種子を苗床に播きます。コーヒーノキは発芽に時間が掛かり、通常1～2ヵ月、気温が低いと3ヵ月近くかけて、土の中から頭をもたげてきます。このとき芽の先端にある双葉の部分はパーチメントに覆われたままです。スーパーで売られている「豆もやし」の形を思い浮かべるとよいでしょう。ただしコーヒーの芽はけっして「もやしっ子」ではありません。しっかりとした茎がピンと直立し、天に向かって真っ直ぐ伸びます。その見た目から、中南米ではこの段階のものを「フォスフォロ（マッチ棒）」とも呼びます。さらに生長するとパーチメントが外れて双葉が姿を現し、やがて本葉もでてきて若い苗木になり、その後、農園に移植されてコーヒーノキとして育てられるのです。

コーヒーの葉と新芽

コーヒーノキの苗や若木は日本の園芸店などでも入手できます。上手く育てれば花や果実をつけさせることも可能ですが、かつてブラジルで「緑の黄金（オウロ・ヴェルデ）」と讃えられた、その美しく光沢がある深緑色の葉だけでも、観葉植物として十分に楽しめるでしょう。

コーヒーノキの葉は長さ10～15cm程度で、先端が少し尖った楕円形をしています（図2-1）。表側は濃い緑色で、クチクラ層が発達しているため、丈夫で光沢があります。これは照葉樹に多く見られる特徴で、強すぎる日差しを反射して遮る役割を持ちます。葉の裏側はやや緑色が薄く、はっきり隆起した葉脈が見られます。葉脈の枝分かれする部分が少し膨らんでいますが、ここにはドマティア（ダニ室）と呼ばれる空間があり、小さなダニや微生物が棲み着いています。無害なダニとの共生によって他の病虫害から身を守っているとも言われています。

濃緑色のイメージが強いコーヒーノキの葉ですが、新芽のときは様相が異なります。コーヒーノキは茎や枝の先端に新しい葉となる新芽（頂芽）が生じ、アラビカ種では、この新芽がブロンズ色のものと、明るい緑色のものの二つのタイプに大別されます。これは品種の違いによるもので、前者はティピカ系、後者はブルボン系の品種に見られる特徴です。どちらの新芽も生長するにつれて、同じような濃緑色の葉になっていきます。この新芽の色は、遺伝的にはティピカ系が顕性（優性）で、両者を交配したハイブリッド品種ではブロンズ色に近くなります。ただし不完全顕性と言って色の出方が不安定なため、それだけでどちらの品種かを完全に判別するのは困難です。またエチオピア野生種の中には新芽が赤いものも見られます。

なぜコーヒーノキはカフェインを作るのか

コーヒーノキの新芽にはカフェインが高濃度で含まれており、葉が成長するにつれてその量は減っていきます。エチオピア西南部の一部にはコーヒーノキの葉をお茶のように飲む風習が見られますが、ひょっとしたら現地の人々は、新芽を含んだ葉からもカフェインの作用が得られることを経験的に知っていたのかもしれません。緑茶や紅茶などに用いるチャノキでも新芽を摘んで「お茶」にしますが、やはりカフェインは古い葉より新芽に多く含まれています。それにしてもコーヒーノキやチャノキは、いったい何のためにカフェインを作っているのでしょうか。

コーヒーノキで最もカフェインが多いのは生豆、つまり種子の部分です。じつはカフェインには他の植物の生育を阻害する作用があり、地面に落ちた種子から溶け出して周りに広がることで、近くに生えている植物を抑えて、自分だけが上手く生長できるように利用していると考えられています。

また、コーヒーノキやチャノキが新芽に多くのカフェインを含むのは、一説にはまだ柔らかい新芽を外敵から守るためだと考えられています。じつはカフェインは一部の昆虫や、ナメクジやカタツムリに対して毒性を示し、これらを寄せ付けない効果（忌避作用）があります。つまりカフェインは、外敵による食害から新芽を守るために植物が作り出した「化学兵器」の一つだと考えることが可能です。ただし現在、コーヒー農園ではカフェインを多く含む葉や種子を食べる昆虫が何種類も見られますし、チャノキにもチャドクガの幼虫など、葉を食べる天敵が数多く存在します。これらの昆虫は、コーヒーノキやチャノキがカフェインを作るようになった後、それを乗り越えるためにカフェインを食べても平気なように適応したものと考えられています。

こうした天敵が増えた今となっては、これらの植物がカフェインを作った最初の目的は果たせなくなっているのかもしれません。しかし一方で、カフェインを作っていたからこそ、嗜好品として利用され、コーヒーノキもチャノキも人為的に栽培されて世界中に子孫を残し続けていると考えることもできます。

節が大切

コーヒーノキの葉は2枚一組で枝につきますが、この葉がついている部分を「節」と呼びます。節は葉だけでなく、枝や花が生じる基点としても大事な場所です。2枚の葉の、それぞれの付け根を葉腋《ようえき》と呼び、ここに腋芽《えきが》と呼ばれる、枝や花の元になる芽がつきます（図2－8）。コーヒーノキの腋芽は一つの葉腋に5～7個ずつ縦に並んで生じますが、その中でいちばん枝先に近い、先頭の1個だけは特別で、もとの枝と直交して伸びる枝（側枝）の元になります。一方、先頭以外の腋芽は、花芽、もしくは直立枝というタイプの枝になります。そのどちらになるかは、日照や気温による植物ホルモンの変化で決まり、最初からはっきり決まっているわけではありません。

基本的に、コーヒーの花は側枝の節、それも一年間で新しく伸びた枝の節にできた花芽から生じます。つまり、4年目に伸びた側枝の節に5年目のはじめに花が咲いて実がなり、5年目に新

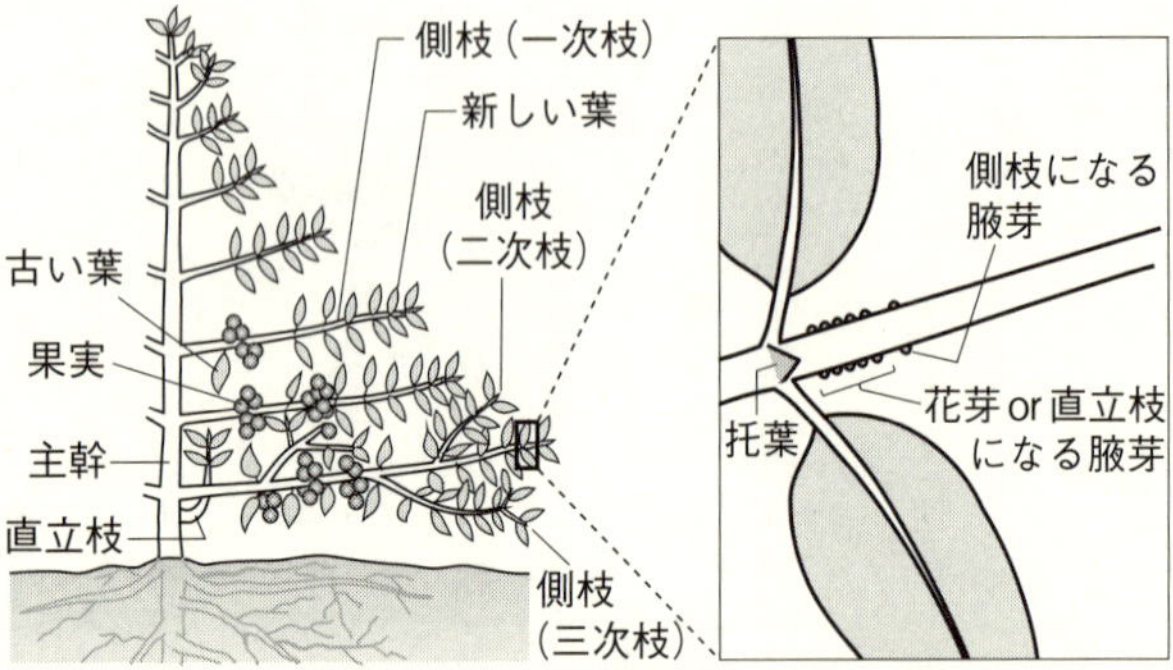

図2-8　枝（左）と腋芽（右）の付き方

たに伸びた枝に6年目のはじめに花が咲き……と、実のなる場所が年々シフトしていくのです。これは、一年でどれだけ側枝が生長して新しい節を作れたかで、収穫量が変わることを意味しており、コーヒーの生産量が変動しやすいこととも密接に関連しています。ある年に大量の花が咲くと、多くの養分が果実の生長に奪われるので、その年の枝の生長は抑えられます。その結果、翌年は果実があまり付かず収量が減りますが、その分、余った栄養で新しい枝が伸び、その翌年には再び収量が増えるのです。このためコーヒーには、一年おきに表年と裏年を繰り返す「隔年性」が生まれます。一度にたくさんの実をつける多収穫品種ほど、この傾向は顕著です。

また花や果実が節につくということは、節と節の間隔（節間）が短い方が、より密集して結実することを意味します。実際に、突然変異で節間が短くなり、幹や枝が短く、樹全体がコンパクトにまとまった矮性品種も見つかっています（61頁）。樹高が低くて収穫などの作業が楽になる上、側枝が横に張り出さない分、同じ面積の畑に、よりたくさんの樹を植えることが可能になるので、生産性が向上します。このため、現在は多くの国で矮性品種が主力になっています。

直立枝は、花芽と同じ腋芽から生じる、上に向かって伸びる枝です。別名サッカー（吸い取るもの）とも呼び、放っておくと主幹に回る栄養が奪われるため、多くの産地では剪定時に切るのが一般的です。なお、切り取った直立枝は挿し木や接ぎ木に利用可能です。特に、耐病性のロブスタを台木にアラビカを接ぐ方法が、土壌中の線虫による病害を防ぐ目的で利用されています。

コーヒーの花が咲く頃

コーヒー農園の多くは、熱帯から亜熱帯の高地にあり、年間を通して気温が15～25℃の、暑くも寒くもないところが理想的です。日本のようなはっきりした四季はなく、その代わりに雨季と乾季に分かれます。コーヒーの花芽は季節を問わずに生長を始めますが、乾季にできた花芽は4～6㎜まで生長すると、いったん休眠に入ります。そして雨季に入って雨を浴びると目を覚まし、降雨から3～10日後の早朝に開花するのです。特に雨季の最初に降る雨によって、たくさんの花が一斉に開くため、この一雨は「ブロッサム・シャワー」とも呼ばれています――じつは休眠中のつぼみが吸水すれば開花するので、霧吹きで水をかけるだけでもいいのですが、それは言

図2-9　コーヒーの花　一つ一つはジャスミンに似た見た目と芳香を持つ花が、ユキヤナギのように枝一面を覆う。たくさんのつぼみが集まって上に伸びる様子は現地で「ろうそくの炎」に喩えられる。（写真提供：Sweet Maria's Coffee Inc.）

わないのがロマンというものでしょう。

雨によって開花が調節されるため、開花の時期やタイミングは生産地の気候に左右されます。雨季と乾季がはっきり分かれる地域ほど、たくさんの花が一斉に咲き、違いがあまりはっきりしない地域では開花が分散しがちです。開花の6〜9ヵ月後が収穫期になり、雨季と乾季が年1回の地域では収穫も年1回、年2回の地域、違いが明確でない地域はそれぞれ年2回、ないし年間を通して収穫することが可能です。

アラビカ種では一つの花芽から通常2〜4個の花が咲きます。一つの節には左右それぞれ4〜6個の花芽が付くため、最大で48個もの花が咲く計算です。ただし品種その他の条件でも異なり、実際は数個〜20個が平均でしょうか。腋芽が多いカネフォーラ種ではその倍近く、20〜50個の花が一つの節に咲くことがあります。コーヒーの花は花柄《かへい》が短く、ほとんど葉の付け根から直接、たくさんの花が咲いたような状態で集まります（団散花序・図2－9）。1本の枝に、一定間隔で2枚の葉と数十個の花のかたまりが並び、特にたくさん咲いたときは枝全体が白い花に覆われます。開花期のコーヒー農園にはジャスミンのような甘い香りが漂い、山の斜面にある農園を遠目から見ると、まるでスキーのゲレンデが突然出現したかのように、白く輝いて見えるそうです。

受粉と受精

降雨で目覚めたつぼみの中では、おしべも成熟し、開花とほぼ同時に花粉が放出されます。1本の樹につき約250万個もの花粉が作られます。これは2万〜3万個の花に受粉可能な数です。花粉は風媒向きの小さな軽いもので、風に乗ると100m先の樹にも届きます。またミツバチなどの昆虫も、受粉の一部に関与するようです。めしべの先端に付着した花粉からは、すぐに花粉管が伸び、めしべの付け根に向かっていきます。このときアラビカ種以外では、めしべと花粉の遺伝子型が一致すると花粉管が途中で停止します。一方、アラビカ種ではこの「自家受粉防止装置」が働かないため、同じ樹の花同士、もしくは開花前に同じ花筒の中（閉花受粉）で、手っ取り早く受粉完了してしまい、種子の90％以上が自家受粉由来だと言われています。

めしべの付け根には将来、果実になる子房があり、その中に通常二つの部屋（子房室）があって、一部屋に一つずつ胚珠が入っています。コーヒーの花では発生初期に、めしべの元になる生殖器官（心皮）が2個でき、そこから生じる2本のめしべが発生中に1本に融合します。果実一つに2個の種子ができるのはこのためで、めしべの先端が二股に分かれるのもその名残です。

　胚珠の中には胚のうがあり、そこに卵細胞や中央細胞を含む「8核7細胞」が入っています。花粉管が胚のうに到達すると、花粉側から2個の精細胞が送られ、それぞれが卵細胞、中央細胞と受精します。「重複受精」と呼ばれる、被子植物特有の生殖様式です。こうして卵細胞と中央細胞からそれぞれ、胚（2n＝44）と胚乳（内乳、3n＝66）が生まれます。

果実と豆の生長

　コーヒーの花の寿命はアラビカ種では3日、カネフォーラ種では6日程度です。その間に受粉に成功すると花筒やめしべが落ちて、先端がわずかに膨らんだ花軸だけが残ります。その「虫ピン」のような見た目から「ピンヘッド」とも呼ばれます。受粉後、最初の2ヵ月はこの状態のままですが、徐々に先端の子房が膨らんで、2〜3ヵ月目には緑色の果実らしき形がわかるようになります。なお、この段階ではまだ内乳は未発達で、子房室は液状の周乳で満たされています。内乳と周乳はそれぞれ将来、生豆とシルバースキンになる部位なので、出来はじめの種子の中身はシルバースキンだらけで、生豆は後から出来てくるとも言えるでしょう。

　3〜4ヵ月目になると、それぞれの子房室の中で内乳が生長をはじめます。内乳はもともと

「ハート型の板」の形をした軟らかい組織です。それが半球状になった子房室の中で湾曲に沿って生長し、半球の断面部に到達すると、左右から内側に巻き込むように生長を続けます。こうして、縦に一本の溝が通った半球様の、あの「コーヒー豆型」が出来上がるのです（図２－７）。

6～7ヵ月目になると、内乳は子房室いっぱいに生長して硬くなり、胚やパーチメントもほぼ完成します。果実が大きく膨らみ、熟しはじめるのもこの頃です。特にたくさん実った節では葉が落ちて、果実だけがびっしりと枝を覆った、独特の外観になります。

緑色のコーヒーの果実は、成熟とともにまず黄色に、そして半月ほど経つと赤く熟していきます。これはモミジなどの紅葉と同じ仕組みです。コーヒーの果皮にはクロロフィル（葉緑素）とカロテノイドという2種類の色素が含まれています。未熟なときにはクロロフィルの量が多いため緑色ですが、熟するにしたがいクロロフィルが分解されて、カロテノイドの色である黄色が前面に出てきます。さらに成熟が進むと、今度は新たにアントシアニンという赤色色素が果皮で生成されて、赤く色づくのです。なお栽培品種の中には、突然変異でアントシアニンが合成できなくなり、完熟しても黄色いままの品種（黄実種）も見つかっています。

8～9ヵ月目くらいになると果皮が鮮やかな赤から暗紫色に変化し、果肉も甘く柔らかくなり、熟した香りが出てきます。この段階がいわゆる「完熟」です。さらに時間が経つと、果皮は黒く変化し、水分が蒸発して縮んでいきます。ここまでくると「過熟」にあたり、その見た目から「レーズン」と呼ばれることがあります。なおカネフォーラ種はアラビカ種よりも成熟が遅く、9〜11ヵ月かけて完熟します。

アラビカ種には完熟すると落果しやすくなる性質があり、ブラジルではこれを利用して、枝を棒ではたいたり樹を機械で揺らしたりして熟した果実だけを落とし、地面に広げたシートに集めて収穫しています。この方法は効率がよく手間や労力も減らせますが、未熟果の混入が完全には避けられず、結局は一粒ずつ選別しながら手摘みする方が良質なコーヒー豆が採れるそうです。

Coffee Column

丸豆・象豆・貝殻豆

通常、コーヒーノキの果実には2個の「コーヒー豆」型の種子が入っていますが、例外もあります。種子が生長する過程で種子のうちどちらかが死んでしまった場合、残った1個が果実と同じような丸い形に育ちます（図2-10）。これを「ピーベリー」または「丸豆」と呼びます。ピーベリーはしばしば枝の先端など栄養が不足しがちな箇所に生じ、品種によって2〜10%と頻度は異なりますが、どの樹にも一定の割合で見られます。コーヒー豆は出荷の際に専用

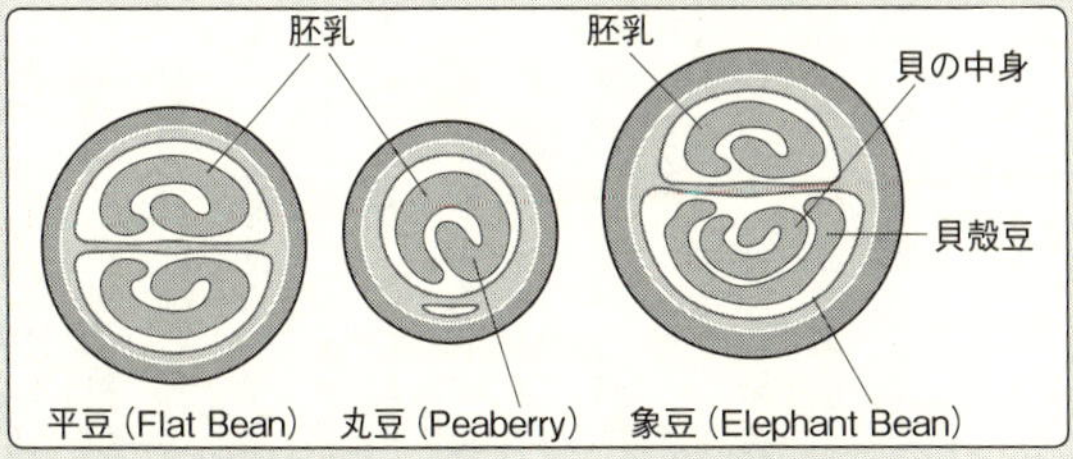

図2-10　平豆（正常）と丸豆、象豆の断面の模式図

の篩《ふるい》（スクリーン）にかけられて、大きさの違いで等級分けされますが、ピーベリーは通常の豆（フラット・ビーン、平豆）と同じ体積でも球形に近い分だけ最大径が小さくなるため、サイズの小さな等級に分けられます。コーヒー豆は一般に大粒のものほど高価なのですが、ピーベリーはその希少性から一般に平豆よりも高級品です。先述のように栄養不良の箇所に生じますが、2個分の栄養が1個に集中するので「帳消し」になり、成分的には平豆と大きな違いはないようです。

一方、一つのパーチメントの中に二つ以上の種子が一緒に入ったまま生長する場合があります。一つの胚珠の中に胚のうが複数生じたときに見られる「多胚」という現象で、二つ分の種子が内側と外側で重なったまま「コーヒー豆」型になり、大きさも通常の倍ほどに大きくなるため「エレファント・ビーン、象豆」と呼ばれます（図2-10）。エレファント・ビーンは一つずつに「解体」することが可能で、精製や焙煎の途中でぽろっと外れることもあります。外側の豆は中央に凹みがあり湾曲した形から「貝殻豆」と呼ばれます。一方、内側にあった豆は「貝の中身」または「耳豆」と呼ばれる、表面に皺がよった、硬く小さな豆になります。どの産地、どの品種でもある程度の確率で見られますが、イエメンやエチオピアの、いわゆる「モカ」などは多胚になる割合がきわめて高いようです。エレファント・ビーンや貝殻豆も、成分的には普通の平豆とあまり違いがないと言われています。ただし見た目が特殊なことと、形や大きさがばらつくことで火の通り方が不均等になりがちなことから、高品質志向の自家焙煎店ではハンドピックで取り除くことがあります。一方でイエメンでは貝殻豆だけを集めたものが高級品として扱われているそうです。火の通りが良くて焼きやすいことと、ひょっとしたらその形がイスラムの神聖なシンボル、三日月に似ていることも関係しているのかもしれません。

この他、一つの果実に3個以上、パーチメントに覆われたコーヒー豆ができるケースもあります。これは「帯化《たいか》」という変異を起こしたもので、複数の子房が一つに融合して生じる比較的まれな現象です。この場合、一つ一つの豆はミカンの房のような形になります。

表2-2　代表的な品種

	品種名	主な生産地	特　徴
エチオピア野生種・半野生種	(エチオピアモカ)	エチオピア	野生または半野生の樹から収穫されるものを含む。品種化されていない、遺伝的に多様な集団。
	ゲイシャ(ゲシャ)	中米	柑橘類のような特徴的な香りで注目を集める高級品種（151頁参照）。
イエメン栽培種	(イエメンモカ)	イエメン	イエメン各地の山岳地帯で伝統栽培される。ウダイニ、ダワイリ、トゥファーリ、ブラーイに大別される。
	マタリ	イエメン	バニ＝マタル族の土地で栽培されている高級品種。おそらくウダイニと同じもの。
ティピカグループ	ティピカ(アラビカ種アラビカ)	世界各地、中米	二大原品種の一つ。1723年にド・クリューが伝えた1本の樹の子孫。
	コナ・ティピカ	ハワイ	中米から伝わったハワイの代表品種。アメリカ人にとって「純国産」で、希少価値のため高値。
	クラシック・スマトラ	インドネシア	戦後にスマトラ島トバ湖周辺で再発見されたティピカ系で、いわゆる「マンデリン」本来の品種とされる。
ブルボングループ	ブルボン	世界各地、ブラジル	二大原品種の一つ。イエメンからレユニオン島（ブルボン島）に伝えられた1本の樹の子孫。
突然変異種	マラゴジッペ	中南米	ティピカがブラジルで突然変異して樹や豆などすべてが大型化したもの。
	ブルボンポワントゥ(ローリナ)	レユニオン島、ブラジル、ニューカレドニア	レユニオン島で生まれたブルボンの突然変異種。クリスマスツリーのような樹形に、両端が尖った細い豆。カフェイン含量が通常の半分。品質と希少性から極めて高価。
	モッカ(ブラジルモカ)	ブラジル、ハワイ	ブルボンポワントゥの突然変異種。アラビカ種最小の豆を持つ。生産量はわずか。
	アマレロ(イエロー)	世界各地	黄実種の総称。果実が黄色いまま熟する変異種。ブラジルで発見され広まった。
交配種	ムンドノーボ	ブラジル、ハワイ	ブラジルで作られた、ティピカとブルボンの交配種。
	フレンチミッションブルボン	ケニア、タンザニア	ブルボンとイエメンモカが東アフリカで自然交配した高級品種。特徴はほぼブルボンだが、新芽にブロンズ色が混じる。
	パカマラ	中南米	エルサルバドルで作られた、矮性のパーカスと大型のマラゴジッペの交配種。樹高は通常で豆は大型。
	ハイブリド・デ・ティモール(HdT)	インドネシア	東ティモールで発見されたアラビカとロブスタの種間交配種。全ての型のさび病に耐性で、20世紀後半に作られた耐さび病品種のルーツ。
矮性種	カツーラ	中南米	ブルボン由来の矮性突然変異種。
	カチモール	世界各地	カツーラとHdT交配種の総称。矮性かつ耐さび病性。1990年代以降世界の育種の中心に。

主な栽培品種とその分類

コーヒーノキ（アラビカ種）には、少なくとも数十種類の栽培品種があり（表2－2）、生産国ごとにそれぞれ何種類かが主要品種として栽培されています。コーヒーの場合、生産上の性質が重視されてきた歴史から、収穫性の高い矮性品種や耐病性のハイブリッド品種の開発と栽培が盛んであり、ワインのブドウ品種などに比べて、品種の違いが香味に及ぼす影響は小さい傾向があります。しかし、近年はスペシャルティコーヒーへの関心の高まりから、ティピカやブルボンなどの伝統的な従来品種や、ゲイシャ（151頁）やパカマラなど香味に特徴がある高品質な栽培品種にも注目が集まっています。

第3章

コーヒーの歴史

「コーヒーの歴史」といえば、イギリスの近代化やフランス革命など、ヨーロッパのカフェ（コーヒー・ハウス）が社会に与えた影響なども有名ですが、それらのテーマに関しては小林章夫『コーヒー・ハウス』（講談社学術文庫）をはじめ、優れた成書が何冊も出ていますから、そちらを参照いただくとして、ここでは少し別の切り口でコーヒーの歴史を振り返ってみましょう。

「コーヒー」以前の利用法

植物学的分布から考えて、最初にコーヒーノキと出会い、利用していたのは、アラビカ種の原産地であるエチオピア西南部の人々だと考えられます。京都大の福井勝義教授が行った現地調査によれば、西南部には「カリ」「ティコ」など、部族ごとにコーヒーを意味する固有語があり、種子や葉をお茶のようにして飲んだり、果肉を炒めて食べたり、薬にしたり、求婚する男性から女性の両親への贈り物にするなど、さまざまな利用法が見られます。いつ頃からかは不明ですが、彼らがかなり昔から生活の中にコーヒーを取り入れていたのは間違いないようです。

コーヒーについて書かれた最古の文献は、10世紀ペルシアの大医学者、アル＝ラーズィー（ラーゼス）の著述をまとめた『医学集成』（925年）だと言われています。この本には、何らかの植物の果実や種子を煮出して作る「ブン／ブンカ」というくすりが収載されていたそうです。またその1世紀後にペルシアで活躍した大医学者、イブン・スィーナー（アヴィセンナ）が著した『医学典範』（1020年）にも「ブンクム／ブンコ」という、イエメン産の植物から作るくすりが収載されています。「ブン」という言葉はアラビア語でコーヒー豆を意味するため、これらがコーヒーのルーツだと言われています。ただし生豆をそのまま煮出すものだった可能性が高く、現代のコーヒーとは別物と考えるべきでしょう。

ペルシアに伝わった経緯ははっきりしていませんが、じつはエチオピア西南部には、9～10世紀頃からエチオピア北部のキリスト教徒や、紅海沿岸部のイスラム商人たちが進出しており、現地の人々を捕えて奴隷として売買していました。その多くはアラビア半島、なかでも当時、首都に城郭を建設する労働力を求めていたイエメンに売られていったそうです。イエメンでは一時、エチオピア奴隷の数がアラブ人を上回り、彼らが興した世界初の黒人イスラム王朝（ナジャーフ朝）が11～12世紀に政権を握っていた記録も残っています。証拠は十分とは言えませんが、この9世紀頃からアラビア半島に連れて行かれたエチオピア西南部の人々によって、コーヒーに関する知識や利用法が伝わっていたのかもしれません。

当時のアラビア半島にコーヒーが伝わっていた可能性を補強する証拠は、もう一つ見つかっています。1996年、ドバイの北東に位置するクシュという遺跡で、1100年頃の中国やイエメン製の陶片と一緒に、炭化したコーヒー豆が2粒出土したのです。年代調査の結果から、この豆は後から紛れ込んだものではなく、この時代に炭化したものだと推定されています。ただしその後の数百年間、コーヒー利用の足跡は途絶えてしまいます。

コーヒーの発明

コーヒーが次に姿を現すのは、15世紀のイエメンで、スーフィーと呼ばれるイスラム教の修行者たちの間で広まった「カフワ」という飲み物です。スーフィーとは宗派や地域を越えて活動した神秘主義者たちで、修行中にトランス状態に至ることで神の精神に近づけると信じていたため、アヘンや大麻など、戒律すれすれのドラッグに手を出すことも珍しくありませんでした。カフワはもともと、エチオピアの紅海沿岸部（現在のジブチ、ソマリアの一部を含む）で活動するスーフィーたちが利用していたドラッグで、「（食欲や眠気などの）欲求を消す物」を意味します。エチオピアではコーヒーに限らず、本来なら御法度のはずの白ワインを含め、いろいろなものをカフワと呼んで飲用していたようです。

14～15世紀頃、カフワは紅海を挟んだイエメンに伝わります。ただし最初にイエメンに伝わったカフワは、白ワインでもコーヒーでもなく、エチオピア高原原産のカート（チャット）という植物の葉から作るお茶だったようです。カートにもコーヒー同様の覚醒作用があり、現在、イエメンではコーヒーより人気の高い嗜好品です。今はお茶ではなく、口の中に唾をためて新鮮なカートの生の葉を噛むやり方で、社交の席で使用されています。ただしカチノンという覚醒剤（アンフェタミン）に似た成分を含むため、日本を含むいくつかの国では薬物指定されています。

カートのカフワは、15世紀の初めにイエメン各地に広まりました。しかしカートは高地でしか栽培できない上、生葉の保存が利かず、鮮度が落ちると効き目を失うという難点があり、山から遠い場所では入手できません。そこで当時イエメン最大の港町だったアデンの人々は、当地で法学者の最高位にあった、ジャマールッディーン・アッ＝ザブハーニー（ゲマルディン）という博識なスーフィーに相談します。彼は若い頃に、エチオピアの紅海沿岸部に渡った経験があり、カート以外からもカフワを作れることを知っていました。また彼はアデンで病気にかかったときに、エチオピアからコーヒーを薬として取り寄せて飲んだ経験から、身を以てその覚醒作用を知っていました。そこで彼は人々に「コーヒーの果実や種子からカフワを作ればいい」と助言し、彼自ら公衆の面前でコーヒーを飲んでイスラム上、合法であるとのお墨付きを与えたのです。その正確な年は不明ですが、彼の没年から15世紀前半〜中頃だと言われています。覚醒と興奮をもたらすコーヒーのカフワは、後に最大の輸出港になるモカをはじめ、イエメン中に広まり、スーフィーたちが徹夜でコーランの一節を唱えつづける勤行にかかせない飲み物になったのです。

この当時、コーヒーのカフワには二つのタイプがありました。一つは乾燥した果実の殻（ハスク・19頁）だけを煮出す「キシル」で、イエメンには今もこの飲み方が残っています。もう一つが「ブン」で、これがコーヒーの直接の起源だと言われます。ただし当時は、殻と生豆を一緒に炙《あぶ》って煮出しており、現在のような生豆だけを煎って使う飲み方はなかったようです。

それがいつ、どこで今のようなコーヒーになったのか、詳しいことはわかっていません。ただ、16世紀のシリアやトルコには、キシルとブンの両方が伝わった記録が残っています。一方、16世紀末から17世紀前半に中東を旅したヨーロッパ人の手記に出てくるのはブンばかりで、キシルの目撃情報はありません。またその後、ヨーロッパに伝播したのはブンのみ、しかも殻を使わずコーヒー豆だけを使う現代のスタイルであり、この途中で変化したものと思われます。

栽培と生産技術の歴史

コーヒーが世界に広がっていくにつれて、当然コーヒー豆の需要も増え、商業作物として栽培する動きがはじまりました。ここからは、その栽培の歴史を見てみましょう。

栽培のはじまり

コーヒーの人為的な栽培がいつ、どのようにして始まったのか、その正確な起源はわかっていません。ただし、コーヒーのカフワが広まった15世紀中頃のイエメンで本格化したのは間違いないでしょう。現在もイエメンでは、当時の樹の子孫と考えられている「イエメン栽培種」と呼ばれる独自の品種群が栽培されています（61頁）。15世紀後半から16世紀にかけて、コーヒーがイ

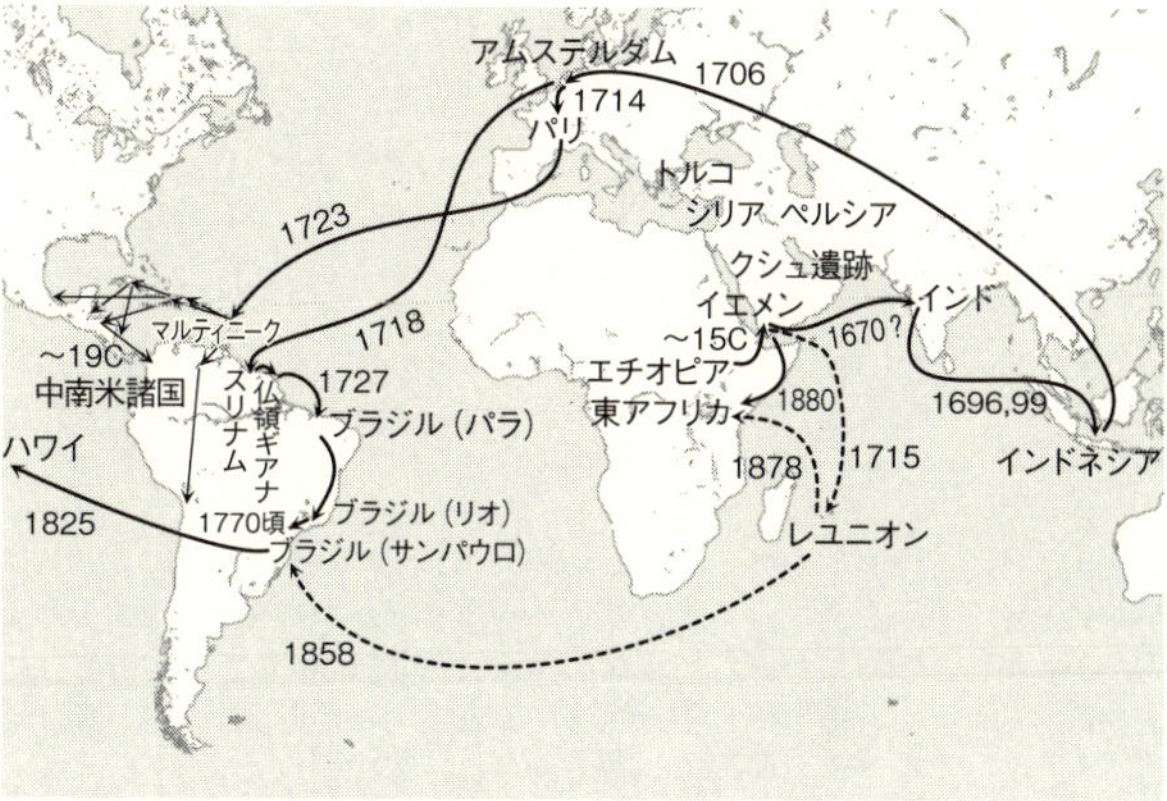

図3-1　コーヒー栽培の伝播　アラビカ種伝播の主な経路のみ示した。実線はティピカ、点線はブルボン

スラム圏に広がるとともに生産も拡大し、１５３８年にはイエメンを支配したオスマン帝国が、住民たちに栽培を奨励した記録が残っています。オスマン帝国はコーヒー生産を独占するため、イエメンからの種子や苗木の持ち出しを禁じていたといわれます。１６３６年にイエメン北部山岳地帯のシーア派王朝、ラシード家がオスマン勢を追い出してイエメン全土を掌握してからも、この方針は変わりませんでした。しかし17〜18世紀に二つの異なる経路でイエメンから持ち出され、それぞれティピカとブルボンという二大品種グループとして世界に伝播していきます（図３－１）。

ティピカの伝播

持ち出し禁止にもかかわらず、17世紀には盗み出されたコーヒーが「海のシルクロード」経由で伝播していたようです。例えばインドには、ババ・ブダンというイスラムの聖者がモカで盗んだ7粒の種子をインド西部のチッカマガルルの山中に伝えた伝説があり、17世紀末には、後にコーヒーさび病（74頁）で全滅した「オールド・チック」という品種が既に栽培されていました。

1696年と1699年の2回にわたり、オランダ東インド会社はインドネシアのジャワ島にインド西岸からコーヒーノキを持ち込んで栽培に成功。その後、イエメンを凌ぐ産地に成長します。1706年には、数本の苗木がジャワからオランダに送られました。この「イエメン―インド―インドネシア―オランダ」と伝わった樹の系譜に連なる栽培品種が「ティピカ」のグループです。

1714年、アムステルダム植物園で殖えた若木の1本が、仏蘭和平の記念として、アムステルダム市長からルイ14世に献上されました。その翌年にはフランス領サン＝ドマング（ハイチ）で栽培が試みられたものの、失敗に終わります。1723年になって、フランスの海軍将校ガブリエル・ド・クリューが、パリ植物園から密かに入手した1本の苗木を、厳しい航海の末にカリブ海のマルティニーク島に伝え、栽培に成功します。この1本の樹の子孫がカリブ海からやがて中米一帯に広まり、1750年にはヨーロッパまでの航路が短いハイチが、ジャワを抑えて世界のコーヒー生産の半分を占める最大産地になりました。

1718年にはオランダが、南米の植民地スリナム（オランダ領ギアナ）でも栽培を始めました。それを1722年、スリナムと仲が悪かった東の隣国、フランス領ギアナが盗み出すことに成功します。さらに1727年には、関係が悪化した両国を仲裁するためフランス領ギアナでの会談に訪れたブラジル大使、フランシスコ・デ・メリョ・パリェタがこっそりブラジルに持ち帰ることに成功しました。言い伝えによれば、会期中に彼と懇《ねんご》ろになったギアナのフランス領事夫人が、彼が帰国するときに5本の若木を忍ばせた花束を贈ったことで、監視の目をかいくぐって持ち帰ることができたと言われています。この樹がブラジル北部のパラ州で育てられたのが、ブラジル最初の栽培です。このティピカはブラジルでは「コムン」とも呼ばれ、1820年代にリオ・デ・ジャネイロ近郊で大規模栽培され、ブラジルを世界一のコーヒー大国に押し上げる原動力になりました。ハワイにも19世紀にティピカが持ち込まれ、ハワイ・コナとして栽培されています。

ブルボンの伝播

こうして見るとティピカの歴史は、いかに盗み出したかという話の連続ですが、これと対照的に「持ち出し禁止」のイエメンから正当な手続きを踏んで持ち出されたのがブルボンです。

1712年、フランスからの使節団がイエメンを訪れたとき、折しも当時のラシード朝の国王アル＝マフジ・ムハンマドは中耳炎をこじらせ、病床に臥《ふ》していました。それを使節団に同行していた医師が治したことで、国王はすっかりフランスびいきになってしまいます。そしてコーヒーノキが欲しいというフランスからの願いを受け、1715年、アンベールという商人にコーヒーの苗木を下賜しました。それも1本や2本じゃありません。さすが国王、なんと一気に60本という大盤振る舞いです。

苗木を載せた船が向かった先は、当時フランスが開拓中だったマダガスカル東沖の新植民地、レユニオン島（ブルボン島）でした。過酷な船旅で、島にたどり着いたのは20本だけ。しかも気候の違いから、最終的に島内で生き残ったのは1本だけでした。しかしそこから子孫が増え、レユニオン島はフランス領初のコーヒー生産地として成功を収めます。このとき「イエメン―レユニオン島」と伝わり、生き残った1本の樹の子孫こそが「ブルボン」です。

ブルボンはその後、1858年頃にレユニオン島から、当時のブラジルの新興産地サンパウロに移入されます。当地の気候に合っていたため収穫量も多く、中南米で人気品種になりました。また東アフリカにも、1877年にフランス宣教団（フレンチミッション）がレユニオン島のブルボンを移入しています。この樹は、1880年にイエメンから直接移入されたイエメンモカと農園で自然交雑して、新芽の色がブロンズ色（49頁）の「フレンチミッションブルボン」が生まれました。これが現在のタンザニアやケニアを代表する、SL28やSL34などの高級品種の起源です。

19世紀中にはティピカとブルボンが世界に行き渡りましたが、すぐに生産が本格化したわけではありません。その引き金を引いたのは欧米で起きた、第一次（1820～30年代、ナポレオン戦争後）、第二次（1870～80年代、諸国民の春と南北戦争の後）のコーヒーブームです。需要の急増で多くの国がコーヒー生産に参入し、生産向上のための技術開発も行われました。

水洗式精製の発明

水洗式精製（19頁）の発明もその一つです。収穫が一度に集中するコーヒーでは、水分が多くて傷みやすい果実を、いかに短時間で保存の利く生豆に精製できるかが効率化のカギになります。しかし、地面に広げて天日乾燥する旧来の乾式精製の場合、湿潤な気候のカリブ海では日数が長くかかる上、収穫期に雨が多く、下手をすると果肉が途中で腐ってしまいます。

そこで1845年にジャマイカで発明された新しい精製法が水洗式です。乾燥時間の短縮には、果肉をあらかじめこそぎとるのが有効ですが、表面のムシラージを完全に除去するのは難しく、そのままではやはり残った果肉が腐ってしまいます。そこで果肉をこそぎとった後、水槽に一晩浸けておきます。すると水中微生物がムシラージをエサとして発酵・分解し、後は水洗いすればきれいに取れるのです。この方法には大量の水が必要なものの、乾式で1週間以上かかる工

図3-2　1860年頃のパルパー
Ukers “All About Coffee”（1922）から引用

程が2～3日に短縮され、天日干しのための広い土地も必要ないなど、多くの利点がありました。特に1850年にイギリスでパルパー（果肉除去器・図3－2）が発明されると、水の便が悪いブラジル、イエメン、エチオピアを除くほとんどの産地で水洗式が導入され、生産量拡大につながりました。

さび病パンデミックの衝撃

19世紀前半、ほかの産地に出遅れていたのがインドとスリランカ（セイロン）です。ところがやっと生産が軌道に乗りだした矢先に、最大の脅威に見舞われます。1867年、「コーヒーさび病」という新しい病害がスリランカで発生したのです（図3－3）。この病気に罹るとその名の通り、葉の裏側に「赤さび」のような病斑が生じます。赤さびはやがて樹全体に広がって樹自体を枯らすだけでなく、樹から樹へと伝染して、数年後にはスリランカ全土に蔓延しました。1868年にはインドでも発生し、発生後まもなくインド中のコーヒーが壊滅的打撃を受けました。

1880年、イギリスからスリランカに招聘された植物病理学者のマーシャル・ウォードは、

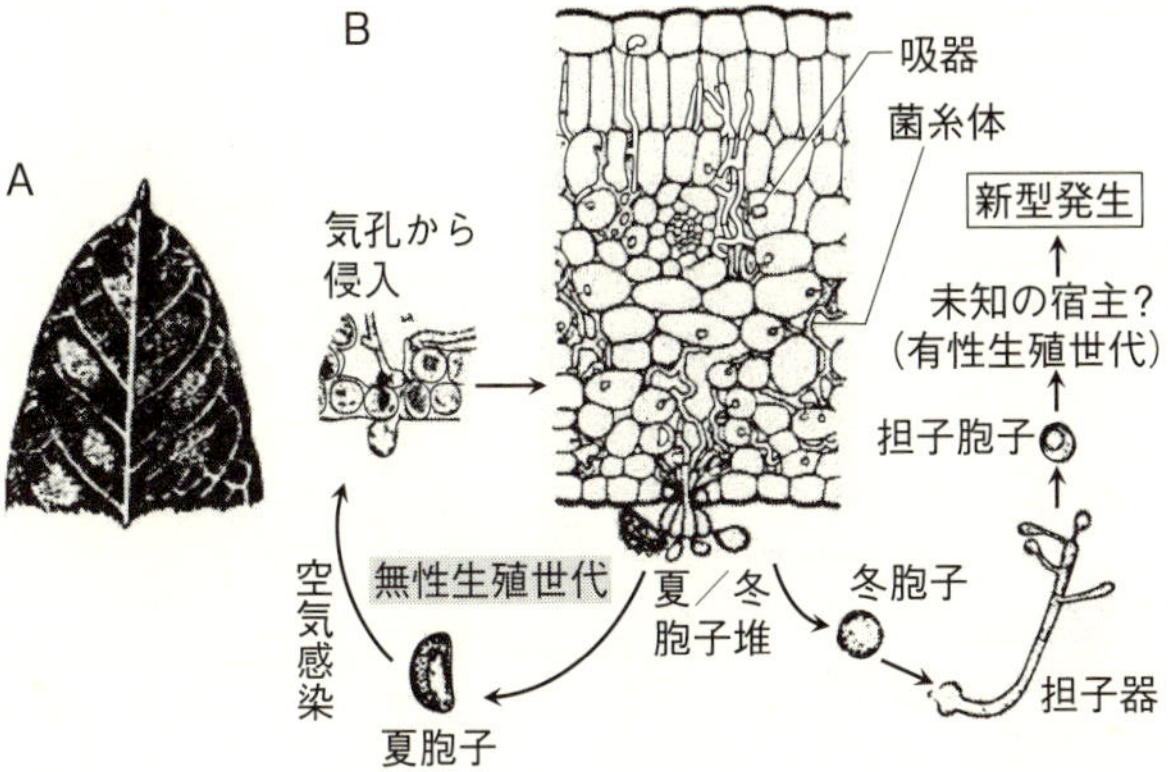

図3-3　コーヒーさび病　(A) 発病した葉の裏面。(B) 発病した葉の断面図とコーヒーさび病菌のライフサイクル。Ukers “All About Coffee” (1922) を元に作製

この病気がカビによる伝染病だと突き止め、その病原体をコーヒーさび病菌（ヘミレイア・ヴァスタトリクス）と名付けました。このカビの仲間は「サビキン類」と呼ばれ、他にもいろいろな植物にさび病を起こす種類が知られていますが、特定の植物だけで発病するものが多く、コーヒーさび病菌もコーヒー以外では発病しません。「赤さび」の正体は、この菌の胞子（夏胞子）です。胞子は風に乗って長距離を飛散可能で、スパイクのようなトゲトゲでコーヒーの葉に付着し、葉の裏側の気孔から侵入して細胞の中に潜伏感染します。当初は病状が現れず、見た目では区別がつきませんが、潜伏したまま栄養を奪いつづけ、樹が衰えると空中に菌糸を伸ばして、先端に大量の胞子を付けます。やがて葉が全て枯れ落ちて光合成できなくなり、樹全体も枯れていきます。

ウォードはこの厄介なカビに対する単純な防除法はないと考え、コーヒーのモノカルチャーをやめて蔓延を食い止めるべきだと進言します。しかしそれに異を唱える農園主などが猛反発したため、彼は本国に帰ってしまい、スリランカは結局コーヒー栽培を断念する結果になりました。なお、その後1890年、放棄されて荒れ果てたコーヒー農園を訪れたトーマス・リプトン卿が紅茶を栽培することを思いつき、スリランカが紅茶の産地になったのは有名な話です。

こうしてスリランカとインドのコーヒーを壊滅させた最悪の疫病は、1888年、インドネシアにも到達します。この頃インドネシアにはいろいろな品種が試験栽培されていたため、その中からさび病に強いものの探索が行われました。このとき注目されたのが、三原種（34頁）の一つ、リベリカです。ただし当初は有望視されたものの、数年後にはやられてしまいました。後から判明したのですが、コーヒーさび病は新型が発生しやすく、現在40種類もの異なる型が知られています。当初耐病性が期待された品種も、次々に出現する新型の前に屈していったのです。

なお新型さび病がどうやって生まれるのかは、現在もまだわかっていません。サビキン類は一般にその生活環の中で、夏胞子でクローンを増やす無性生殖世代と、別の個体との間に子孫を残す有性生殖世代を持ち、有性世代に新型が出現しますが、コーヒーさび病菌ではこの有性世代が未だに発見されていないのです。サビキン類は無性世代と有性世代で異なる宿主に寄生する例が珍しくないため、おそらくコーヒーさび病菌もコーヒーノキとは別の、まだ知られていない宿主のもとで有性世代を過ごし、そこで新型が生まれていると考えられています。いまだ謎の多いその生態が解明できれば、世界中のコーヒー関係者を苦しめる、この最悪の病原体を倒す糸口がつかめるかもしれません。

ロブスタの発見

ちょうどこの頃、中央アフリカのコンゴで調査研究を行っている一人の植物学者がいました。ベルギーのジャンブルー農業研究所の教授、エミール・ローランです。彼はベルギーの園芸会社から資金を得る代わりに、発見した植物に関する権利を提供する契約でコンゴに赴きました。1895年、彼はそこで新しいコーヒーノキ属の植物を見つけます。彼はその植物をベルギーに持ち帰り、自分の弟子であったウィルデマンと、園芸会社にそれぞれ渡しました。ウィルデマンは1898年、これが新種だと同定して「ローランのコーヒーノキ」を意味する「ローレンティイ種」と名付けました。一方、園芸会社は別の植物学者に同定を依頼。彼もまたこれを新種と同定して「ロブスタ種」と名付けました。さらにこの園芸会社が1901年、インドネシアで栽培試験を行った結果、これこそが待望の、全ての型のさび病に耐性のある新種であることが判明します。しかも低地栽培可能で、アラビカ種よりもたくさん実がなるというオマケ付きでした。

この新種は、現在はロブスタ種の名前で広く知られています（32頁）。学名には「早く名付けた者勝ち」というルールがあり、発見当初の正式名称はローレンティイの方でした。しかし園芸会社がインドネシアに送った樹に「ロブスタ」の名札が付いていたため、この名が既成事実化したのです。さらにその後、じつは新種ではなく、1897年に既にガボンで発見され「カネフォーラ種」と名付けられていたものと同種だったことが判明し、現在はこれが正式な学名です。

ロブスタは優れた耐病性と引換えに、品質面では劣っていたため、インドネシアではアラビカとの交配が試みられました。しかし四倍体化しているアラビカと二倍体のロブスタの交配からは、種子（＝コーヒー豆）が作れない三倍体植物しかできず、育種はうまくいきませんでした。このためインドネシアではアラビカの栽培を諦めて、低級なロブスタに切り替えていったのです。

Coffee Column

もう一つのコーヒーのはじまり

じつはロブスタには、19世紀末のガボンやコンゴでの発見の40年も前に「目撃情報」があります。1858年、ナイル川の源流を求めて東アフリカを探検し、タンガニイカ湖とビクトリア湖を発見した二人のイギリス人、リチャード・バートンとジョン・スピークによるものです。彼らの手記には、アラビカよりも背が高く果実がたくさん付くコーヒーノキを目撃したことと、先住民がその果実をガムのように噛む「噛みコーヒー」として利用することが記録されています。

二人がそれを目撃した場所はビクトリア湖の南西、現在、タンザニア西部のブコバと呼ばれる地方です。ここには18世紀初頭からカラグエという王国があり、そこではコーヒーノキが重要な財産であるとともに権威の象徴でした。族長だけがロブスタコーヒーの畑を持っていて、人々は族長の許しを得て自分のコーヒーノキをそこに植え、収穫した未熟な果実を薬草と一緒に茹でた後で天日干し、または薫製にして「噛みコーヒー」を作っていました。それを中の豆ごと噛み砕き、嗜好品やおやつ代わりに食べたり、贈り物にしたり、あるいは義兄弟の契りを結ぶ儀式で互いの血に浸したコーヒー豆を互いの掌から直接口で食べたりと、エチオピア西南部でのアラビカコーヒー利用に引けを取らないほど人々の生活に密着し、多彩に利用されていたのです。現在も、ブコバ地方に暮らすハヤ族は、この「噛みコーヒー」を愛用しています。

第二次さび病パンデミック

インドネシアが「低級なロブスタ」で苦闘する一方、中南米の生産者は「上質なアラビカ」を高値で輸出していました。ところが1970年、彼らを震え上がらせる知らせが飛び込んできます。ブラジルでコーヒーさび病が発生したのです。1970年代後半には中南米各地に広まり、中南米の生産者たちは、スリランカのようにコーヒー栽培そのものを諦めるか、インドネシアのように低品質なロブスタに植え替えるかの「究極の二択」を迫られたかに思われました。

ところがこのとき、中南米には、もう一つ別の選択肢があったのです。それは「さび病に強いアラビカ種に植え替える」ことでした。それを可能にしていたのが、時代を遡ること1927年、ポルトガル領東ティモールの個人農園で見つかった1本のコーヒーノキです。ポルトガルのさび病研究所（CIFC）で調査した結果、この樹は農園に混植していたアラビカと、偶然に四倍体化したロブスタの間に生まれた種間交配種であることが判明し、「ハイブリド・デ・ティモール（HdT、ティモール・ハイブリッド）」と名付けられました。品質的にはアラビカとロブスタの中間くらいでお世辞にも上等とは言えないものの、ロブスタの耐さび病性を完全に受け継いでいる上、染色体数がアラビカと同じ44本のため、交配育種が可能だったのです。

そこで早速、HdTとアラビカの交配が行われました。このときCIFCは、HdTをアラビカの矮性品種（52頁）カツーラやヴィジャサルチと掛け合わせ、１９５９年、密集栽培による高収量化も可能な新品種「カチモール」「サルチモール」の作出に成功します。中南米各国は、これらの耐さび病矮性品種を元に育種を行い、それぞれ独自の耐病品種を作り出しました。１世代に3〜4年かかるコーヒーの育種には20年を越える年月を要しますが、１９９０年代からその取組みが実を結び、中南米はこれらの耐病品種を武器に、今もさび病と戦いつづけています。

品質と多様性の時代へ

20世紀後半からの生産国の新たな動きとして、それまでの生産性重視から、高品質・高付加価値の生豆を高く売る方針への転換が挙げられます。その背景には政治・経済的な要因が関わるため、ちょっと複雑ですが、おおまかに言うと次のような流れです。

コーヒーは先述のさび病以外にも霜害や干ばつの被害を受けやすく、それに伴って価格も大きく変動する、経済的には不安定な作物です。冷戦中、それが生産国の政情不安に繋がったため、特に中南米の赤化を恐れたアメリカが中心になって西側諸国が一定量を買い支える国際コーヒー協定（１９６２年）を締結。それで価格は安定化しましたが、今度は品質が横並びになったため、１９７０年代にアメリカのコーヒー関係者の一部が「もっと高品質な豆を」と求める、スペシャルティコーヒー運動をおこします。また生産国側でも冷戦終結後の１９９０年、国際協定の停止によって起きた生豆価格の暴落（第一次コーヒー危機）で窮地に立ったことをきっかけに、消費国側の要望に応じて高品質・高価格の生豆を作ることで活路を見いだそうとする動きが高まりました。

そして1997年、国際コーヒー機関が、複数の生産・消費国とともに「グルメコーヒーの可能性開発プロジェクト」を開始し、1999年、ブラジルに消費国側のカップテイスターを招いてブラジル一のコーヒーを決める品評会が開催されました。合計315もの農園が出品した中から上位入賞した生豆には、栄誉ある「カップ・オブ・エクセレンス」の名が贈られ、その後開催されたインターネット・オークションで、通常取引の1・3～2倍の高値で落札されたのです。

他の生産国でもブラジルにつづけとばかりに、同様のコンテスト&オークションが開催されるようになり、中小農園などの一部の生産者が上位入賞を目指して品種や精製方法などに工夫を凝らすようになりました。またそれまでコーヒーは出来の良い農園の豆も、そうでない農園のものと一緒にまとめて集荷・精製されるのが普通でしたが、今では農園ごと、畑ごとなど、より小さな単位（マイクロロット）での生産処理や、直接取引（ダイレクトトレード）で消費国側の要望に応じて精製する生産者も増えつつあります。より品質が高く多様性のあるコーヒー作りを目指して、生産国での栽培・生産技術の試行錯誤が今まさに現在進行形で行われているのです。

焙煎の歴史

　イエメンでコーヒーのカフワが発明されてからしばらくは、ほかの料理器具を流用して焙煎や粉砕、抽出を行っていたと考えられます。イエメンではフライパンのような金属製の鍋で焙煎し、石製の乳鉢、乳棒で砕いていたようです。また、トルコやペルシアでは、底にたくさんの穴があいたフライパンのような調理器具をコーヒー焙煎用にも使っていたと考えられています。

　コーヒー専用の焙煎器がいつ生まれたのかは不明ですが、おそらく16～17世紀にイスラム圏でコーヒー・ハウスが流行したときだと思われます。1650年頃、イスタンブルでは個人用の円筒（シリンダー）型の手回し式焙煎器具の記録が残っています。ヨーロッパでは1660年頃のロンドンでエルフォードという人物が、これを真似た大型のブリキ製焙煎機を製作しています。

　その後、焙煎機は各地でさまざまに改良されますが、中でも最も画期的だったのは、1864年、ニューヨークのジャベズ・バーンズが発明した「バーンズ式焙煎機」です（図3－4）。その最大の改良点は、シリンダーの一端に開閉可能な蓋を取り付けたことでした。「たったそれだけ?」と思ったかもしれませんが、これこそが「コロンブスの卵」。当時主流の焙煎機は、焙煎が終わると二人掛かりでシリンダーをかまどから降ろして中身を取り出し、続けて焙煎するときは、また中に生豆を入れてかまどに載せる必要がありました。しかしバーンズはかまどの上に置

図3-4　バーンズ式焙煎機　Ukers “All About Coffee”（1922）から引用

いたまま、蓋を開けて焙煎豆をすばやく取り出し、装置の上に取付けた投入口から新しい生豆を入れることを思いつき、連続焙煎を可能にしたのです。この省力化で焙煎業は一気に効率化し、アメリカで巨大コーヒー会社が誕生するきっかけになりました。これが現在のドラム式焙煎機（200頁）の直接の祖先です。

　これに次ぐ大きな発明が「流動床（フルード・ベッド）」と呼ばれる方式です。多くのコーヒー会社で活躍したアメリカ人化学技師、マイケル・シベッツが1976年に考案した方式で、生豆が吹き飛ぶほど強い熱風を装置内に送って攪拌と加熱を同時に行います（202頁）。

抽出技術の歴史

煮出し式から浸漬式へ

イエメンでカフワが発明された15〜17世紀頃は、砕いたブンやキシルを水と一緒に容器に入れて火にかける「煮出し式」が唯一の抽出法でした。17世紀半ばになると、トルコではジェズヴェ（イブリク）、アラブではダラーと呼ばれる専用のコーヒーポットが考案され、イスラム圏のコーヒー・ハウスではこれらを使って数人分ずつ抽出することが一般化したようです。ヨーロッパも初期はこれに似た方式でしたが、コーヒー・ハウスやカフェが大流行して大勢の客が集まるようになると、まとめて作り置きする店が現れました。しかしまもなく、長時間煮出すと香味が劣化することが判明したため、ヨーロッパでは18世紀以降これを防ぐ工夫が考案されます。

最初に考案されたのは、煮立てるのをやめてお湯に浸して抽出する「浸漬式（223頁）」です。1710年頃にフランスで生まれた、コーヒーの粉を詰めた布の袋にお湯を注いで抽出する、ティーバッグならぬコーヒーバッグ方式がその最初だと言われます。1760年頃にはフランスで煮出し式に代わって浸漬式が主流になります。このために開発された器具の代表が1763年にブリキ職人ドンマルタンが考案した、通称「ドンマルタンのポット」。布製の長い濾し袋の口に金属の輪をつけて、注ぎ口のついたポットのふたにかけ、袋に入れた粉に上からお湯を注ぐ方式でした。濾し袋の形状から「ソックス（靴下）コーヒー」とも呼ばれます。最初はネルドリップ（247頁）のような透過抽出ですが、すぐにポットに溜まったお湯に粉が浸かって浸漬抽出になります。この器具が、後の透過式開発のヒントにもなったと言われています。

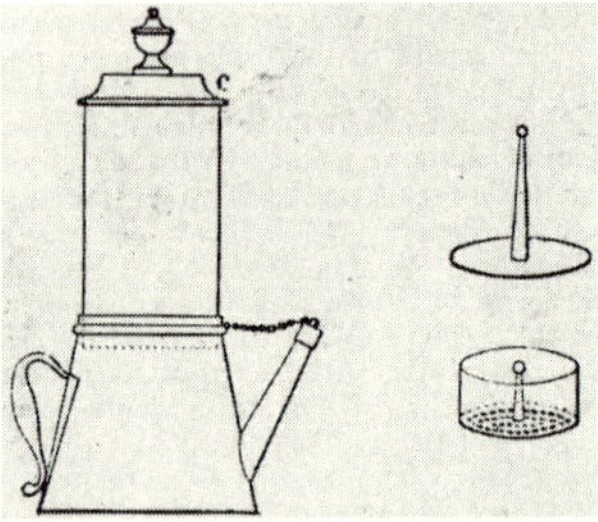

図3-5　ドゥ＝ベロワのポット
Ukers "All About Coffee" (1922) から引用

19世紀ヨーロッパの抽出器具ブーム

19世紀に入ると、ヨーロッパの人々の関心は「どう抽出すればコーヒーがもっとおいしくなるのか」に向かいます。そこで編み出されたのが「透過式（225頁）」抽出です。その原点になったのが、パリ聖堂の大司教、ジャン・バプティスト・ドゥ＝ベロワが１８００年頃に考案した「ドゥ＝ベロワのポット」です（図３－５）。コーヒーポットの上部に小孔の開いた濾過器を取付けた、金属または磁器製の器具でした。その後、１８０６年にアドロという名のフランス人や、アメリカから亡命してきた科学者のランフォード伯ベンジャミン・トンプソンが、これを改変した器具で特許を取得しています。「フレンチドリップポット」と称されるこれらの器具は、『美味礼賛』（１８２５年）を著した美食家ブリア・サヴァランや、1日50杯以上も飲んだと言われる文豪バルザックらにも「最良の抽出方法」と評価され、フランスでは透過式抽出が主流になりました。一方、イギリスではビギンという人物が１８１７年に考案した、ドンマルタンのポットに似た、浸漬式の要素が強い抽出器具（コーヒービギン）が主流でした。

１８２０～３０年代には、ナポレオンによる大陸封鎖が終わって生豆輸入が再開されたヨーロッパでコーヒーブームが巻き起こり、さまざまなコーヒー器具が発明されました。蒸気圧を利用してお湯を上下させる仕組みを初めて取り入れた、モカポットの原型（１８１９年フランス）や、ダブル風船型のコーヒーサイフォン（１８３０年代ドイツ）、コーヒープレス（19世紀半ばドイツ）など、現在見られる抽出器具の大半の原型が、この時代に生まれたものです。

新技術と20世紀初頭のアメリカ、イタリア

19世紀末の科学技術の発展は、抽出器具の開発にも恩恵をもたらしました。ドイツの化学者、オットー・ショットによる耐熱ガラスの開発で、それまで金属や陶磁器中心だったコーヒー器具にもガラス製が加わります。20世紀初頭にはアメリカで、ヨーロッパの特許の焼き直しを含めて多くの特許が取得され、ランフォードのポットを改良した循環式パーコレーター（１８８９年）や、今のネルドリップ器具とほぼ同じメイクライト・フィルター（１９１１年・251頁）、耐熱ガラス製のコーヒーサイフォン（１９１５年）が、１９１０～２０年代のアメリカで流行していた記録が残っています。１９２０～３０年代にはこれらが日本にも伝来しています。

この頃、イタリアで発明されたのがエスプレッソマシン（256頁）です。１８８４年にトリノの発明家、アンジェロ・モリオンドが考案し、国内博覧会で発表したのが最初だったと言われま

す。1901年にミラノのルイジ・ベゼラがそれを改良、彼の特許を買い取ったパヴォーニ社が、翌年のミラノ万博で発表しました。ごく短時間で抽出される濃厚なコーヒーのエキスは、以降イタリアを象徴する飲み物として、バール（立ち飲み可能なカフェ）で普及していきました。1933年には、ビアレッティ社から「モカエキスプレス」（モカポット）が販売され、「イタリアの家庭の味」として大ヒットしました。1930年頃にはイタリアで、耐熱ガラス製のコーヒープレス（258頁）も製作されています。一方、ドイツでもメリタ・ベンツ夫人が、使い捨て可能な紙のフィルターを使うペーパードリップ（1908年）を発明しています。

第二次大戦後の変遷

第二次大戦がはじまるとコーヒーを取り巻く状況は一変、各国は生豆の入手難に陥ります。当時もっとも入手が容易だったアメリカでもほとんどが前線に送られて、国内は品薄になりました。このとき少量の豆でできるだけたくさん抽出することが推奨されたのが、薄い「アメリカンコーヒー」が広まった最大の理由だと言われます。また少しでも濃く抽出するために、一度透過したコーヒー液を何度も粉にかける循環式パーコレーターも流行します。ただし長時間加熱を続ける仕組みのせいで、香味は犠牲になりました。その後、1954年にドイツで初めて全自動のコーヒーメーカー「ウィゴマット」が開発され、1970年代に家庭やオフィスに普及しました。

またイタリアでは１９４８年にガジア社がピストンレバー方式のエスプレッソマシンを開発。高圧抽出が可能になったことで、「クレマ」と呼ばれる独特の泡で表面を覆われた、現在のエスプレッソが生まれました（256頁）。１９６０年代には電動ポンプ式のエスプレッソマシンも開発されて自動化なども進んでいます。１９８０年代になるとスターバックスをはじめ、アメリカでシアトル系と呼ばれるカフェがエスプレッソを取り入れ、世界的に広まりました。フランスでは１９５０〜６０年代にコーヒープレスが大流行し、「フレンチプレス」と呼ばれるほどになりました。

日本では戦後の一時期、パーコレーターが普及しますが、一部のコーヒー店や趣味人が、戦前のコーヒー文化復興に尽力した結果、１９７０〜８０年代にはネルドリップやサイフォンなど、他国では廃れた抽出技術が研鑽されていきました。それは日本独自の抽出文化と呼べる域にまで昇華され、２０００年代以降、これが世界から「再発見」されて注目を集めています。

その他の関連技術の歴史

代用コーヒーとカフェインの発見

矛盾して聞こえるかもしれませんが、コーヒーに関連する技術の中で、もっとも初期に人々の関心を集めたのは「高価なコーヒー豆を使わずにコーヒーをつくる」代用コーヒーです。18世紀後半、増え続けるコーヒー消費による国庫流出を恐れたプロイセン王フリードリヒ2世が輸入を規制し、コーヒー禁止令を布告したとき、チコリや大麦などから作る代用コーヒーが考案されたのがそのはじまりです。1806年にナポレオンがイギリスの経済封鎖を狙って大陸封鎖令を発し、ヨーロッパ全土がコーヒー不足に陥ったときも、代用コーヒーの探索がさかんに行われました。しかし香味はある程度似せることができても、コーヒーのような覚醒作用を持つものは見つからなかったのです。ナポレオン失脚後の1819年、ドイツの化学者フリードリープ・ルンゲが、文豪ゲーテが秘蔵していたモカの豆から覚醒作用の本体の単離に成功します。これがカフェインの発見です。

19世紀末には代用コーヒーは別のかたちで利用されるようになります。1895年にC・W・ポストという人物が、ケロッグ博士の療養所で見た「カラメルコーヒー」にヒントを得て、穀物

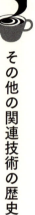

を原料とした「ポスタム」という代用コーヒーを発売。「カフェインは神経症の原因」という激しいネガティブキャンペーンで話題を呼び、一代で億万長者にのし上がりました。こうして代用コーヒーが普及する一方で、根強い「カフェイン害悪説」が社会に植え付けられていきました。

カフェインレスコーヒー

この「カフェイン害悪説」から生まれた発明がカフェインレスコーヒーです。コーヒーからカフェインを取り除く技術はドイツのコーヒー商、ルードビッヒ・ロゼリウスの偶然の発見に始まります。ある年、彼が輸送していた生豆が事故で海水に浸かり、そのまま捨てるのはもったいないと試しに煎ってみたところ、香味はそれほど抜けずにカフェインだけがほぼ完全に抜けていることを見つけたのです。それから彼は研究を重ね、1903年に生豆を塩水に浸した後、ベンゼンで数回洗ってカフェインを抜く方法を考案しました。その後、ベンゼンの残留毒性が問題視されたため、現在は、ジクロロメタンなどの低沸点の有機溶媒に生豆を漬けてカフェインを抽出した後、加熱して溶媒を完全に飛ばす方法（ケミカルプロセス、直接法）が用いられています。

この方法でほぼ完全に有機溶媒を除去できるのですが、安全性に不安を感じる人もいます。そこで1933年スイスで生まれたのが水抽出法です。ただし単純に水で抽出するとカフェイン以外の成分の損失が大きく、香味が抜けてしまいます。そこで生豆から抽出した水からジクロロメタンでカフェインを選択抽出し、水相に残った成分を再び生豆に戻す方法（スイスウォータープロセス、間接法）が考案され、1980年代からアメリカで「より安全な脱カフェイン法」として普及しました。現在はさらに「水を生豆に通した後でカフェインを除去」の操作を繰り返して、カフェイン以外の成分が飽和した水で抽出する、循環式の脱カフェイン法も考案されています。

また1978年にはネスレ社が超臨界二酸化炭素を用いた脱カフェイン法を開発しています。二酸化炭素をはじめとする気体に高い圧力をかけると液体になりますが、一定以上の温度と圧力（臨界点）を越えると「超臨界流体」という、気体の拡散性と液体の溶解性を併せもった不思議な状態に変化します。この超臨界状態の炭酸ガスで生豆を処理するとカフェインを選択性よく除去することが可能です。しかも常温常圧に戻せば気体に戻るため、残留毒性や廃液処理の心配がありません。それなりの製造設備が必要ですが、大手コーヒー会社などで採用されています。

また元からカフェインを含まないコーヒーノキの探索や育種も行われています。かつて注目されていた、マスカレン諸島に自生する「マスカロコフェア」というグループや、2008年にカメルーンで発見されたカフェインを含まないチャリエリアナ種。また低カフェイン品種である、ローリナ（別名ブルボンポワントゥ・61頁）やユーゲニオイデス種などの品種のほか、日本では世界で初めてコーヒーのカフェイン合成遺伝子を発見した奈良先端大の佐野浩教授らが遺伝子組換による低カフェインコーヒーノキを作出するなど、今後もますます注目される分野だと言えそうです。

インスタントコーヒー

「いつでも好きなときに手軽に飲めるコーヒー」の開発も多くの人が取り組んできたテーマであり、その成果の一つがインスタントコーヒーです。その真の発明者が誰かとなると、なかなか難しい問題で、アメリカ初の特許はシカゴ在住の日本人化学者、カトウ・サトリが１９０３年に取得していますが実用化にはいたらず、彼以前の特許記録もアメリカ国外で見つかっています。

ただしはじめて本格的に実用化したのが、グアテマラ在住のベルギー人、ジョージ・ワシントンだったのは間違いありません。１９０６年アメリカで特許を取得し、第一次大戦中にはアメリカからヨーロッパに赴く兵士に彼のコーヒーが支給されました。お世辞にもおいしいとは言えなかったようですが、戦地で手軽に温かいコーヒーが飲めることが受けて愛飲されました。

その後１９２９年、ブラジルのコーヒーバブル崩壊と世界大恐慌によってコーヒー価格が暴落した際、ブラジル政府はネスレ社に、余剰のコーヒー豆を用いた製品開発を依頼します。このとき8年の歳月をかけて完成したのが、コーヒー抽出液をスプレー状に噴霧しながら加熱乾燥させる「スプレードライ方式」のインスタントコーヒー、ネスカフェです。従来よりも優れた香味で大ヒットし、他のメーカーもその製造に乗り出すようになりました。１９６０年代には、香味の損失がさらに少ないフリーズドライ（凍結乾燥）方式のインスタントコーヒーがアメリカで開発されて、さらなる好評を博しています。

缶コーヒー

インスタントコーヒーと並んで「いつでも好きなときに手軽に飲める」のが、缶コーヒーです。インスタントと同様、最初の発明者が誰かについては諸説があり、アメリカで先に特許が取得された記録もありますが、本格的に実用化したのが日本人だということは間違いありません。日本初の缶コーヒーは、島根県「ヨシタケコーヒー」の三浦義武が1965年に開発したミラコーヒーだと言われています。ただし関西を中心に3年ほど販売されただけで、全国的に普及したのは1969年にUCCが独自にミルク入りの缶コーヒーを開発してからのことでした。

もう一つ、日本での普及に大きな役割を果たしているのが自動販売機の存在です。日本ほど屋外の自販機が多い国は他に例がなく、屋外に置いてもお金や商品を奪われない治安の良さのおかげだと言われています。冷蔵、保温の両方の機能がついた自販機が至るところにあって、アイスでもホットでも、ごく安い値段でそれなりのものを飲めるというのは、改めて考えてみると、すごく「贅沢」なことかもしれません。近年ではコンビニコーヒーに押され気味ですが、「日本育ち」の文化の一つとも言える缶コーヒーにも頑張っていってほしいところです。

第4章

コーヒーの「おいしさ」

友達や知り合いと「最近、コーヒーに凝っていて……」という話になったとき、「どのコーヒーがいちばんおいしいか教えて?」と聞かれたことはありませんか。気軽に訊ねたり答えたりするこの質問ですが、よくよく考えると「コーヒーのおいしさ」って何なのでしょうか。この章ではそこを掘り下げてみたいと思います。

「おいしさ」を科学する

「おいしい・まずい」はコーヒーだけではなく、全ての食べ物、飲み物に共通する概念です。まずは飲食物全てに共通する「おいしさ」の仕組みについて考えてみましょう。

我々が感じる「おいしさ」の中心になるのは「味」であり、それを感じるために備わっている専門の感覚が「味覚」です。味覚は口腔内の化学物質を識別、感知する「センサー」の役割を果たしており、その情報は味神経（味覚神経）という専用の神経を経て脳に伝わります。

ヒトが感じる味（味質）には、甘味、苦味、酸味、塩味（鹹味《かんみ》）、うま味の5種類の「基本味」があり、このうち、ヒトは甘味やうま味を「好ましい味」と認識します。甘味は糖類の、うま味はアミノ酸やタンパク質の味なので、自然界ではこれらの味が濃いものを食べれば、効率よく栄養を摂ることができると考えられます。一方、酸味は腐敗した食べ物や未熟な果物、苦味は有毒な植物に含まれるアルカロイドなどの自然毒に感じる「不快な味」であり、特に苦味は極めて微量で感知される鋭敏な感覚です。これらの不快な味を忌避することで、体に有害な物質を自然に避けられるようになっていると考えられています。また塩味は、程よい場合には好ましく感じますが、海水のように濃すぎる場合には不快な味として忌避されるため、適度な量の塩分やミネラルを摂取することに役立ちます。このように、味覚は自然界に存在するさまざまなものの中から、何を食べて何を食べないかを上手く選択できるよう進化してきた感覚だと考えられています。

このほか狭義の「味覚」には含めませんが、辛み（辛味）や渋み（渋味）も、広義の「味」には含まれます。これらは味神経以外で伝わる、痛覚や温冷覚に近い感覚刺激です。また味質だけではなく、味物質の濃度や持続時間、構成要素の複雑さも重要で、これらがコクやキレなどを生むと言われています。基本五味にこれらの複雑な要素が加わることで、総合的な「味」が形成されるのです。また総合的な「おいしさ」には、味以外の要素も重要です。特に味、香り、テクスチャー（食感、口触り）は「おいしさの三要素」とも呼ばれ、これら3つが合わさった「風味」が、「おいしさ」の中核を担っています。この他、食品の色や形状などの視覚、咀嚼《そしゃく》音などの聴覚情報、また誰とどこで食べるかといった状況も「おいしさ」を左右します（図4－1）。「おいしさ」は味覚を中心に、さまざまな感覚や情報が重なり合った複合的なものだと言えます。

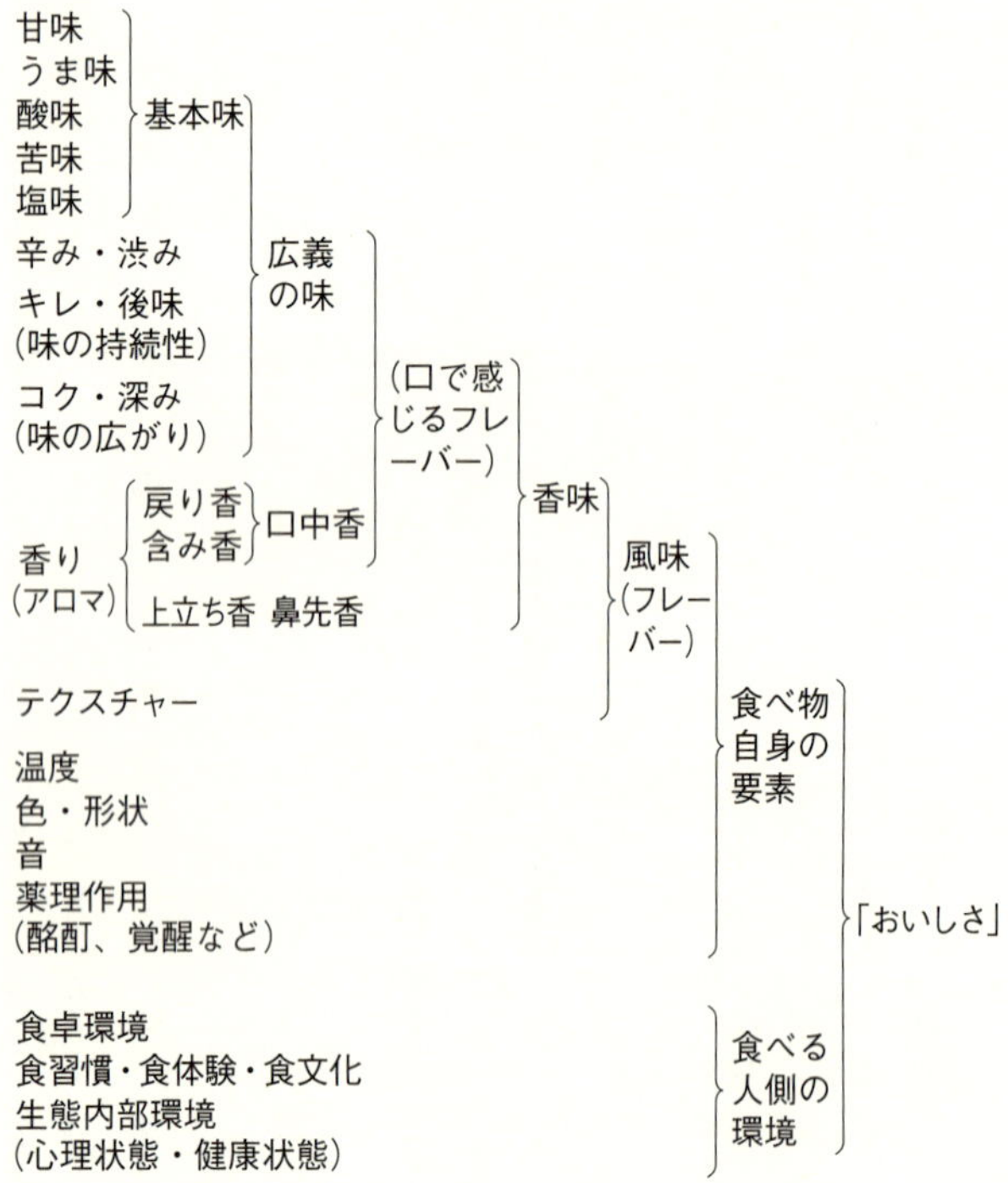

図4-1　食べ物のおいしさを感じるしくみ　都甲潔『感性バイオセンサ：味覚と嗅覚の科学』（朝倉書店、2001年）を元に改変

「コーヒーのおいしさ」の主役たち

では、コーヒーの場合はどうでしょうか。砂糖やミルクを加えるかどうかでも随分話が変わりますが、話を単純にするため、ここからはブラックコーヒーに絞って考えます。複合的で主観的な感覚である「おいしさ」は分析が難しいのですが、それを人に伝えるときの「味ことば」からそのヒントが得られます。日本で用いられる「コーヒーの味ことば」を一般消費者の認知度の順に並べると（表4－1）、焙煎した／香ばしい香りと、まろやかな／すっきりした苦味、コクなどの語彙が上位にランクインします。特に「コクがある」「香ばしい」は、日本人が用いる味ことば全体でも、おいしそうと感じるトップ3に入る言葉です（表4－2）。これは現在の日本で「コーヒーはおいしい」と認識されていることを裏付ける、一つの証拠と言えるでしょう。

「コーヒーの味ことば」における主役の一人は、何と言っても「焙煎した」「香ばしい」という香りです。ただし上位に入る「香り」系の味ことばはこの二つだけで、これ以外の表現（甘い香りやフルーティなど）を使う人は少数派です。一方「味」系でコーヒーを代表する味ことばは、やはり苦味に関するものです。「生理的に忌避される」と言われる通り、数ある味ことばの中でも「苦い」はおいしそうなイメージから最も遠い語彙なのですが、コーヒーでは「まろやかな」「すっきりとした」という「おいしそう」な言葉が付く表現が受け入れられており、多くの人が

表4-1　コーヒーの味ことば

味ことば	分　類	消費者の認知度(%)*
焙煎した	香り	90.0
まろやかな苦味	味	87.4
こくのある	味	86.8
香ばしい	香り	85.2
すっきりした苦味	味	84.4
マイルドな	全体の印象	74.4
苦味	味	73.8
まろやかな酸味	味	73.6
芳醇な	全体の印象	71.8
すっきりした酸味	味	70.4
まろやかな	全体の印象	70.4
リッチな	全体の印象	69.8
さわやかな酸味	味	69.4
すっきりとした	全体の印象	68.8
バランスの良い	全体の印象	68.2
シャープな苦味	味	68.0
きりっとした	全体の印象	66.4
きれのある	全体の印象	65.4
渋味	味	61.0
味の強さ	全体の印象	60.0
酸味	味	57.8
シャープな	全体の印象	56.8
シャープな酸味	味	54.8
舌触りの良い	口触り	54.0
滑らかな	口触り	53.8
やわらかな	全体の印象	52.2
苦味が後に残る	味	51.4
さっぱりとした	全体の印象	51.0
広がる酸味	味	50.4
（以下は抜粋）		
焦げた	香り	40.4
苦渋い	味	38.0
渋味が後に残る	味	36.0
甘い	香り	27.8
甘味が後に残る	味	26.6
甘味	味	25.0
フルーティ	香り	11.8
塩味	味	1.8

早川ら（2010）より抜粋して引用　*それぞれの言葉を「コーヒーの香味を表す言葉だと思う」と答えた一般消費者の割合

表4-2　おいしいを感じることば

ランク（86中）		おいしそうと感じる(A)	感じない(B)	スコア(A−B)
1	うまみがある	38.3	1.2	37.1
2	香ばしい	36.6	0.5	36.1
3	コクがある	35.2	1.1	34.1
4	濃厚な	33.8	3.9	29.9
5	美味	33.1	1.3	31.8
6	風味豊かな	32.2	0.7	31.5
7	まろやかな	31.3	1	30.3
8	深みのある	31.2	0.9	30.3
9	味わい深い	29.4	0.4	29
10	やみつきになる	29.4	1.8	27.6
（以下コーヒーの味ことばに見られるものを抜粋）				
11	フルーティ	29.4	2.4	27
21	芳醇な	24.1	1.5	22.6
22	後味すっきり	23.7	0.3	23.4
23	リッチな	23.2	2.4	20.8
24	さっぱり	22.1	1.1	21
27	さわやかな	21.7	0.4	21.3
29	マイルド	21.4	1.4	20
33	甘い	18.8	5.2	13.6
35	すっきり	18.4	0.9	17.5
46	キレがある	14.1	2.3	11.8
49	甘い香り	13	3.4	9.6
57	ビター	11.4	8.2	3.2
67	ほろ苦い	8.2	11.4	−3.2
71	酸味がある	6.8	10.9	−4.1
72	すっぱい	6.3	16.9	−10.6
85	渋い	2.2	31	−28.8
86	にがい	1.3	41.5	−40.2

「おいしいを感じる言葉　sizzle word 2014」（BMFT, 2014）より抜粋して引用

コーヒーの苦味においしさを感じていることが窺えます。酸味に関する表現も苦味に次いで多く、これも「まろやか」「すっきり」などが付くことから、好意的に捉えられていると思われます。渋みも多くの人に認知されていますが、修飾表現は見られず、あまり良く思われていないようです。

　これ以外の味質では甘味が続くものの、一般認知度は2割程度。また塩味、うま味と辛みを挙げる人はほとんどいませんでした。「おいしさの三要素」の一つであるテクスチャーも、香りや味ほど重視されないようです。液体である分、固形物に比べて食感の影響が少ないのかもしれません。一方で、味の複雑さから生まれる「コク」や、「マイルド」「芳醇」「まろやか」など全体的な印象を表す表現は非常に豊富です。「コーヒーのおいしさ」とは「香ばしさと苦味を中心に、酸味その他のさまざまな要素が渾然一体となって生まれる、複雑なおいしさ」だと言えるでしょう。

ところ変われば「味ことば」も変わる

　ここまでは日本の話でしたが、海外の場合はどうでしょうか。例えばイギリスの一般消費者では、味は「苦味」、香りは「煙っぽい」「焦げた」「チョコレート」の順に、用いる頻度が高かったという報告があります（表4-3）。日本より香りの表現が具体的ですが、じつは「香ばしい」という言葉は日本と韓国にある（香ばしい＝グスハン）程度で、大半の言語にはぴったり当てはまる訳語がありません。その分、欧米では特にコーヒーの香りをいろいろなものに喩える表現が増えるようです。逆に言えば、日本語では「香ばしい」の一言で伝えられるから、それ以外の表現が少ないのかもしれません。また「まろやかな苦味」「すっきりした酸味」など、味質を修飾した表現の多さは日本特有で、欧米では味でも香りと同様に比喩的な表現が目立ちます。コーヒー業界では「日本ではコーヒーの味を、欧米は香りを重視する」と言われるのですが、そこにはこうした言語の違いも関係しているのかもしれません。ただし表現は多少違っても、日本でも海外でも一般消費者が考えるコーヒー像は、結局「苦くて香ばしいもの」だと言えそうです。

また洋の東西を問わず、コーヒーの香味鑑定（カッピング）を行うプロたちは一般消費者よりも、はるかに語彙が豊富です。コーヒー業界では1950年代のブラジルのコーヒー鑑定士や、1980年代のアメリカスペシャルティコーヒー協会（SCAA）、2000年代のカップ・オブ・エクセレンス（COE）のカップテイスター（82頁）などが、それぞれ自分たちの基準に沿った「味ことば」を使うカッピング法を提唱してきました。現在は、SCAAが1997年に作製した「フレーバーホイール」（図4－2）の普及によって、アメリカ式が世界標準になっており、日本スペシャルティコーヒー協会（SCAJ）などの日本の団体もこれをベースにしています。

表4-3　イギリス版コーヒーの味ことば

タイプ	味ことば		出現頻度(%)*
味／風味	苦味	bitter	90
味（後味）	苦味が残る	bitter aftertaste	90
香り	煙	smoky	70
香り	焦げた	burnt	60
香り	チョコレート	chocolate	50
味／風味	フルーティ	fruity	50
味／風味	チョコレート	chocolate	50
味／風味	木	woody	50
味（後味）	木の後味	woody aftertaste	50
口当たり	ドライな	dry	50
香り	甘い香り	sweet	40
香り	土	Earthy	40
香り	木	woody	40
味／風味	ゴム	rubbery	40
味／風味	塩味	salty	40
味／風味	すっぱさ	sour	40
味／風味	焦げた	burnt	40
味／風味	煙	smoky	40
味（後味）	煙の後味	smoky aftertaste	40
口当たり	収斂味のある	astringent	40
口当たり	滑らかな	smooth	40

Narainら（2003）より抜粋して引用。*一般人によるコーヒーの風味表現に現われた頻度

味ことばが共通化すると、例えば消費国のコーヒー屋が「柑橘系のようなフルーティなコーヒーの生豆を売ってほしい」と言ったとき、生産者にもそれが具体的にどんな香味を指すのかが伝わるなど、意思疎通が容易になるという利点が生まれます。ただし一方では、共通化によって一般消費者の感覚と齟齬を生じたり、特定の価値観だけが広まったり

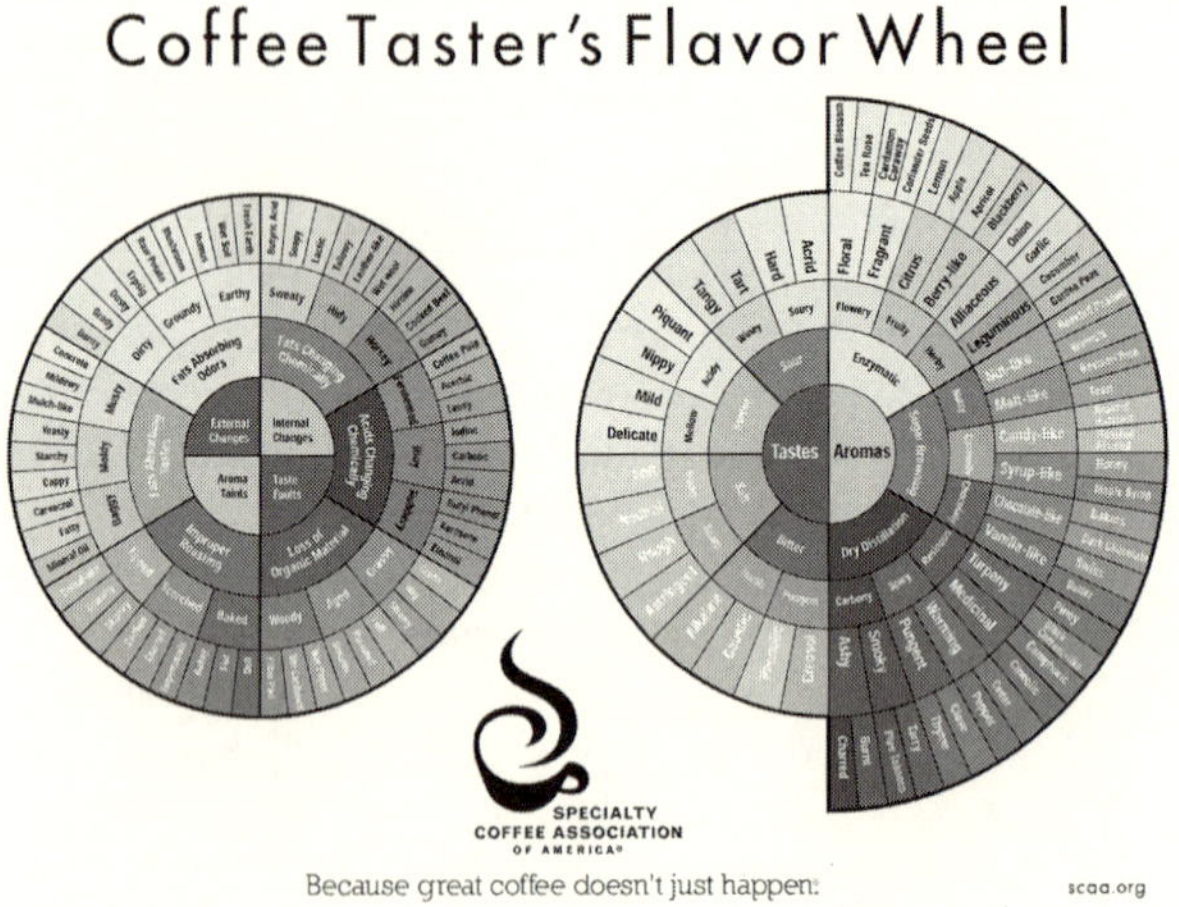

図4-2　コーヒーフレーバーホイール　図は1997年版（2016年に改訂）。右円の右半分が一般的なコーヒーの香り、左半分が味の表現。左円は取り除くべき欠点豆の香味（出典　SCAA）

する懸念もあります。例えば、アメリカのコーヒー関係者は、一般消費者が真っ先に用いる「苦い」という言葉を避ける傾向が見られます。アメリカ人にとって「bitter」という響きは、日本人にとっての「苦い」以上にネガティブに聞こえるらしく、イメージダウンを嫌って使いたがらないようです。アメリカの一般消費者に普及させるにはその方が有効だったのかもしれませんが、ＳＣＡＡやＣＯＥの黎明期にカッピング用語を決めたとき、苦味の少ない浅煎りを重視するボストンのジョージ・ハウエル（260頁）一派が中心になったことも、少なからず影響していると思われます。

「おいしい苦味」という矛盾

たとえ一部の人たちが「苦い」という表現を避けたとしても、コーヒーの味の中核が苦味であることは動かしがたい事実であり、科学者としては避けて通るわけにはいきません。しかし、ここで大きな疑問が生じます。そもそも生理的に忌避されるはずの苦味をコーヒーでは「おいしい」と感じるなんて、そんな矛盾したことが本当にありうるのでしょうか。

苦味においしさを見いだす例は、コーヒー以外にもビール、ゴーヤ、グレープフルーツ、ビターチョコなど数多く見られ、それなりに普遍的な現象だと言えます。もともとヒトは、子供の頃は苦味を嫌う傾向があるものの、大人になるとその中においしさを見いだすようになると言われています。近年の研究では、子供も大人も苦味を感じる能力（苦味感受性）自体には大きな差はないことが判明しており、大人になるまでの食体験の中で、その食品が安全だと学習することで平気になり、味の変化の一つとして楽しむようになるようです。これは苦味だけに限らず、酸味や辛み、渋みなど「本来は忌避される味」全般に共通して見られる現象です。

また親が普段から苦いものを食べていると、子供も安全だと判断するため、受け入れやすくなります。つまりコーヒーをおいしいと感じるには、その人の周囲で社会的、文化的に受容されているかどうかも重要です。例えば17世紀に中東で初めてコーヒーを飲んだヨーロッパ人旅行者は

「味は苦く、良い香りがするわけでもないが現地で愛飲されている」と記していますし、日本でも初期に飲んだ大田南畝《なんぽ》（蜀山人《しょくさんじん》）は「焦げ臭くて味わうに堪えず」と評しています。すなわち、それぞれの社会で最初に飲んだ人たちにとってコーヒーは「おいしいもの」ではありませんでした。それが普及するにつれて「おいしい」と認識されるようになっていったのです。

コーヒーを飲んでいくうちに、最初は飲めなかった苦いコーヒーが平気になり、好みがだんだん深煎りにシフトしていく例はよく見られます。しかし、常人では信じられないほどの「激辛好き」の人はときどき目にしても、そこまでの「激苦好き」の人はあまり見かけません。経験で苦味が平気になるとは言っても限界があり、不快に感じる限度（閾値）を越えないことも、おいしく感じる条件の一つのようです。またコーヒーの苦味が平気な人が、他の苦いものまで平気だとは限らないのも面白いところです。普段はあまり意識しませんが、コーヒー、ゴーヤ、ビールなどいろいろな苦味を思い浮かべると、どれも同じではなく、苦味にも味わいが異なるいくつかの種類があるようです。中でもコーヒーには「まろやかな」「すっきりした」「後に残る」など、いろいろな質感の苦味が混在していることが、味ことばから窺えます。これらを総合すると、「苦味のおいしさ」が成立するためには、①飲む人自身の経験や学習、②社会的文化的な受容、③ほどほどの苦味の強さ、④苦味の種類や質感、という要因が関わってくると考えられます。

Coffee Column

味覚の生理学

もう一歩踏み込んで「苦味のおいしさ」の謎を考えるため、ここで「味覚」のしくみを考えてみましょう。味を感じる上で、中心となる器官は「舌」です。舌の表面には、場所ごとに形が異なる4種類（有郭《ゆうかく》、葉状《ようじょう》、茸状《じじょう》、糸状《しじょう》・図4－3）の「舌乳頭」と呼ばれる突起があり、糸状乳頭を除く3種類に「味蕾」という器官が埋まっています。味蕾は舌全体で通常4000～5000個存在します。その半数が舌奥に、残り4分の1ずつが舌側面の奥側と舌先に分布し、これらの場所が味をよく感じる部位に当たります。このほか口の奥から喉にかけて、舌以外の場所にも2000～2500個ほどの味蕾が分布しています。一つの味蕾は、100個ほどの「味細胞」という、それぞれが基本五味のどれか一つに特化した異なる細胞の集団で構成されています。これが我々に備わっている高性能の「味覚センサー」です。

味細胞の表面には「味覚受容体」（表4－4）というタンパク質が発現しており、どの受容体が発現するかで担当する基本味が決まります。基本五味のうち、甘味とうま味、苦味の受容体は、2012年ノーベル化学賞を受賞した、Gタンパク共役受容体（GPCR）の仲間です。甘味受容体とうま味受容体はそれぞれ1種類ずつ存在し、受容体を構成するタンパク質が

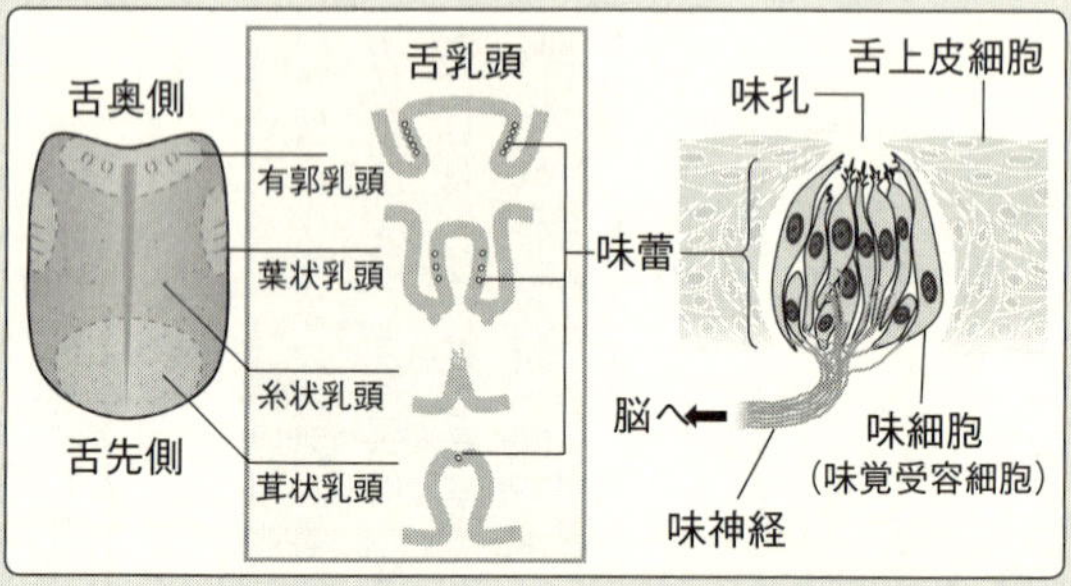

図4-3　舌と味蕾

似ているため、タイプ1受容体（T1R）と呼ばれます。苦味受容体はタイプ2（T2R）と呼ばれ、ヒトでは29種類の遺伝子が見つかっています。苦味だけ種類が多いのは、それぞれが複数の異なる化学物質を感知することで、自然界の多種多様な毒に対処するためだと言われています。実際、自然界に存在する苦味物質の種類は数百種で、甘味やうま味の数十倍に上ります。一方、酸味と塩味の受容体はイオンチャネルだと考えられており、その候補が見つかっています。また塩分が濃くなると塩味だけでなく、苦味、酸味細胞も活性化されて「不快な味」として伝えるようです。

辛みや渋みは基本味とは異なり、味蕾以外の場所で感知される化学感覚です。例えばトウガラシやワサビの辛み成分が手に付くと、ヒリヒリした熱さやスッとする冷たさを感じますが、この皮膚でも感じる熱冷覚が「辛み」の正体

味質	受容体の種別	受容体数	主な受容体	主な味物質
甘味	GPCR型 T1R	1種類	T1R2+T1R3	糖類、人工甘味料など
うま味		1種類	T1R1+T1R3	アミノ酸（グルタミン酸）、核酸（イノシン酸）など
苦味	GPCR型 T2R	29種類*	T2R38	フェニルチオカルバミド、コーヒー(?)
			T2R43	人工甘味料の苦み、キニーネ、カフェインほか
			T2R3,4,5	コーヒー(?)
			T2R1,14,40	ホップの苦味成分
			T2R10	ゴーヤの苦味成分
酸味	TRP型チャネル?	1種類以上?	PKD2L1 +PKD1L3(?)	水素イオン
塩味	チャネル型	1種類以上?	ENaC	ナトリウムイオン（薄い塩分）
			?	濃い塩分（苦味、酸味細胞が不快な味として感知）

表4-4　味覚と関連する受容体
*ヒトの苦味受容体遺伝子が29種類見つかっているが、T1Rのような組み合わせパターンの全容は、まだよく判っていない

です。トウガラシとワサビの辛み成分はそれぞれ、43℃以上、17℃以下で活性化される温冷覚受容体を刺激します。また、渋みは口腔内のタンパク質、特にプロリンリッチタンパク質（PRP）が変性するときに生じる触感や痛覚によるものです。渋柿を食べたことがある人ならわかると思いますが、口の粘膜がぎゅっと収縮（＝収斂）する感覚と、他の感覚が遮断された違和

感を生じさせます。渋柿の成分であるタンニンは革《かわ》鞣《なめ》しにも用いられますが、これはタンニンが皮のタンパク質を変性して防腐効果を与える性質を利用したものです。渋みは口腔粘膜が「鞣された」ときの味だと言っていいかもしれません。

コーヒーの味の謎に迫る

コーヒーの苦味も、こうした味覚の仕組みによって感知されているわけですが、具体的にはどの受容体が働いているのでしょう。それを明らかにするには、コーヒーに含まれている苦味成分を特定して、どの受容体と結合するかを検証すればいいのですが、残念ながらまだ研究が進んでいないのが現状です。しかし味覚受容体の遺伝子研究からその手がかりが得られています。

味覚受容体に遺伝子変異が生じると食の好みが変化することが知られています。１９３１年、デュポン社に勤める化学者アーサー・フォックスは、実験室でフェニルチオカルバミド（ＰＴＣ）という人工の苦味物質の粉末を落として飛散させてしまい、それを吸った同僚たちが「苦い」と文句を言っているのに、自分はその苦味を感じないことに気付きます。この偶然の発見から、ＰＴＣの苦味を全く感じない「ＰＴＣ味盲」の存在が明らかになりました。ＰＴＣ味盲は劣性（潜性）遺伝する先天性のものであり、なんと世界の約３割もの人が該当しています。さらにその後の研究で、ＰＴＣに対する苦味受容体、Ｔ２Ｒ38の特定の塩基が遺伝的に異なる（一塩基多型、ＳＮＰ）と感受性が低下し、遺伝子対の両方に変異がある人がＰＴＣ味盲になると判明しました。また生のブロッコリーにもＰＴＣと似た苦味成分が含まれているため、ＰＴＣ味盲の人には「ブロッコリー嫌い」の割合が少ないことも知られています。

このＴ２Ｒ38がコーヒーの苦味受容にも関係しているという報告がいくつかあり、ＰＴＣの苦味をあまり感じない人は、エスプレッソやブラックコーヒーを好む傾向が見られるようです。これは苦味の強いコーヒーが好きか嫌いかという個人の嗜好に、後天的な経験だけでなく先天的な遺伝要因も関与することを示唆しています。ただし、コーヒーの苦味はＴ２Ｒ38だけでは説明できません。ＰＴＣ味盲でもコーヒーの苦味を全く感じないわけではなく、Ｔ２Ｒ43というキニーネやカフェインなどに反応する受容体に変異がある人もコーヒー好きになる傾向が見られます。また嗜好を左右するほどではないものの、逆にコーヒーの苦味を強く感じる遺伝子変異も見つかっています。一方、ビールやゴーヤの苦味成分に対する受容体も見つかっていますが、それがコーヒーの苦味に関わる報告は、今のところありません。ひょっとしたら、我々が食品ごとに感じる「苦味の質」には、それを伝える苦味受容体の違いも関係しており、その組み合わせによる複雑な感覚が、「コーヒー特有の苦味」を生みだしているのかもしれません。

「苦味の質」は受容体の種類だけで決まるわけではありません。意外と見逃されがちですが、「すっきりした苦味」「苦味が後に残る」などの質感には、味物質自体が口腔内にどれだけの時間留まるかという、物理的な持続性も重要です。ここで大きな役割を担っているのが「唾液」です。

唾液の重要性

味覚における唾液の役割の中で、特に重要なのが洗浄作用です。我々がものを食べるとき、分泌された唾液が受容体から味物質を洗い流してリセットします。また唾液中のＰＲＰも、タンニンや油脂分に率先して結合することで、口内から排除するのを助けます。食品会社などで用いる味覚センサーにはこの働きを再現するため、サンプル測定後にセンサーをすすいだときの変化まで測定するタイプもあるようです。ただし味覚センサーとは違って、ヒトの口の中では部位や状況によっても唾液の分泌や流れ方が変動します。例えば梅干しなどのすっぱいものを食べると大量につばが出ますが、これは口内のpHを一定に保つため（緩衝作用）のものです。もともと唾液腺で作られる唾液の原液はpH７・５程度の弱アルカリ性ですが、平静時には途中でナトリウムイオンが再吸収され、口内pHと同じ弱酸性になって分泌されます。ところが大量に分泌されると再吸収が間に合わず、弱アルカリ性のまま分泌されるため、酸味を強く感じたときほど効率よく中和されるという、じつに良く出来た仕組みになっているのです。このほか、固形物中の味物質を溶かし出して味蕾に感知されやすくしたり、食品中のデンプンを唾液中の酵素（アミラーゼ）で糖に変えたり、唾液はさまざまなかたちで味覚に関係しています。

味物質の口腔内ダイナミクス（分子動態）

コーヒーの味ことばに「すっきりした苦味」と「苦味が後に残る」という両方の表現があることは、持続時間が短い苦味と、長い苦味があることを示しています。矛盾しているようにも聞こえますが、コーヒーに何種類もの苦味物質が含まれることを思えば不思議ではありません。

我々がコーヒーを飲むとき、口に入った液体の大部分はそのまま飲み干されますが、成分の一部は味蕾や口腔粘膜に留まり、その後、粘膜の上をシート状に覆いながら流れる唾液によって洗い流されます。この現象は、唾液を移動層、口腔粘膜を固定層とする液体クロマトグラフィー（228頁）になぞらえることが可能です。各成分が口腔から消失する速度（口腔内クリアランス）は物質ごとに異なり、基本的には分子量が小さくて親水性が高い分子ほど速やかに流失すると考えられます。コーヒー中の苦味には、速やかに消える成分から、しばらく留まるものまで多数存在し、受容体が一緒だとしても、前者は「すっきり」、後者は「後に残る」苦味になるのです。

こうした分子の挙動の違いは苦味以外にも存在し、中には固有の特性を持つものもあります。

例えば酸味は、有機酸などが水に溶けたときに放出する水素イオンの味なので、もともと水溶性が高くて流れやすいことに加え、唾液によって中和され、さらには唾液分泌を促すことで流失速度全体が早まります。酸味自身の消失が早いだけでなく、他の成分の消失も早めて「すっきり感」を増すのです。渋み成分は口腔内のタンパク質に結びつくため残留性が高く、唾液中のPRPによって洗い流されます。油脂分は他の親油性成分を溶かし込んで口腔内に留まることで、酸味とは逆に他の成分の消失を遅らせる働きがあると考えられます。このような「味物質の口腔内ダイナミクス（分子動態）」も、コーヒーのおいしさに深く関わっていると思われます。

分子の挙動が生み出すおいしさ：口当たりとキレ

近年のアメリカで増えつつあるCOE方式のカッピングでは、SCAA方式と比べて「口当たり（マウスフィール）」に関する項目が増えています。日本のネルドリップにも「ベルベットのような」など、口当たりに関する語彙が豊富ですし、イタリアにもエスプレッソの伝統で培われた表現が見られます。「口当たり」は本来、口腔内の触覚が伝えるテクスチャーの一部であり、液体であるコーヒーへの関与が大きいとはあまり思えません。液体の粘性や表面張力を認識していると説明した研究もありますが、違いが微妙すぎて、本当にヒトが区別できるかは不明です。

ただし口腔内ダイナミクスから、その仕組みを説明可能かもしれません。口の中から味物質がゆっくり消失していくとき、我々は実際の液体が持つ以上の粘性を感じますし、逆に素早く失われるときは粘度が弱いと感じます。多種類の苦味がスムーズに流れていく感覚から、重厚さと滑らかさを感じれば、確かにベルベットの触感を思い出すかもしれません。このように、ある感覚が別の感覚と混同されて認識されることを「共感覚」と呼びます。コーヒーの口当たりの多くは、こうした味覚の経時変化を、触覚として認識する、一種の共感覚なのかもしれません。

またコーヒーの「キレ」にも分子の挙動が関係します。キレのある味は口の中から速やかに消えるのが特徴ですが、それだけでは「すっきり」とは感じても、キレの感覚は今ひとつです。苦味のキレにはまず、不快に感じる寸前のきつい苦味が必要で、さらにそれが素早く消えるという、二つの条件が必要です。コーヒーの苦味に慣れた人でも無意識下では、きつい苦味に対してある種のストレスを感じていると考えられます。苦味がすっと消えると同時に、そのストレスが一気に解消される爽快さ。それが生み出す一種のカタルシス（浄化感）が「キレの感覚」につながっているのではないでしょうか。

コーヒーのコク

「コクがある」は味ことばでもトップクラスの「おいしそう」なイメージを持ちますが、説明が難しい言葉の一つです。いくつかの定義が提唱されていますが「濃度感と持続性、広がり、深みを兼ね備えたおいしさ」がその根本にあると言えるでしょう。また龍谷大の伏木亨教授はその著書『コクと旨味の秘密』の中で、コクには次の3種類があると分析しています。

①アミノ酸や糖、油などの栄養素を多く含んだ食品が持つ、うま味、甘味などの豊富さから感じとる本能的かつ生理的なおいしさ（コアーのコク）

②コアーのコクのある食品を実際に味わっていくうちに、そこに共存する食感や香りを学習し、実際にはコアーのコクがなくても、食感や香りからの連想でコクを感じるもの（連想のコク）

③「コクのある人物」など、食べ物から離れたイメージとしても使われるもの（精神性のコク）

このようにコクはしばしば、うま味や甘味との関連で語られますが、コーヒーやビールなど苦味中心の飲食物でも、おいしさの重要な要素になっています。苦味がコクの担い手になることは、コーヒーやビールのコクの強さが、苦味の強さと相関することからも裏付けられ、うま味や甘味とは別の「苦味のコク」というジャンルがあることを示唆しています。苦味は「生理的なおいしさ」とは反対の「忌避される味」なので「コアーのコク」を生み出さないはずです。しかし、苦味のおいしさとコアーのコクの両方を体感的に学習した人なら、コアーのコクの味質が「おいしい苦味」に置き換わった場合にも「コクがある」と感じると考えられます。食感や香りからの連想とは異なりますが、広い意味では「連想のコク」に含めてよいものかもしれません。

コアーのコクを感じるには、「おいしい味物質の量の豊富さ」が生み出す濃度感と持続性、「味物質全体の種類の豊富さ」が生み出す味の複雑さ（広がりや深み）が重要です。初めは単に「苦い」としか感じなかったコーヒーに、個人の食経験と社会的文化的な受容によって「おいしさ」を見いだすようになった人は、さらに飲みつづけるうちに、その複雑さを意識下、無意識下に感じ取るようになります。「いかにもコーヒーらしい苦味」が味全体のベースとして、十分な濃度感を持って持続している上に、対応する受容体や口腔内ダイナミクスが異なる多彩な苦味物質が加わることで苦味の質に複雑さが生まれます。他の食品でコアーのコクを十分に知った人に対して、これらが織りなす複雑さや奥深さが、コクを連想させるのではないでしょうか。

ところでコクの概念は日本に独特のものだと言われています。確かに、前述した「コーヒーの味ことば」でも日本では真っ先に出てきますがイギリスの例には見られません。「なめらかな苦味」「すっきりとした苦味」などコクを生み出すであろう、苦味の質感に関する語彙の多様性が日本だけに見られることとも繋がります。ただし英語では「Ｂｏｄｙ（胴体）」という言葉が味全体のベースの部分を指し、「ｒｉｃｈ　ｂｏｄｙ（ボディが豊か）」という表現は、その濃度感が持続するという、「コクがある」と近い意味合いを含みます。エスプレッソの深煎り文化を育んだイタリアでも、ボディを意味する「Ｃｏｒｐｏ」が重要視されていることや、「口当たり」の質感が重視されていることを考えると、「コーヒーのコク」の概念は意外と世界共通なのかもしれません。

酸味とすっぱさの違い

酸味はコーヒーの中で、苦味についで一般認知度が高い味質です。しかし古いコーヒーの文献には酸味の話は出てきません。いつから言及されはじめたかは不明ですが、ロブスタが生産されはじめた時期と重なるようです。アラビカよりも苦くて酸味が少ないコーヒーと出会ったことで、当時の人たちはそれまで苦味の陰に隠れていた酸味の存在に気付いたのかもしれません。

多くのコーヒー関係者はしばしば「良質なコーヒーには酸味がある」と言い、コーヒーの酸味はおいしいものと認識しています。一方で、「コーヒーの酸味」と聞くと「すっぱいコーヒーは苦手で……」と尻込みする消費者を結構目にします。じつはコーヒー業界では「酸味ａｃｉｄｉｔｙがある」と「すっぱいｓｏｕｒ」は専門用語として区別されています。両者の違いは主に酸味の強さで、酸味が強くて不快だと「すっぱい」と言われます。ただし通常は質の良くない生豆や焙煎後の劣化による強い酸味を「すっぱさ」とし、品質上の瑕疵《かし》ではない場合は多少強くても

「酸味がある」と呼んで「豆の個性のうち」とするのが一般的です。いずれにせよ、適度な酸味はさわやかな風味を与え、唾液の分泌を促して、全体をすっきりした味わいに整えます。

生産国では、生豆が精製途中で異常発酵を起こして不快な酸味を生じた欠点豆（発酵豆）を、「サワー・ビーン」と呼びます。しかし私たちが日常出会う「すっぱいコーヒー」はこれとは別物で、その多くは焙煎や抽出後の「経時劣化（196頁）」が原因です。もっとも多く見られる化学変化は、焙煎後に生じるラクトン類が水分と反応して酸に変化する現象（ステイリング）です。これを「酸化」と呼ぶ人をたまに見かけますが、厳密には加水分解反応による酸性化であって酸化反応（電子の授受を伴う反応）ではありません。もう一つの化学変化は酸敗で、焙煎豆に含まれる油脂（脂肪酸）の空気酸化で生成する低級脂肪酸によってpHが低下します。

香りとおいしさ

コーヒーのおいしさにとって味と並んで重要なものが香りです。ヒトの鼻腔の天蓋部には、嗅細胞と呼ばれる細胞が１０００万個以上存在しています（図４－４）。味覚では受容体を持つ味細胞と、情報を伝える味神経がそれぞれ独立した別の細胞ですが、嗅細胞はそれ自身が神経細胞（嗅神経）にもなっていて、前脳にある嗅球という領域に直接つながっています。嗅細胞の鼻腔側は繊毛になって鼻粘膜中に伸び、ここに発現する嗅覚受容体というタンパク質に特定の分子が

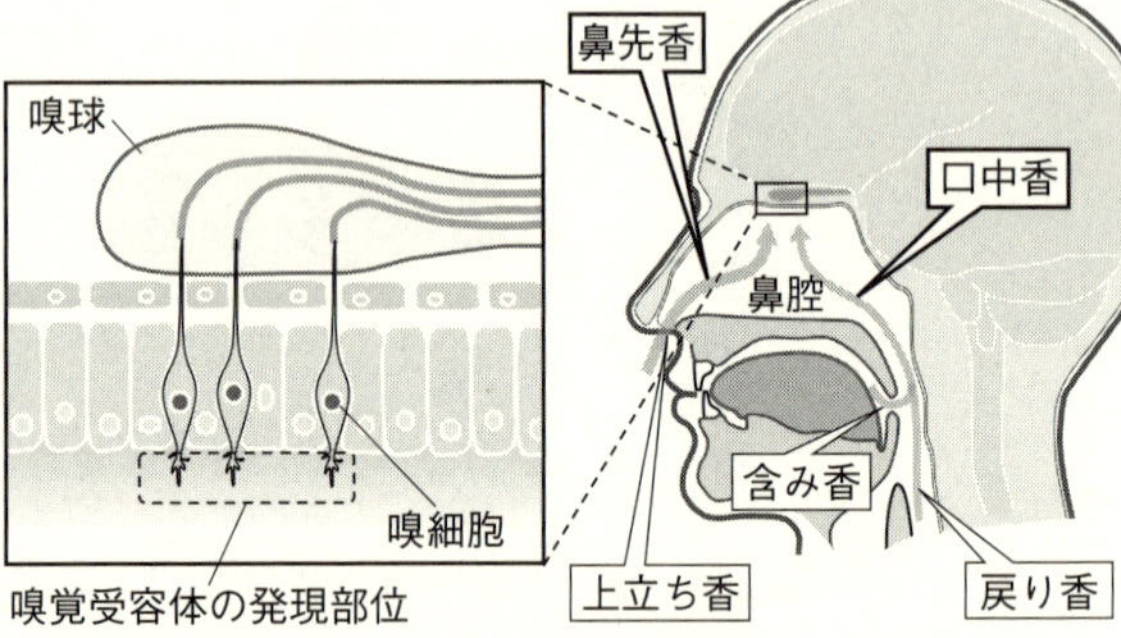

図4-4　嗅覚器（左）とにおいの経路（右）

結合すると「におい」として感知されます。ヒトには４００種類近い嗅覚受容体遺伝子が存在しており、一つの嗅細胞はそのうち一つの受容体だけを発現して、特定のにおいに特化します。これが我々に生まれながらに備わっている超高性能の「においセンサー」です。

　嗅覚受容体は非常に種類が多く、遺伝子群が発見されたのが１９９１年と比較的新しいこともあって、どのにおいに対応しているか判明していない受容体が大半です。ただしＰＴＣ味盲と同様、特定のにおいを感じない「嗅盲」が存在することが知られています。例えば、湿った藁のにおいがするイソブチルアルデヒドという化合物のにおいを感じない人はなんと36％、約３人に１人に嗅盲が見られ、それ以外のにおいについても平均１～３％の嗅盲があると言われます。ヒトの嗅覚遺伝子が約４００種類なので、誰もが数種～十数種のにおいに対しては嗅盲を持つ計算です。こうした嗅盲もＳＮＰ変異によるものだと考えられており、イソブチルアルデヒド嗅盲ではＯＲ６Ｂ２という嗅覚受容体遺伝子の近傍などに点変異が見られます。コーヒーで重要な香り成分（137頁）に関して、どの受容体が働いているかはまだ研究が進んではいませんが、「コーヒー嗅盲」がまれに見られるという報告もあり、今後の進展が待たれます。

前門の香り、後門の味

嗅細胞がある鼻腔には前方と後方の二つの出入り口があって、それぞれが外部と繋がっています。我々が感じるにおいは、前鼻孔（鼻の穴）から吸い込む空気のにおいを直接感じる「鼻先香」と、後鼻孔（鼻腔の奥から口腔に繋がる部分）を通って口腔から鼻腔に流れる空気のにおいを感じる「口中香《こうちゅうか》」に大別されます。それぞれが通る経路から、前者はオルトネイザル（＝前鼻孔の）アロマ、後者はレトロネイザル（＝後鼻孔の）アロマとも呼ばれ、ワインの世界ではこちらの用語を用いることが多いようです。また日本酒の世界では、液体から立ち上る香りを「上立《うわだ》ち香《か》（立ち香）」、口の中に含んだときに感じる香りを「含み香」、飲み干した後に喉の奥から感じる香りを「戻り香」と呼び、上立ち香が鼻先香、含み香と戻り香が口中香に当たります。

鼻先香が純粋な香りとして認識されるのに対して、口中香は「口で感じるフレーバー」の一部として、味の構成要素と認識されています。これは嗅覚が味覚と混同される「共感覚」の一つだとも言えます。風邪で鼻が詰まったときに食べ物の味がわからなくなった経験はないでしょうか。これは呼気が鼻腔に流れなくなって、口中香を感じなくなることによるもので、我々が味を認識するには、味覚以上に口中香が重要だとすら言われています。実際、鼻をつまんだ状態で食べ物を口に入れ、味覚だけでそれが何かを当てようとしても容易ではありません。ヒトは嗅覚が退化した動物だとよく言われますが、「ニューロガストロノミー（神経美食学）」を提唱したイェール大のゴードン・M・シェファード教授は、鼻先香の鋭さではイヌより劣るものの、口中香を「味」の一部として捉える能力は、むしろヒトの方が発達しているという説を唱えています。

この2タイプの香りは、単に嗅細胞に辿り着くまでの経路が異なるだけではありません。におい分子は温度が高いほど揮発しやすく、例えば室温のワインをグラスから嗅ぐ鼻先香より、口腔内で温められる口中香の方が全体的に強く感じます。この、温度による揮発性の変化は分子ごとに異なる上、唾液との混合や化学反応によって、におい分子の組成にも変化が生じます。このため食品会社の研究所では香気《こうき》成分を直接分析するだけでなく、人工の唾液と混ぜて体温程度に温めたときの香りの立ち方を調べるレトロネイザル・アロマ・シミュレーター（RAS）という装置も用いられます。

コーヒーの香りのRAS解析から、いくつかの香気成分のバランスが変化することも報告されています。ただしワインと違って、コーヒー（ホット）はカップの中の液体温度が体温よりも高い分、もともと鼻先香が強く、口中香との違いはそこまで大きくはないようです。アイスコーヒーの場合も、通常は熱湯で抽出した後で冷やすため違いはそれほどありませんが、低温のまま抽出する「水出しコーヒー」(264頁)は、口に含んだときに一気に香り(含み香)が広がるのを体験することができます。機会があればぜひ一度味わってみて欲しいものの一つです。

薬理的なおいしさ

コーヒー、タバコ、お酒などの嗜好品と普通の食品の大きな違い、それは薬理作用の介在です。料理やお菓子にも、思わずうっとりするほどおいしいものや、何度でも食べたくなる「癖になる」ものがありますが、それは味覚や嗅覚の情報が、脳の「快楽中枢」とも呼ばれるA10神経を刺激して「快の感覚」を生じ、それを「報酬」とする条件づけが成立するためです。これに対して「嗜好品」と呼ばれるものには大抵、脳の神経細胞に作用する薬理活性成分が含まれており、それが快楽中枢に直接作用します。味覚や嗅覚など途中のステップを飛ばして、最終ゴールである快感にいきなり辿り着くため反則っぽく感じますが、これも一つの「おいしさ」だと言えるでしょう。

　コーヒーではカフェイン、タバコではニコチン、お酒ではエタノールが薬理活性の担い手です。どの成分もA10神経系で情報を伝える「快楽物質」ドパミンの働きを促進しますが、作用メカニズムはそれぞれ異なります。カフェインはドパミンを受けとる神経細胞（ドパミン作動性ニューロン）の働きを抑制するアデノシン受容体を抑制、つまり「抑制の抑制」によってA10神経系を活性化して気分を高揚させるのに加え、線条体のA9神経の活性化による覚醒作用や、大脳皮質全体にも興奮をもたらします（278頁）。ニコチンはドパミンを放出する神経細胞側のニコチン性アセチルコリン受容体に結合して、ドパミンの放出量を増やします。エタノールには決まった受容体が存在せず、いろいろな受容体に結合して神経活動を段階的に抑制しますが、A10神経系を抑制する神経細胞が先に抑制されるため、最初は気分高揚や興奮を、後に酩酊をもたらします。

この、高揚感や酩酊など普段は味わえない「トランス状態」になることも、ヒトは古くから楽しみの一つとして受け入れてきました。それを仲間と共有して一体感を強めたり、儀式に使ったりするなど、社会や文化とも深く結びついており、広い意味での「おいしさ」に関与すると言えるかもしれません。また報酬系を刺激するため、しばらくするとまた欲しくなり、常用するようになりますが、一方ではそれが習慣性や依存の形成にもつながり、禁煙の難しさ、アルコール依存症などの問題も生じます。ただ、カフェインは嗜好品の中では比較的影響が小さい部類であり（298頁）、医学的、社会的な問題になるケースはまれです。

Coffee Column

ラプソディ・イン・ブルーマウンテン

日本人の誰もが知っている「高級なコーヒー」と言えば、おそらくブルーマウンテンではないでしょうか。ジャマイカのブルーマウンテン山脈で作られたコーヒーのなかでも、標高の高い特定エリアのものだけを指し、日本には1936年に「英国王室御用達」という触れ込みで輸入開始されました。その高貴な響きに相応しく、値段も一級品。飲めば何だか贅沢で特別な気分も一緒に味わえます。「単なる気分の問題じゃないの？」と言うなかれ。味覚研究の分野には「情報のおいしさ」という考え方があり、ブランドイメージや値段から来る高級感も、れっきとした「おいしさ」の一要素なのです。

ジャマイカ高地産のコーヒーは19世紀後半のフランスの文献をはじめ、古くから海外でも非常に高評価だった名品です。その中でもブランド化に大成功した日本では、異常とも言える高値が付いたため、一時期は生産量の95％が日本に輸出されるほどでした。ところが人気による品薄で低地産のものを混ぜて売るようになった頃から、本当にその人気や値段に見合った品質なのか疑問視する声も増え、産地では今その対応に追われています。また、じつは「英国王室御用達」というのは、当時の日本の輸入商が勝手に付けた宣伝文句です。「根拠はないが、ジヤマイカはイギリス植民地だから王室にも献上されていただろう」とか、「英国王室から文句も来ないから大丈夫」とか、今ならネットで炎上しそうないい加減な話ですが、当時はのんびりしていたようです。

こうして見ると「情報のおいしさ」は強力な反面、一歩間違うといろいろ面倒な問題を生み出すことがうかがえます。日本でのブルーマウンテンを巡る一連の事情は、それを考える上で格好の事例だと言えるでしょう。もしかしたらスペシャルティなど、今評判のコーヒーにとっても、将来同じような道を辿りかねない、決して他人事ではない話かもしれません。

「おいしいコーヒー」と「よいコーヒー」

「コーヒーのおいしさ」には、いろいろな要素が絡み合っていますが、最終的にそれを「おいしい」と感じるかどうかは人それぞれで、飲んだ本人の好みに掛かってきます。ただし、この「人それぞれ」という考えは、飲む人が心の中で自己完結させる分には構わなくても、喫茶店のマスターなど、飲ませる側の立場では事情が変わってきます。どんな渾身の一杯でも、飲んだ人全員が「おいしい」と言うとは限りません。深煎りファンの誰もが絶賛する深煎りでも、苦すぎるのが嫌いな浅煎り好きの口には合わないでしょうし、その逆もまた然りです。また時代や地域の流行にも大きく左右されます。例えばどれほど上質な深煎りを提供しても、浅煎り派が大多数の社会では「おいしくない」という評価を受けることになるのです。こうした問題は、自家焙煎店ブーム全盛期の1980年代にカフェバッハの田口護氏が提唱した「おいしいコーヒーとよいコーヒー」という考えの中でも集約的に論じられています。

①コーヒーの風味に対する「おいしい、まずい」という主観的な嗜好と、品質に対する「よい、悪い」という客観的評価を混同してはならない。
②コーヒーのプロは自分自身の嗜好よりも「よい、悪い」という客観的評価の視点をまず優先すべきで、「おいしい、まずい」はそれ以降の問題となる。
③「よいコーヒー」は「欠点豆を除いた良質な生豆を適正に焙煎し、新鮮なうちに正しく抽出されたコーヒー」と定義できるが、「おいしいコーヒー」は人それぞれで定義できない。
④「よいコーヒー」であっても、実際に飲む人の嗜好によっては必ずしも「おいしいコーヒー」になるとは限らないが、「悪いコーヒー」は必ず「まずいコーヒー」になる。

例えば、ある店で深煎りを出すとき、それが「よいコーヒー」ならば、浅煎り好きの人には合わなくても、深煎り好きなら「おいしい」と感じるでしょう。しかし「悪いコーヒー」は浅煎り好きはもちろん、深煎り好きにも「まずいコーヒー」でしかありません。そこで、いろいろな焙煎度のものを用意し、そのすべてが「よいコーヒー」であれば、メニューの中から客の好みに合うものを薦めることで、その人が「おいしい」と感じるコーヒーを提供できるというのが、田口氏の出した結論でした。嗜好と品質を区別することは、食品会社の品質管理部門などでは基本的な考えですが、小さな自営業も多いコーヒー店では見逃されがちです。現代のアメリカでもこの区別がついているかどうか疑わしい主張を見かけることもあり、30年も前から日本のコーヒー業界でこのような考え方が広まっていたことは驚くべきことです。消費者のさまざまな嗜好を尊重することは、コーヒーの多様な可能性を守ることにもつながるでしょう。

第5章

おいしさを生み出す コーヒーの成分

「苦くて香ばしくておいしい」……そんなコーヒーの味や香りは、すべてコーヒー中の化学物質が生み出しているものです。多様な香味成分が織りなすその全貌は非常に複雑で、未解明の謎だらけなのですが、近年やっとその手がかりが得られはじめたところです。この章では最新研究からわかってきた、コーヒーの香味成分の正体に迫ります。

カフェインは苦味の1～3割

「コーヒーに含まれる成分」と言われて、誰もが真っ先に思いつくのは、何と言ってもカフェイン（図5-1）ではないでしょうか。カフェインは、コーヒー以外にも茶やチョコレート、マテ茶、ガラナなどに含まれるアルカロイドで、これら多くの嗜好品が持つ覚醒作用の本体でもあります。カフェインには苦味があり、その閾値は100mg/L（0・01%）前後で、コーヒーにはその数倍から10倍程度の濃度が含まれています。このことから、かつてはコーヒーの苦味はカフェインによるものだと信じられていました。しかし、コーヒーの苦味は焙煎に伴って強くなっていくのに対して、カフェインの量は変化しないことから疑問視されるようになり、さらにカフェインレスコーヒー（91頁）が発明されると、カフェインを除去したコーヒーも十分に苦いことが判明して、カフェイン以外の苦味物質の方が重要なことが明らかになりました。その後の研究から、コーヒーの苦味全体の1～3割をカフェインが担っていると考えられています。

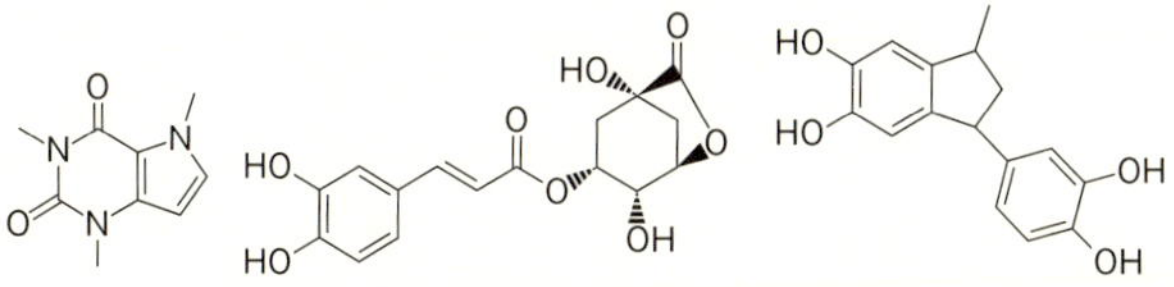

カフェイン　　クロロゲン酸ラクトン（CQL）の例　　ビニルカテコール・オリゴマー（VCO）の例

図5-1　コーヒーの代表的な苦味成分

カフェインは水にも溶けやすく、適度な濃さなら後に引かないすっきりした苦味を感じさせます。ただし単独ではあまりコーヒーらしい苦味には感じません。おそらく多様な苦味成分の一つとして、コーヒーの苦味の複雑さに貢献しているのでしょう。また気持ちをすっきりさせてやみつきになる「薬理的なおいしさ」（123頁）にとっては重要だと考えられます。

苦味の主役を探せ

カフェインが苦味の主役でないならば、本当の主役はいったい何なのでしょう？　２００６年、ミュンヘン工科大のトマス・ホフマン教授らはそれを突き止めるため、ある実験を行いました。生豆に含まれるいくつかの成分をそれぞれ単独で加熱したとき「コーヒーらしい苦味」になるかどうかを検討したのです。その結果、もっともコーヒーに近い苦味を示すのはクロロゲン酸（135頁）の加熱物でした。糖類やアミノ酸の加熱物も苦かったものの、コーヒーとは異質な苦味であり、またカフェー酸の加熱物は、エスプレッソに用いる深煎りのコーヒーに似た苦味と渋み（苦渋味）を示しました。さらに彼らはクロロゲン酸とカフェー酸の加熱物から、それぞれ「クロロゲン酸ラクトン類（以下CQL）」と「ビニルカテコール・オリゴマー（以下VCO）」という、新しい二つの苦味物質のグループを発見し、これがコーヒーの苦味の中心を担うものだと報告しました（図5-1）。どちらも苦味の閾値は10〜20mg／Lで、カフェインの10倍ほどの強い苦味を持ち、実際のコーヒー中には、普通のコーヒーにもカフェインレスにも、閾値の40倍近い濃度で溶けています。どちらの成分も生豆からは検出されない、焙煎によって生じる物質で、CQLが先に増加して中煎りをピークに減少していき、それと入れ替わりにVCOが増加します。

あまりに面白そうだったので、じつは私も知り合いのコーヒー屋さんたちと一緒に彼らの実験を追試したことがあります。まずはクロロゲン酸加熱物を作り、とりあえず適当に薄めて味見したのですが、これがまた何と言うか、舌にまとわりつくような苦味と渋みでひどい目にあいました。ただしさらに薄めてみると「確かに言われてみれば、コーヒーっぽい？」苦味と酸味を感じました。一方、カフェー酸の方も同じように加熱して作って味見しました。前の教訓を生かしてこちらは最初からかなり薄めたのですが、それでも予想以上の凄い苦渋味がして、これまたひどい目にあいました。渋みの強さはこちらがはるかに上で、まるで渋柿を食べたときのようにしばらく口の中がおかしくなったほどです。元に戻ってから、さらに十分薄めなおして味見すると、こちらも確かにコーヒーから感じたことのある苦味でした。深煎りのエスプレッソ、あるいはホットプレートでしばらく加熱したコーヒーに感じるような、ちょっとピリッとした感じのある苦味といったところでしょうか。どちらもあくまで簡易なモデル実験での結果ですが、これらがコーヒーの苦味の主役だというホフマン教授の主張はもっともらしいと思っています。

また彼らはその後、クロロゲン酸が糖と反応して生じるフルフリルカテコール類を第三の苦味グループとして報告しています。こちらは前二つ以上の渋さらしいのですが、幸いなことに（？）手軽に作れるものではないようなので、今のところはまだ試してはいません。

脇を固める多彩な苦味成分たち

ＣＱＬやＶＣＯが主役だとしても、それだけでコーヒーの苦味が成り立つわけではありません。ドラマや小説と同じように、主役だけでなく、いろいろな個性を持った「名脇役」たちがコーヒーの苦味に広がりや深みを与え、複雑で味わい深いものにしています。先に述べたカフェインもその一つですし、それ以外にもコーヒーからは何種類もの苦味成分が見つかっています。例えば黒ビールやカカオの苦味成分として知られるジケトピペラジン類もコーヒーに含まれています。コーヒーの中にはダークチョコレートを思わせる苦味のものがありますが、ひょっとしたらそのタイプにはジケトピペラジン類が多く含まれているのかもしれません。

また、コーヒーの色を生み出す褐色色素群にも苦味があることが知られています。あの、コーヒーの黒い液色の正体は「コーヒーメラノイジン」と総称される、焙煎の過程で生じる水溶性の褐色色素群です。肉や野菜などさまざまな食品を焼いて調理するときにも「焦げ」ができますが、それらの焦げの正体は「メラノイジン」と呼ばれる高分子の褐色色素の混合物で、アミノ酸と糖類が加熱によって化学反応（メイラード反応または褐変反応）して生じます。コーヒーの褐色色素が生じるときには、クロロゲン酸類も反応に加わるため、他のメラノイジンとは区別して「コーヒーメラノイジン」と呼ばれています。コーヒーメラノイジンは平均分子量や色調の違いからA（黒褐色、分子量：大）・B（赤褐色、分子量：中）・C（黄褐色、分子量：小）の3タイプに分けられ、焙煎時にはC→B→Aの順で生じます。いずれも弱い苦味を呈しますが、CやBが比較的おいしく感じられる苦味なのに対し、Aは口の中にこびりつく苦渋味を示します。このためC、Bは「良いお焦げ」、Aは「悪いお焦げ」と説明されることもあります。

　こうして長年の謎であったコーヒーの苦味物質の正体は徐々に明らかになりつつあります。これらを中心に酸味や香り成分などを組み合わせていけば、実験室の試薬だけで作る「合成コーヒー」も、ひょっとしたら夢ではないかもしれません。

コーヒーの酸味はフルーツの酸味

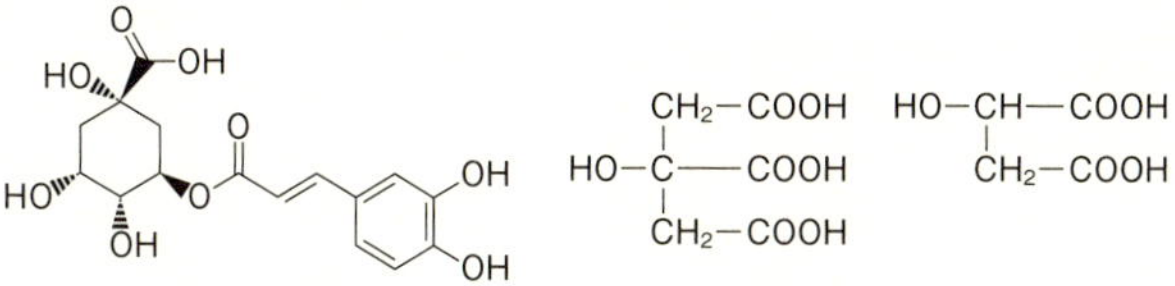

クロロゲン酸　クエン酸　リンゴ酸

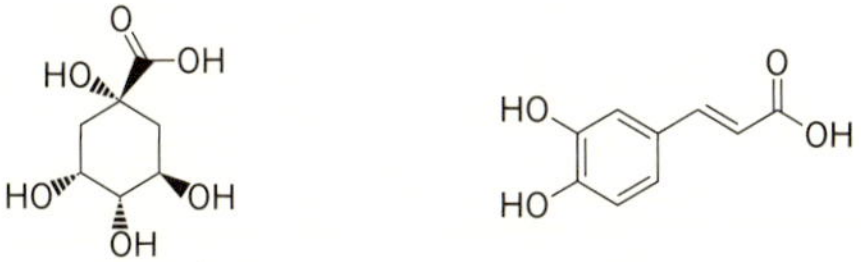

キナ酸　カフェー酸（コーヒー酸）

図5-2　コーヒーの代表的な酸味成分

苦味の次は、酸味の成分に目を向けてみましょう。高分子が多くて構造解析の難しい苦味物質に比べると、コーヒーの酸味物質の解析はまだ進んでいる方だと言えます。生豆の段階で含まれているクロロゲン酸やクエン酸、リンゴ酸、焙煎の過程で生じるキナ酸、カフェー酸、酢酸など、低分子の有機酸が酸味物質の代表です（図５－２）。この他に比較的高分子の有機酸である脂肪酸類や、無機酸の一種であるリン酸なども含まれます。コーヒーの酸味の強さは、これらの有機酸の総量と、それに伴うpHの低さとよく相関します。苦味と同様、生豆の時点ではほとんど酸味は感じませんが、焙煎すると生豆中に含まれるショ糖などが分解されて有機酸の量が増え、浅煎りから中煎りをピークに酸味が強くなっていきます。しかし、そこを過ぎると今度は加熱によって揮発したり熱分解したりすることで、有機酸の量は減少に転じ、酸味も減っていくのです。

コーヒーに含まれる有機酸は、渋みが強めのカフェー酸やクロロゲン酸を除けば、さまざまなフルーツの酸味物質としてもよく知られています。例えばリンゴ酸にはその名の通り完熟手前のリンゴのようなシュッとした収斂味を持った酸味がありますし、クエン酸も元々は中国原産のレモンの仲間、枸櫞《くえん》から名付けられた化合物で、柑橘類のような酸味を持っています。酢酸はご存知のとおり食酢の主成分です。揮発性があるため鼻に抜けて、高濃度では独特のツンとくる刺激臭がありますが、比較的低濃度ではまろやかな酸味に感じられ、他の有機酸とともにさまざまなフルーツに含まれています。キナ酸は元々キナノキ（28頁）から見つかったものですが、キウイフルーツにも比較的多く含まれ、その水溶液にはどことなくキウイフルーツのようなすっぱさが感じられます。ただしキウイフルーツにはキナ酸だけでなくクエン酸も多く、両方混ぜた方がそれらしくなります。このようにフルーツにはそれぞれ複数の有機酸が含まれていて、その組成（種類と量のバランス）によって、そのフルーツに特有の酸味が生みだされるのです。

こうなってくると、当然「有機酸の組成が判っているんだから、市販のクエン酸とかリンゴ酸とかを組み合わせればコーヒーの酸味も再現できるんじゃないの？」と思われた方もいるのではないでしょうか。しかし、実際の文献にしたがって、それぞれの有機酸をコーヒーに含まれている量ずつ混ぜると、コーヒーの酸味とはかけ離れた、すごくすっぱい液体になってしまいます。

じつはコーヒー生豆に含まれている有機酸はカリウム塩などの塩の形で存在している割合が多く、いわば既に「部分的に中和」されているためです。有機酸を混ぜた後に実際のコーヒーと同じくらいになるよう中和してから味見すると、確かにコーヒーくらいの酸味の強さになります。

ただ、問題はそれで「コーヒーの酸味」を再現できるかどうかです。じつは実際に作ってコーヒー屋さんたちに味見してもらったことがあるのですが「なるほど、言われてみればそうなのかな?」という反応が多く、「これだ!」と納得させるには至りませんでした。どうやら酸味だけを取り出した場合はコーヒー全体の中にあるときよりも弱く感じるようで、それならば、と少し濃い目に作ると、別の果物か何かのような印象になるようです。香りや苦味などと共存せず、酸味単独ではそれらしく感じないのかもしれません。また一部の文献では焙煎によって生じる高分子の中にも酸性の物質がある可能性が報告されており、それを足してやる必要もあるかもしれません。コーヒーの酸味を上手く再現するには、まだまだ工夫が必要なようです。

コーヒーの香りは1000種類?

コーヒーの香味成分の中で現在もっとも研究が進んでいるのは、香りに関する成分です。香り成分は非常に種類が多く、ごく微量でもヒトに認識されるため解析が難しいのですが、コーヒーの香りに惹き付けられた多くの研究者がその解明に取り組んできました。また近年ではGC―M

S（ガスクロマトグラフ質量分析計）などの分析機器の発達で、香り成分の分析が容易になりました。その甲斐あって、コーヒーの香り成分が数多く発見されてきたのです。過去の文献をほぼ網羅した『Ｃｏｆｆｅｅ　Ｆｌａｖｏｒ　Ｃｈｅｍｉｓｔｒｙ』（２００１年）という専門書があり、その中には約１０００種類もの揮発性成分が挙げられています。他の食品にはここまで詳細な資料が見当たらないので比べにくいのですが、たとえばワインや醤油では３００種類程度と言われ、コーヒーの香り成分はそのどれよりも数が多いように思われます。

ただし、この「１０００種類」という数字にはちょっとしたカラクリがあります。この本には、生豆に含まれる香り成分も収載されており、その中には焙煎すると消えてしまうものが１００種類ほどあります（図５－３）。残りの約９００種類が焙煎したコーヒーの香りということになりますが、一口にコーヒーと言っても浅煎りと深煎りでは香りも大きく異なりますし、構成する香り成分にも違いが見られるのです。１０００種類というのは、それらをすべて合わせた総計であり、実際に一回一回の実験に注目すると「一杯のコーヒー」から検出される香り成分は３００種類前後で、残念ながら（？）他の食品や嗜好品と、そこまで大きな開きはないようです。

コーヒーの香りは、どれか一種類の香り成分によって生み出されるものではなく、これらの多数の成分が合わさって、そのバランスによって生まれてきます。ただしそれぞれの香り成分の重要度は、その種類によっても違います。基本的には量の多いものほど強く匂いますが、どれだけ多くてもほのかに香るだけの成分もあれば、中には微量でも強く匂う（匂い閾値の小さな）ものもあるのです。１９９８年、ミュンヘン工科大のヴェルナー・グロシュ教授は、匂い閾値が小さくて量が多いものほど全体に与える影響が大きく重要な成分だという考え方に基づいて、ジャーマンロースト（中深煎り）のコロンビア産コーヒー豆から香りの中心を担う成分の探索を行いました。その結果、彼らは合計28種類の香り成分が重要だと結論づけ、これら全てをコーヒー中の量比にしたがって混ぜると「コーヒーらしい香り」が再現できたと報告しています。

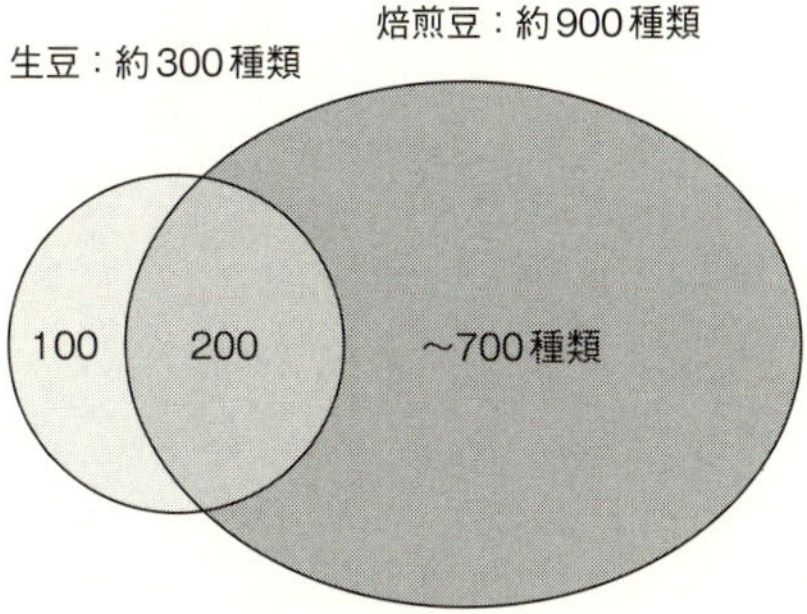

図5-3　コーヒーの香り成分

ちなみに、私も知り合いのつてを頼って、彼らが作った香りの再現を試みたことがあります。いくつか入手できない材料はありましたが、とある香料会社の方にアドバイスを貰って、ほぼ似たものを作り上げました。実際、嗅いでみると確かにコーヒーらしい香りがします。しかしコーヒー屋さんたちに嗅いでもらったところ「香料で香り付けしたコーヒーキャンディーみたい」という感想で、確かに実物より甘ったるく感じました。またアドバイスを頂いた香料会社の方の感想を訊くと「１００点満点で60点」。聞けば、グロシュ教授らのレシピにこだわらなければ、もっと上手に作れるとのことで、いやはや、香りの世界でもプロの実力は凄いものだと感心したものです。

いちばんコーヒーらしい香りの成分　〜2—フルフリルチオール〜

さて、ここからコーヒーの香り成分について、いくつか個別に見ていってみましょう。

先述のようにコーヒーの香りは一つの化合物によって生まれるのではなく、数多くの成分のバランスによって生まれます。しかし、その中で敢えて一つだけ代表を挙げろと言われたら、真っ先に名前を挙げるべきものがあります。それが2—フルフリルチオール（2—フルフリルメルカプタン、以下ＦＦＴ）（図5‐4）です。コーヒーに含まれる香り成分をそれぞれ単品で嗅いだとき、いちばんコーヒーに近いと言われているのがこのＦＦＴで、香料業界でもコーヒーの香りを合成するときに用いられます。コーヒー以外では、調理した牛肉や鶏肉などの香ばしい香りに関係するほか、ワインの世界にも「コーヒーのような」という香りの表現があるのですが、実際、フランス・ボルドー地方の赤ワインなどからもＦＦＴが見つかっています。

ＦＦＴは分子内に硫黄原子（Ｓ）を含む「含硫化合物」の一つです。含硫化合物には卵やニンニク、ネギの匂い成分など、独特の癖のある臭いのものが多く、高濃度ではしばしば悪臭になります。ＦＦＴも低濃度では、焙煎したコーヒーやコーヒーキャンディーのような甘い焦げ臭、焼いた肉の匂いに喩えられますが、濃くなると煙臭さやマッチを擦ったときの硫黄臭のような嫌な臭いになってきます。硫黄原子は、植物や動物の生体内では大部分がシステインとメチオニンの、２種類のアミノ酸（含硫アミノ酸）として含まれています。またＦＦＴの硫黄原子以外の部分は、酸素原子一つを含む五員環（＝フラン環）になっていますが、これはショ糖などの糖類の加熱時に生じる構造です。つまりＦＦＴは、含硫アミノ酸と糖類を加熱したときに生まれる香り成分なのです。

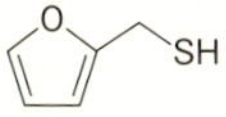
図5-4　2-フルフリルチオール（FFT）

Ｓを探せ

「含硫アミノ酸と糖類から生まれる」と、なんだか特別なことのように言いましたが、含硫アミノ酸も糖類も、ほぼ全ての食品に含まれるありふれた物質です。しかし他の食品を加熱しても、ＦＦＴのようなコーヒーらしい香りはそんなに出てきません。これはいったいなぜでしょうか。

じつはその秘密は、生豆のアミノ酸組成にあります。食品中のタンパク質やペプチドをアミノ酸にまで分解し、その全アミノ酸に占める個々のアミノ酸の割合を比べてみると、他の食品の場合に比べて、コーヒー生豆では含硫アミノ酸の占める割合が非常に高くなっています。重量当たりの含硫アミノ酸の含有量は、むしろダイズなどの方が多いのですが、それ以外のアミノ酸も多いため、焙煎すると他のアミノ酸から生まれる香り成分（ピラジン類など）が多くなり、ＦＦＴはその陰に隠れてしまうのです。コーヒー生豆では、この含硫アミノ酸の割合が非常に高いことが、「いちばんコーヒーらしい」ＦＦＴの香りが強く現れる理由だと考えられます。

では、なぜコーヒーには含硫アミノ酸が多いのでしょう。先ほどのアミノ酸分析を、タンパク質を分解する前の生豆で行っても含硫アミノ酸は検出されず、これらはタンパク質の状態で存在すると考えられます。ところが生豆タンパク質の大部分を占める種子貯蔵タンパク質にも、含硫アミノ酸はほとんど含まれていません。その出所を突き止めたのはドレスデン工科大のエーバーハルト・ルートビッヒ教授のグループです。彼らは、システインの割合が非常に高い、分子量４０００〜１００００の小さなタンパク質（ペプチド）を数種類発見し「コーヒーペプチド」と名付けました。これをショ糖と一緒に加熱するとコーヒーの香りが出ることも証明されています。

なお、このペプチドは「システインプロテアーゼ阻害タンパク」というタンパク質の一種だと考えられています。その仲間には昆虫の消化管に対して毒性を示すものが多く、実際にトウモロコシではゾウムシなどによる種子の食害を防ぐ作用が知られています。コーヒーペプチドも、コーヒーが害虫から種子を守るために獲得してきた武器の一つなのかもしれません。

もう一つの焙煎香とポテト臭問題　〜ピラジン類〜

ＦＦＴに次いで、コーヒーの香りへの寄与が大きな成分は、おそらくピラジン類だと思われます。コーヒーに含まれるピラジン類は、アルキルピラジン類とメトキシピラジン類に大別されますが、特に重要なのがアルキルピラジン類です。アルキルピラジン類はアミノ酸と糖類によるメイラード反応（194頁）によって生じる香り成分で、肉や魚、野菜などを焼いたときに生じる焦げ臭や、チョコレートやカカオ豆の香り、煎ったナッツの香ばしさなどの本体です。このほか味噌や醤油の香りや、腐葉土に感じる土臭さにもこの化合物が関係しています。コーヒーにおいては焙煎に伴って生成する香ばしい「焙煎香」の一部であり、コーヒーらしい焙煎香がＦＦＴだとするならば、他の食品とも共通する焙煎香がアルキルピラジン類だと言っていいでしょう。

メイラード反応では、酸性よりもアルカリ性のときにピラジン類が生成しやすいため、ショ糖の含有量が少なくて焙煎中に生成する有機酸が少ないロブスタ種では、アラビカ種よりも多くのアルキルピラジン類が生成すると予想されます。また先述のように、ＦＦＴはシステインの比率が高いコーヒーペプチドと糖類から生成されるものですが、ロブスタ種ではショ糖が少ないだけでなく、コーヒーペプチドにおけるシステインの比率がアラビカ種より低くなっています。実際、ロブスタ種ではアラビカ種に比べて香り全体に占めるアルキルピラジン類の割合が大きく、このバランスの違いが「ロブスタ臭」と呼ばれる独特の土臭さの原因の一つだと考えられます。

一方、同じピラジン類でもメトキシピラジン類には、ピーマンや生のジャガイモ、豆類などを思わせる青臭さや土臭さがあり、香りが大きく異なります。メトキシピラジン類の量は焙煎してもあまり変わらず、生豆のときは感じても、焙煎すると他の香りの陰に隠れて目立たなくなっていくのが普通です。ただし、ルワンダなど中央アフリカのコーヒーには、ときどきこの臭いが非常に強い豆が混入することがあります。1~2粒混ざっただけでもコーヒー全体に生のジャガイモのような異臭がつくことから「ポテト臭」と呼ばれており、現地では非常に深刻な問題です。

図5-5　コーヒーの果実を害するカメムシ（*Antestiopsis* sp.）

ポテト臭の原因はまだ完全には解明されていませんが、この地域に多い「アンテスティア」と呼ばれるカメムシ（図5－5）による虫害と密接に関係しています。このカメムシはコーヒーの果実に口吻を刺して汁を吸う害虫ですが、このとき唾液を介してある種の細菌が侵入し、それが果実内部の豆の表面で増殖して異常発酵を起こし、メトキシピラジン類を作ると考えられています。もっとも厄介な点は、ポテト臭のある生豆とそうでない生豆が見た目では全く区別できないことです。カメムシは果汁を吸うだけなので生豆にはほとんど傷が付かず、いくらか痕跡が残っても2粒ある生豆のもう片方にはそれも見られません。現在もっとも有効な対策はカメムシの防除と虫害を受けた果実を収穫時に排除することですが、混入を完全に防ぐのは難しいのが現状です。ルワンダのコーヒーはその質の高さから多くのコーヒー関係者の関心を集めており、ポテト臭さえなければ、という声をよく耳にします。一日も早く解決策が発見されることに期待します。

癖ある名脇役　～アルデヒドとケトン類～

メイラード反応ではピラジン以外にも数多くの香り成分が生成されます。中でも独特の影響をコーヒーに与えるのが、アルデヒド類とケトン類です。各種のフルーツやカカオ、モルトや乳製品などにも含まれる、イソ吉草酸アルデヒドなどの短鎖アルデヒドや、ジアセチル（2、3―ブタンジオン）などのジケトン（分子内にケト基を二つ持つ化合物）が、コーヒーからも見つかっています。コーヒーのカップテイスターたちの間では「熟したフルーツ」「チョコレート」はよく使われる表現の代表格ですが、確かにそれらと共通する成分がコーヒーにも含まれているのです。

じつは化合物単独だと、短鎖アルデヒドはすえたような感じの汗臭さを、ジケトンは脂っぽい体臭を思い出させる匂いがして、お世辞にもいい香りとは言えません。チョコレートやフルーツなどの香りに重要だといっても、単独で嗅いだときにそのものの香りがするわけではないのです。たとえばチョコレートではアルデヒド類以外に先述のピラジン類が香りの中核を担っていますし、各種のフルーツでもそれぞれ固有の香り成分と共存しています。またこれらの香りは、生豆を高温多湿で保管したときや、焙煎時に生焼けになったときに出る「蒸れた匂い」とも共通するため、特に普段から焙煎している人の中には、嫌な匂いだと感じる人も多いようです。

しかし、これらが全く存在しないのと適量存在するのでは、香りの印象がまるっきり変わります。たとえば、有名な香水として真っ先に名前が上がるシャネル№5も、開発当時の香水業界の常識では考えられないほど多種多様なアルデヒド類をふんだんに配合したものでした。コーヒーの場合も同様に、アルデヒド類やケトン類が他の香り成分と混ざり合うことで高級チョコに漂う芳しさや完熟フルーツの官能的な香りに、より実物感のある「生々しさ」が加わるのです。

スモーキーな深煎りの香り　～フェノール類～

日本の昔ながらの自家焙煎店の中にはびっくりするほどの極深煎りでファンの根強い人気を集める店も珍しくはありません。度が過ぎると単に焦げ臭いだけのものになりがちですが、上手く焙煎された深煎りには熟成したウイスキーを思わせるスモーキーな薫香があって、浅煎りや中煎りとはまた別格の魅力を持った「深煎りの世界」が広がっています。

一口に「ウイスキーのスモーキーな香り」と言っても、コーヒー同様、ウイスキーにもいろいろな種類があります。なかでも最も有名なものを一つ挙げるならばスコッチ・ウイスキーの特徴である「ピート香」でしょう。原料となる麦芽を乾燥させる際、燃料に用いるピート（泥炭）から発する煙が、スコッチに特有のスモーキー・フレーバーを与えると言われ、その香りの正体はフェノール類（フェノール、クレゾール、グアヤコールなど）だと判明しています。コーヒーでも焙煎が進むとフェノール類が生成し、その香りは樹木、スパイス、薬品臭、煙臭などに喩えられます。しかし私がいちばんしっくり来る喩えは、下痢止めに使う「正露丸」の匂いです。

正露丸の薬効成分は「木《もく》クレオソート」という抗菌物質で、木炭を作る「炭焼き」の副産物として得られます。木材を酸欠状態で加熱（乾留）すると、炭素分だけが焼け残って木炭が出来ますが、このとき同時に液状の不純物が流れ出ます。それを油状の木タールと水状の木酢液に分離したあと、木タールを蒸留すると木クレオソートになります。その主成分は、木部の細胞壁に大量に含まれるポリフェノール、リグニン（183頁）が熱分解して生じたフェノール類です。また、ピートは湿地に堆積した植物遺骸が石炭になる途中のもので、酸欠状態になった下層で炭化が進み、このときリグニンが分解されて生じるフェノール類を不純物として多く含みます。一方、コーヒー生豆にはリグニンは少ないものの、ポリフェノールであるクロロゲン酸を多く含みます。焙煎が進んだ豆内部では、燃焼で酸素が消費され、深煎りになる頃には酸欠状態になり、クロロゲン酸が熱分解されてフェノール類を生じます。こうしてみると、ポリフェノールが酸欠状態で分解されるという共通項があり、そこから共通点のある香りが生まれることがわかります。

またコーヒーに含まれるフェノール類には、もう一つ興味深い成分が入っています。バニラの香り成分であるバニリンです。バニリンは「正露丸の匂い」のグアヤコールにアルデヒド基（―ＣＨＯ）が一つ付いただけの構造です。このたったの一ヵ所の違いで、全く異なるバニラの甘い香りに感じるのですから、つくづくヒトの嗅覚とは不思議なものです。バニリンは非常に甘い香りがしますが、味覚としての「甘味」はありません。じつは子供の頃、甘い香りに惹かれてバニラエッセンスをこっそり「盗み嘗め」したことがあるのですが、ぴりぴりする刺激性の、辛さとも苦味ともつかない味で、大いに後悔することになりました。大人になって味覚に関する文献を読んでいるときに、バニリンにはカプサイシンと共通の温覚受容体（108頁）と反応する構造があることを知り、あの味はそれだったのかと妙に納得したものです。

コーヒーの甘さ？　～フラノン類～

日本でもスペシャルティコーヒーの名前が広まるにつれ、良質な浅煎りや中煎りのコーヒーを飲む機会が増えたように思います。そうしたコーヒーに焦がし砂糖のように甘い香りを感じたことはないでしょうか？　その正体はフラノン類。その甘い香りの印象どおり、糖類が加熱されて生じる成分です。コーヒーに含まれる代表的なフラノン類には、フラネオール（フィルメニッヒ社の商標名）とソトロンの２種類があります。フラネオールはストロベリーフラノン、パイナップルケトンとも呼ばれる、イチゴやパイナップルの甘い香りの主役です。加熱した砂糖が融けだすときの甘い香りが特徴で、「綿飴のような」という表現が、個人的にはいちばんしっくり来ると思っています。もう一方のソトロンは別名をキャラメルフラノンとも呼び、キャラメルやメープルシロップのような甘い香りがします。フラネオールよりも加熱を続けた焦がし砂糖を思わせるスパイシーさがあり、濃くなるとカレー粉のようにも感じます。

コーヒーを飲む人たちの間では、しばしば「コーヒーの甘味／甘さ」が話題に上り、特にスペシャルティコーヒーをよく飲む人たちが、この焦がし砂糖のような香りのコーヒーを「甘い」「後味が甘い」と表現するようです。じつは、もともと生豆に含まれるショ糖の量は少ない上に、浅煎りの時点までにそのほとんどが熱分解されて、「（味覚としての）甘味」を感じるだけの濃度は残りません。それ以外の甘味成分もコーヒーからは見つかっておらず、「コーヒーの甘味」が実在するかどうかはずっと疑問視されてきました。しかし、それがフラノン類によって生まれる「（風味としての）甘さ」だと考えれば上手く説明がつきます。フラノン類は食品に甘い風味を付ける着香料にも用いられ、水に混ぜて口に含むと確かに甘さを感じます。しかし、このとき空気が鼻に抜けないように鼻をつまむと甘さが失われてしまいます。フラノン類もバニリン同様、味覚としての「甘味」は持たない成分で、口中香として鼻に抜ける甘い香りが共感覚（115頁）を生み出し、総合的な風味としての「甘さ」を感じさせるのです。フラノン類は中煎り付近をピークに、深煎りになるにつれて減少していきますが、実際の甘さの変化に合致します。

ただしコーヒーの甘味／甘さは、浅～中煎りのときだけのものではないようです。日本の昔ながらの深煎りネルドリップ派の間でも「良いコーヒーには甘みがある」と言われてきました。実際、私も丁寧にドリップした深煎りコーヒーに甘味のようなものを感じたことは一度や二度ではありません。

以前、この「深煎りの甘さ／甘味」を皆で確認してみようという集まりが、2013年に惜しまれながら閉店した表参道のネルドリップの名店、大坊珈琲店で催されたことがあります。10名ほどの小さな集まりでしたが、参加者は全員、マスターの大坊氏が焙煎、抽出したコーヒーに甘さを感じると答えました。私もその中の一人ですが、馴染みのある甘さが舌の奥でじんわり、しかしはっきりと感じられたのを覚えています。ただ、あのとき感じた甘さの正体がいったい何かはわかりません。中煎りに感じる焦がし砂糖のような甘さとはまた違った印象の甘さですし、かなりの深煎りでの話ですから、これをフラノン類で説明するのにはおそらく無理があるでしょう。それに代わる甘い香りの候補としては、深煎りでも量が多いバニリンが挙げられますが、どれだけの量があるのかは不明です。また、失礼ながら、と一言ことわりを入れ、途中で鼻をつまんでもなお、舌の奥に甘さが残っているようでした。はっきりしたことは言えませんが、深煎りネルドリップから感じる甘さには、香り以外の何かも関係しているのかもしれません。

レモンの香りのするコーヒー　～リナロールとモノテルペン類～

近年、コーヒー業界では彗星のように現れた一つの品種が注目を集めています。その名は「ゲイシャ」。２００４年にパナマで行われたカッピング・コンテスト「ベスト・オブ・パナマ」に出品されたこの品種が堂々の1位を獲得し、それまでの史上最高価格を塗り替える1ポンドあたり21ドル、なんと通常の取引価格の20倍以上もの値段で落札されたのです。これをきっかけに高級品種として世界中のコーヒー生産者の注目を集め、現在ではパナマ以外でも世界各地でゲイシャが栽培されるようになりました。その最大の特徴は、「ゲイシャ・フレーバー」とも呼ばれる独特の香りにあります。上質のゲイシャは浅～中煎りのときにレモンやオレンジ、あるいは紅茶のような、と形容される、とてもコーヒーとは思えない柑橘系の芳香を放つのです。

なぜゲイシャだけにこのような変わった香りが出るのでしょう？　じつはそこにはこの品種の来歴が関係しています。ゲイシャは元々１９３０年代初めに、エチオピア西南部のゲイシャ（またはゲシャ）という村で発見された品種です。その後、ケニアやタンザニアを経てコスタリカに渡り、１９６３年にそれを入手したパナマ・ドンパチ農園のフランシスコ・セラシン氏が自分の農園に植え、近所の人々にも苗木を配りました。その後パナマでは収量の少なさからほとんどの畑で別品種に植え替えられていたのですが、畑の一角の作業しづらい急斜面に残っていた樹から採れたコーヒーをコンテストに出品してみたら……というところから冒頭のシンデレラストーリーに繋がります。つまりゲイシャはティピカやブルボンとは別途伝わった、エチオピア野生種（43頁）由来の品種です。エチオピア野生種には多種多様な遺伝特性を持つものが含まれますから、成分組成に違いが見られたとしても不思議はないと言えるでしょう。

じつはゲイシャの香り成分はほとんど研究されていないため、その正体が何なのかはまだよくわかっていません。しかしこれまでに発見されている中に候補物質が存在します。中でも比較的多く含まれているのがリナロール。若干癖のある柑橘系の香りで、アールグレイ紅茶の着香に用いるベルガモットという柑橘類の香りの主体になる成分です。この他コーヒーにはリモネン、β―ミルセンなどのオレンジやレモンの香り成分も微量に含まれています。これらはいずれも「モノテルペン」という化合物グループに属します。

ゲイシャの香りが本当にモノテルペン類によるものかは不明ですが、そう仮定するといろいろな点で符合します。たとえばゲイシャの香りは焙煎途中で消えやすいのですが、これはモノテルペン類の揮発性の高さから説明可能です。またモノテルペン類を香り成分とするミントの仲間は、品種や栽培条件で精油の成分組成が大きく変わり、香りが変動しやすいことが知られていますが、ゲイシャも同様に香りが変動しやすく、本当にゲイシャらしい香りがするものはまだまだ希少なようです。その香りの本体を特定できれば、良質なゲイシャがもっと身近になるかもしれません。

ケニアに潜むカシスの香り
～3―メルカプト―3―メチルブチルフォルメート～

コーヒーの香りには、ＦＦＴ以外にも何種類かの含硫化合物が含まれており、コーヒーでの重要性ではＦＦＴには敵いませんが、なかなか面白そうな成分があります。「3―メルカプト―3―メチルブチルフォルメート（ＭＭＢＦ）」という、ややこしい名前の化合物がその一つです。カシス（クロスグリ、ブラックカラント）の代表的な香り成分で、フルーティな中にもぴりっとしたクセがある香りを呈します。濃くなると動物の体臭っぽい匂いになり、フランス・ボルドーを代表する白ワイン用ブドウ品種ソーヴィニヨン・ブランに見られる「猫のオシッコ」のような匂いの成分の一つだとも言われています。

　コーヒーの香りの表現で「猫のオシッコ」は聞いたことがありませんが、「カシス」はケニアの高地産アラビカでときどき出てくる香りです。じつはケニア産生豆の成分組成には他の産地と異なる特徴がいくつか見られます。MMBFは、プレニルアルコールという精油成分と、含硫アミノ酸、そしてショ糖の加熱分解で生じるギ酸の、3つの成分が焙煎中に反応して生成します。ケニアでは含硫アミノ酸の元になるコーヒーペプチドが他の産地の1・5倍近く含まれています。また精油やショ糖は、気温が低くて果実がゆっくり成熟する、高地の農園ほど多く蓄積されることが知られています。これらを併せて考えると、ケニアの高地産にはMMBFが多くなる条件が揃っていると言えそうです。また有機酸の組成も、ケニアはリンゴ酸の割合が高く、シャープな酸味が出やすいようです。これもケニア産に顕著なフルーツを思わせる味わいに影響するのかもしれません。

ケニア特有の含硫アミノ酸含量や有機酸組成の違いが何に由来するのかは良くわかっていません。ただしケニアでコーヒーが栽培される地域は生産地としては雨が少ない、独特の気候です。このため、耐乾性に優れた独自の品種が栽培されており、中でもSL28やSL34というフレンチミッションブルボン（72頁）から選抜育種されたものが高品質だと言われています。また、ある商社の方から聞いたところでは、ケニアの中でも特に質のよいコーヒーが採れるキクユ族という人々の土地では、土壌の鉄分が非常に多いとのことでした。こうした品種や気候、土壌の特殊性が関係しているかどうかは、まだ不明ですが、それを解明できたなら、カシスの香りを引き出すヒントがきっと得られることでしょう。

「モカの香り」の謎に迫る

数あるコーヒーの中でも最古のブランドといえる「モカ」は、『コーヒールンバ』のような歌謡曲や高村光太郎『智恵子抄』にもその名が登場し、多くの人々に親しまれてきたものの一つです。他の産地に比べると小粒で不揃いなうえに欠点豆も多いのですが、その見た目からはとても想像できない気品漂う芳香と、優れた酸味やコクを併せ持ち、他に代わるものがない逸品として扱われてきました。この独特の芳香は「モカ香（モカ・フレーバー）」と呼ばれ、19世紀の文献には既にその名が見られます。具体的にどんな香りかと聞かれると表現が難しいのですが、多くの証言を総合すると「気品がある、フルーツやワイン、スパイスのような発酵感を伴う香り」だといえるでしょう。モカ香の正体は何なのか……それに触れた論文はいくつかあり、イエメンのモカマタリに発酵系の香りがあるジアセチル（145頁）が多いことや、エチオピアモカからラズベリー様の香気物質、ラズベリーケトンが見つかっていることが報告されています。ただしモカから感じるワインのような芳香は、それだけではないように感じていたのが正直なところです。

そんなあるとき、コーヒー好きの知人から面白い店があることを聞きつけました。モカの故郷、イエメンは今も部族社会の色が濃い政情不安定な国であり、日本への輸入のほとんどは現地のトレーダーと密接な関係を築いた商社経由で行われています。しかし、その店はイエメン人のマスターが現地の生産者から直接買い付けたコーヒーを何種類か出しているというのです。早速その店を訪ねて出てきたイエメンのコーヒーは、どれも申し分ないモカ香を持っていましたが、その中に赤ワインや熟れたフルーツを思わせる、発酵系の甘い香りを凝縮したような、じつにわかりやすいものがあったのです。その香りは、なるほど、これまでに飲んできたイエメンモカからモカ香だけを取り出したなら、きっとこういう匂いだろうと納得させるものでした。

「この香りの正体はいったい何なのだろう」……帰途につく私の頭の中に、前から薄々感じていた考えが沸き上がっていました。それはモカ香と、ある別の匂いの共通点についてです。焙煎前の生豆にはときどき「発酵豆」と呼ばれる欠点豆が混じっています。特に湿式精製（19頁）で現れやすく、水槽に浸ける時間が長すぎたり、用いた水が汚れていたりして、発酵が進みすぎたときに多く見られ、異臭や酸っぱさの原因になるため取り除かねばなりません。中には見た目がほとんど変わらないのに「1粒で50gの豆を駄目にする」と言われるほどの異臭を放つもの（発酵臭豆、スティンカー）もある厄介な代物です。この発酵臭の原因はイソ吉草酸エチル（3―MBEE）などのエステル化合物だと言われています。熟したフルーツやワイン、花などを思わせる甘ったるい香りを持つ成分で、凝縮されたモカ香はその匂いとよく似ていたのです。

「モカ香の正体は、発酵臭と同じ成分ではないのだろうか」……最初に挙げたモカ香の特徴にも「発酵」というキーワードが入っていますし、じつはモカは焙煎前にハンドピック（欠点除去、

167頁）しすぎると持ち味が消えることも昔からよく知られており、この仮説との整合性はとれています。しかし、高い評価を受けているモカ香が、排除すべきとされている欠点豆の香りと同じだと言うには、それだけでは根拠不十分で、もっと別の証拠が必要だと思われました。

世界から漂いはじめたモカの香り

ところが思わぬところから次の手がかりがやってきました。それは２０１２年5月、以前から親交のあるカフェバッハの田口氏から、パナマコーヒーの試飲会を開くので参加しないかとお誘いを受けたときのことです。このときパナマは既にゲイシャの名声で有名になっていましたが、生産者たちはそれに安住することなく、次のステップとして精製法が異なるゲイシャ作りにチャレンジしていました。そこで彼らとも親交の深い田口氏がそれらを飲み比べる試飲会を企画したのです。当日は「パナマ・ゲイシャの父」であるセラシン氏のドンパチ農園や、２００４年にそれまでの市場最高値を記録したエスメラルダ農園をはじめ合計6つの農園から、乾式、湿式、半水洗式の各精製法で作り上げたゲイシャ、合計9種類が提供され、コーヒー関係者だけでなく、フランス料理の研究家やワインのエキスパート、食関係の雑誌編集者など、いろんなジャンルの人々が集まってそれぞれの見地から意見を交換する、じつに有意義な集まりになりました。

このとき試飲した9種類のゲイシャはいずれ劣らぬ良品ぞろいでしたが、私がもっとも興味を惹かれたのはドンパチ農園の湿式と乾式の、精製方法による違いでした。どちらも優れたゲイシャ・フレーバーでしたが、レモンのようにすっきりした風味の湿式に対し、乾式には明らかにモカ香と同じ発酵系の甘い香りが加わっていたのです。一瞬、発酵臭かと疑ったのですが、一部から強く発する匂いではなく、すべての豆がフルーティなワインのような香りをほのかに帯び、それがゲイシャ特有の柑橘香に加わって、熟したオレンジを思わせる、より複雑な風味を生んでいます。同じ農園の同じ品種で精製法のみが違うもの同士の比較であり、この香りが乾式精製によることは明らかでした。その後、両者の焙煎豆を試しに香気分析した結果、ドンパチ・ゲイシャの乾式には発酵豆の甘い香り成分であるイソ吉草酸エチルが湿式の4倍近く含まれていました。

言われてみれば確かにモカの故郷であるイエメンもエチオピアも、どちらも乾式精製が主流です。しかし同じ乾式でもよく出回っているブラジルのコーヒーからモカ香を感じることはあまりありません。これはいったいなぜなのでしょう？　じつは同じ乾式でも、ブラジルとモカでは方向性が少し違うのです。ブラジルでは収穫した果実をパティオと呼ばれる乾燥場で天日乾燥させますが、その早さで生産効率が決まるため、広大な土地に薄く広げて短期間……日に何度も攪拌しながら通常1週間以内で乾燥させ、つぎつぎに処理する大量生産方式に発展を遂げました。

一方、イエメンでは生産者たちが自分の家の屋根に広げて乾燥させるのが一般的ですが、屋根の広さが十分でないため果実は何層かに堆積されがちです。このため乾燥に要する期間が長くなり、その間に乾燥ムラが生じたり、積まれた下の層などで過発酵が進みやすくなります。ブラジルではそのような乾燥法は生産効率と品質の低下に繋がるとしてタブー視されてきたのですが、イエメンではそれが生み出す独特のモカ香が、伝統として高く評価されてきたというわけです。エチオピアも現在は近代化して湿式が導入された地域もありますが、小規模生産者ではイエメンの乾燥事情とあまり変わりません。パナマではもっと近代的にアフリカンベッドと呼ばれる風通しのよい棚などを用いて乾式精製していますが、収穫時期に雨が降りやすい気候帯であるため乾燥には時間がかかり、それがモカと同様の発酵系の香味を生んだのだと考えられます。

コーヒーは発酵食品

こうして考えてみると、コーヒーの香味には精製中に生じる発酵が意外に大きく影響することに気付きます。湿式と乾式で若干異なりますが、発酵の進行に伴って、さまざまな微生物が増殖しながら集団（マイクロフローラ）を形成し、香味の元となる成分を生み出していくのです。

湿式で発酵の主体となるのは水中の常在菌です（図5－6）。まずペクチン分解菌がペクチンを小さな糖類に分解し、その糖類を栄養源とする乳酸発酵菌や酵母が増殖して、それぞれ乳酸や酢酸などの有機酸やアルコール類を生成します。さらに有機酸とアルコールの量が増えると、これらが結合してエステル類が生成されます。湿式精製ではこうして作られた成分が水槽の中で薄

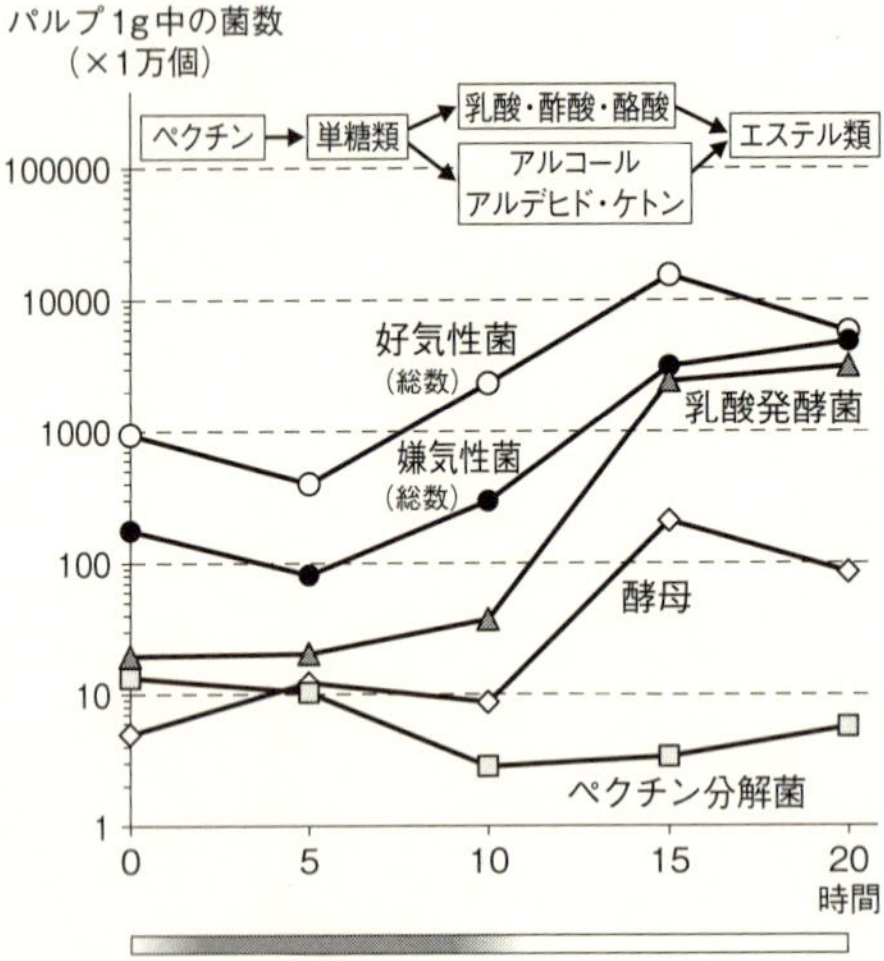

図5-6　湿式での菌叢の変化　Avalloneら（2001）より一部改変

まることで、フローラルでフルーティな香りがほのかに生豆に付加されます。また、生豆に元々含まれていたブドウ糖などの単糖類が水中微生物によって消費されるため、それらの量が少なくなって味が柔らかくなる傾向も見られます。一方、特に水温が高い状態で発酵が長時間進むとエステル類などの量が増えて発酵臭がきつくなり、水の汚れがひどいときなどは不快な臭気と酸味を伴う酪酸を生成する酪酸発酵菌が増えやすくなって欠点豆が出てきます。

乾式の場合、果実自体が持っている酵素による追熟や発酵とともに、果実表面に付着している芽胞形成菌や乳酸菌などの細菌による発酵も始まり、その後、酵母や糸状菌（カビ）が増殖します（図5－7）。発酵の進行は果実の乾燥具合と密接に関係しており、水分が少なくなるとまず細菌や酵母の増殖が低下します。発酵系

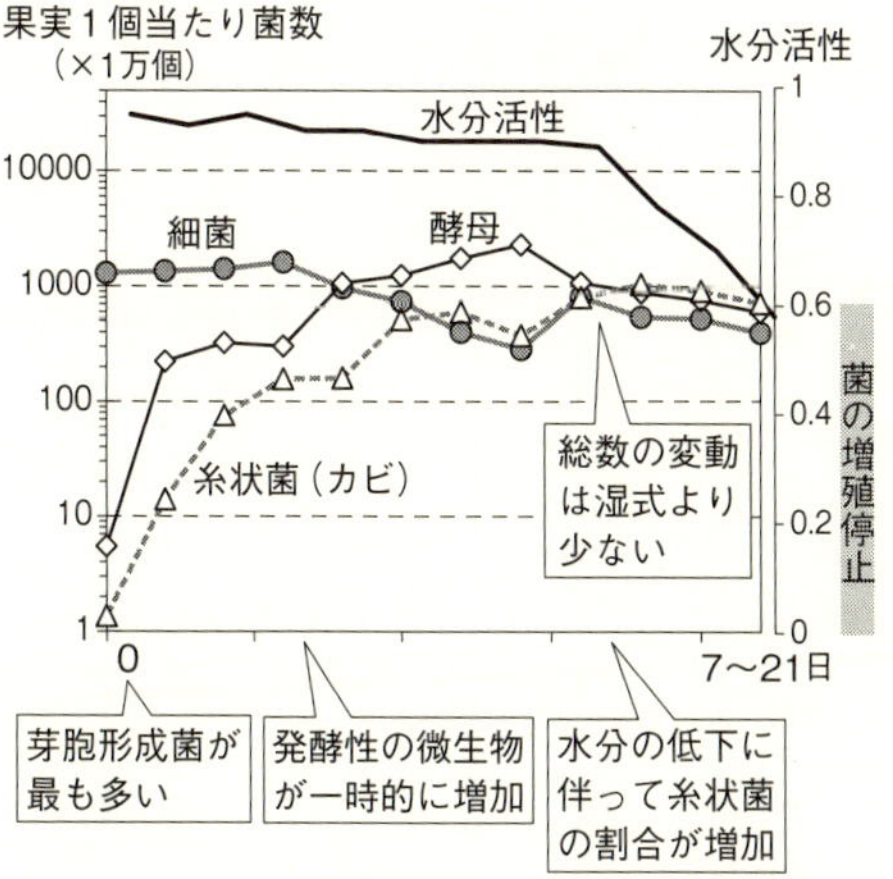

図5-7　乾式での菌叢の変化　Silvaら（2008）より改変

の香りの元となる成分は主に細菌や酵母によって生み出されるため、すばやく乾燥させるとあまり生じず、ゆっくり乾燥させるほど発酵感の強い香りになるのです。糸状菌はこれらに比べると乾燥に強く、水分が減ると相対的にその割合が増えますが、さらに乾燥が進むと最終的にはその増殖も止まります。果実が乾燥していくにつれ果実中の成分が濃縮され、一部が生豆に移行することで湿式よりもコクのある濃厚な味わいになるようです。

　コーヒーにおいて、糸状菌の増殖はあまりメリットがないようで、特に地面に直接干したときに付着する土壌由来のカビが異常増殖するとメトキシピラジン（土臭さ、144頁）、ジオスミン（雨が降った後の地面の匂い）、メチルイソボルネオール（カビ臭）などを作り出し不快臭の原因になります。またワインの世界で「ブショネ」またはコルク臭と呼ばれているのと同様の不快臭が、１９９０年代にコロンビアなどで発生し「フェノール臭問題」と呼ばれましたが、その主な原因もカビでした。土壌のカビが環境中の塩素系防腐剤を代謝して作り出すトリクロロフェノール（ＴＣＰ）やトリクロロアニソール（ＴＣＡ）が原因物質として特定されています。また一部の糸状菌が産生するオクラトキシンＡなどのカビ毒は、食品安全の観点から問題視されています。

　このように、程度の差はあれ、コーヒーの精製過程には何らかのかたちで微生物による発酵が関わっており、コーヒーにとって良くも悪くも作用します。発酵豆やカビ豆など、以前はその悪い面だけがクローズアップされがちでしたが、近年その良い面に関心が集まっているのです。

発酵をコントロールする

　こうした精製過程での発酵に対する考え方の変化はいつ頃から始まったのでしょうか？　その大きな転機になったのは、２０１０年にコーヒー研究家のケネス・デイヴィッズが『コーヒー・レビュー』に寄せたいくつかの記事でした。彼は深煎りのマンデリンが持つ神秘的な香りの謎に取り憑かれた一人であり、その産地で行われている半水洗式（20頁）の精製法、「スマトラ式」によって醸し出されるほのかな発酵臭がその正体だという説を発表しました。さらに同年、彼がエチオピアや中米の一部で生産されるブランデーやワインのような発酵系の香りを持つ乾式精製コーヒーを「ニュー・ナチュラル」という新しい動きとして紹介したことで、人々の関心が集まります。先ほどのパナマの例も、これを受けた生産者たちが新しい精製法に取り組んだものでした。また、さらに新しい動きとして彼は2012年に「ハニー精製」という名前で呼ばれるようになった、中米の新しい半水洗式も紹介しています。1980年代にブラジルで盛んになった半水洗式は、乾式を当時高く評価されていた湿式の香味に近づけるため、果肉とムシラージを出来るだけ削り落とした後で乾燥するものでした。一方、中米ではこのとき削り取る量を調整して、果肉を残す量や乾燥日数によって、香りの付き具合を調節する方向に発展しています。

発酵に関わる微生物群をコントロールすることで、香味を調節する取組みもはじまっています。発酵水槽の水質や温度管理などはこれまでも行われてきましたが、あらかじめ乳酸菌や酵母などを混ぜることで、特定の菌種が優勢になる条件にしたり、嫌気性条件下で発酵させたりする試みも行われつつあります。ちょっと変わったところでは、ジャコウネコの腸内細菌を培養して発酵に用いることでコピ・ルアク（21頁）と同じ香味の高級コーヒーを量産しようという計画もあるようです。これらはいずれもまだ試験段階ですが、それをいち早く実用化したものが、じつは日本の缶コーヒーに見られます。シャンパンなどの醸造に用いる酵母を使って作った、いわば人工の発酵臭豆を原料に適量混ぜることで、発酵系の香りを付けたのです。なるほど確かに缶コーヒーなら、抽出したものを製品化するので、すべての生豆にまんべんなく仄《ほの》かな発酵臭を付けなくても、この方法で常に一定品質のものが作れます。また驚いたことに無香料にもかかわらず、モカ香を思わせる発酵系の香りがきちんと出ていて、アイデアともども唸《うな》らせられました。

私が大学での微生物学の講義で話すことの一つに「発酵と腐敗は、本質的には同じものだ」というものがあります。微生物学上、この両者をはっきりと区別することはできません。あえて言えば、結果として生まれるものが、ヒトにとって有用な場合を「発酵」と呼び、そうでない場合を「腐敗」と呼ぶ、という程度の違いでしょうか。さらにもう一つ付け加えれば、関わる微生物の種類や進行の具合など、その工程をきちんとコントロールできていることが「発酵」と呼ぶための条件です。間違いのないよう釘を刺しておきますが、発酵が見直されているからと言って、欠点豆としての発酵豆や発酵臭豆を取り残すことは「腐敗」と同様、品質管理上はけっして許容されるものではありません。その点でも、近年のコーヒー精製法の発展は正《まさ》しく「発酵」をコントロールしようとする取組みだと言えるでしょう。生産者たちが、さまざまな香味を生み出す可能性を持った、多様性のある生豆を作る時代はもうそこまで来ています。

第**6**章

焙煎の科学

苦味や酸味、さまざまな香り……そのもとになる成分を紹介してきましたが、じつはそのほとんどは生豆には存在していません。これらが生まれる過程こそが、何を隠そう、「焙煎」です。コーヒーの香味も色も焙煎なしでは決して生まれませんし、その良し悪しが香味を大きく左右することから、多くのプロが「もっとも重要な工程」と位置づけています。

　ではさっそく、焙煎の科学を……と言いたいところですが、テレビのCMでちらっと映るのを見るくらいで「いきなり焙煎なんて言われてもぴんと来ない」という人が大半ではないかと思います。コーヒー会社や自家焙煎店では専用の機械（焙煎機）を使いますが、生豆と簡単な道具があれば自宅のキッチンで「家庭焙煎（ホーム・ロースティング）」することも可能です。まずはそれを例にとりながら、焙煎に潜む科学を見てみましょう。

家庭焙煎してみよう

　一口に「家庭焙煎」と言っても器具や流儀には人それぞれに違いがあって千差万別です。ここでは割と一般的な、手網を使った焙煎のやり方の一例を紹介します。準備するものは以下の通りです。

生豆：輸入食品店やインターネット通販などで入手が可能です。手網の大きさによりますが一回につき50～250ｇくらい焙煎するのが手頃でしょう。なお、煎った後は水分などが飛んで10～20％程度軽くなります。

手網：銀杏煎りやゴマ煎りとして売られている把手《とって》つきの金網。直径10～25㎝くらいのあまり重くないものがいいでしょう。

ガスコンロ：カセットコンロでも代用可。直火の上で手網を振るため、一般的なＩＨヒーターでは作業できません。またガスコンロでも最近は、過熱防止機能の関係から使えない種類のものがあります。

うちわ、扇風機など：煎り終わった豆をすばやく冷ますのに使います。

その他：火傷防止のため軍手が必需品です。またストップウォッチなどもあると便利です。

まずは生豆を一粒一粒チェックしながら、カビや虫食い、変色などのある豆や、異物を除きます（＝ハンドピック）。貝殻豆やピーベリー（58頁）など特殊なかたちのものや、明らかに大きすぎたり小さすぎたりする豆は、煎りムラや焼け焦げの原因になることがありますが、自分で飲むなら、どこまで除くかはお好みでいいでしょう。

焙煎開始

ハンドピックが終わったら、いよいよ焙煎です。生豆を手網に移してガスコンロに火を点けます。炎の大きさは、普段そのコンロで料理するときの「中火」くらい。炎の大きさを途中で細かく調節する流儀もありますが、私は最初から最後まで中火のまま手網を振る高さだけを変えて「火力」調整しています。この辺りの流儀はお好みでいいでしょう。なお、実際の火力はコンロやガスの種類によっても変わるので、ここからの数値はあくまで一つの目安だと考えて下さい。

いきなり最初から強い火力で加熱すると表面だけ焦げてしまうので、まずは生豆を温めるよう「中火の遠火」で。手網をガス炎の上30㎝の高さで水平に保ち、中の生豆を転がすように前後左右にゆっくり振りつづけます。3分ほど経って青臭い匂いが漂いだしたら「水抜き」の段階に入ります。水分を飛ばすペースを速くするために火力をちょっと上げましょう。手網の位置を徐々に下げ、炎から25㎝の高さでキープして様子を見ながら振りつづけます。火力が上がるほど煎りムラが出やすくなるので、手網を振るペースをちょっと速くしましょう。

温まって少し軟らかく緩んだ豆からどんどん水分が蒸発。青臭さにやや甘くて香ばしい匂いが混じってきます。ほどなく豆表面が乾燥して、シルバースキン（チャフ）となって剝がれ、コンロの周りに飛び散りますが、気にせず手網を振って下さい。薄皮が剝がれ終わるのと前後して生豆本体から水分が抜けていきます。豆表面の水分が先に蒸発し、内部の水分が表面に移動してまた蒸発、を繰り返しているので芯までスムーズに水が抜けるよう、少しずつ手網の高さを下げながら、徐々に火力を上げましょう。急に近づけすぎると表面の水分だけが抜けて生焼け（芯残り）になり、エグくて飲めたものではなくなります。慎重になりすぎて時間が長くなると香味が抜けがちになるのが難しいところですが、生焼けよりはましなので、加減がわからない最初のうちは焦らず、慎重にやるのがいいでしょう。焙煎開始6～7分の時点で炎から20㎝くらいの高さに近づけたら、そのまましばらくキープします。どんどん水が抜けるとともに豆は小さく縮み、表面に皺がよってきます。

豆の大きさなどにもよりますが、焙煎開始から9～10分経過すると香りから青臭さが消え、言葉ではちょっと説明しにくいのですが、豆を振る手応えや音が何となく変わってきます。水が十分に抜けて豆が硬くなりだした証拠です。ここから本格的な「煎り込み」に入ります。手網を炎から10～15㎝まで近づけ、素早く振りつづけて下さい。香ばしい匂いがどんどん強くなるとともに豆が膨らんで表面の皺が伸びはじめ、12～14分くらいでしょうか。「パチッ」とコーヒー豆がハゼる音が始まります。「一ハゼ」と呼ばれる現象です。一ハゼが始まると豆の変化が急に速くなるため、手網を少し上げて火力を落としてやるとタイミングがつかみやすく、またムラなくきれいに煎り上がりやすくなります。

最初は散発的に、やがて「パチパチ……」と複数の豆が一ハゼを起こした後、いったん収束していきます。この時点で焙煎を止めれば「浅煎り」になります。さらに手網を振りつづけると煙の色が少し青白く変化し、香りもやや煙っぽくなってきます。そしてほどなく、今度は「ピチピチピチ……」という、さっきより高くて小さな音が聞こえてきます。これが「二ハゼ」です。この二ハゼ開始の少し手前が「中煎り」、全体が二ハゼを起こしている最中が「中深煎り」です。さらに手網を振りつづけると二ハゼも収束して表面に油が滲んできます。ここまでくれば「深煎り」です。

浅煎りから深煎りまでの、自分好みの焙煎度になったところで「煎り止め」を行います。手網を火から外し、うちわなどで激しく扇いで急速に冷やしましょう。そのまま放置していると、表面からでは判らなくても豆の中心部は熱いまま、余熱で焙煎が進行しつづけて焦げてしまうことがあります（芯焦げ）。これで「自家焙煎コーヒー」の完成です。

場合によっては20分近く手網を振りつづけることになるので、結構腕が疲れる作業です。しかし、上手にやればプロ並みのものができますし、失敗したなら失敗したで「手作り感」を味わうのも楽しいものです。また自分の目の前で焙煎が進んでいく様子を観察するとコーヒーへの理解が一気に深まりますし、普通ではお目にかかれない「（文字通りの）煎りたて」を飲んでみたい人には絶好の機会になるでしょう。もし興味を持った方は、ぜひ一度挑戦してみてください。

表6-1　焙煎度

焙煎度の呼び方					焙煎の進行
1920〜30年代 (Ukers)			1970年代〜 (田口ほか)	2000年代〜 (Davids)	
アメリカ		ヨーロッパ	日本	アメリカ	
ライト	(ボストン)	(イギリス)		シナモン (ライト)	
シナモン					1ハゼ
ミディアム	(西部)		浅煎り (アメリカン)	シティ (ミディアム)	
ハイ			中煎り	フルシティ (ヴィエンナ)	2ハゼ
シティ	(東部)		中深煎り	フレンチ (ダーク、エスプレッソ)	
フルシティ		ジャーマン(ドイツ)			
フレンチ		(フランス)	深煎り		油の滲出
イタリアン	(南部)	(イタリア) スカンジナビア(北欧)		イタリアン スパニッシュ	

呼び方は地域や時代によってもかなり異なる

8段階の焙煎度

現在、日本のコーヒーに関する書籍を見ると「コーヒーの焙煎度はライト・シナモン・ミディアム・ハイ・シティ・フルシティ・フレンチ・イタリアンの8段階」と書かれた本が大半です（表6－1）。この8段階の分類は1920〜30年代に、北米のコーヒー取引商の間で用いられていた慣用的な名称を集めたもので、特別はっきりとした線引きの基準があったわけではないようです。

一般に焙煎度は、国や地域ごとに好みに一定の傾向が見られるのですが、その当時、世界でもっとも浅煎りだったのはイギリスのライトローストで、一ハゼ直前で煎り止めたもの。一方、フランス（フレンチロースト）は表面に油が滲み出るくらい、イタリア（イタリアンロースト）は炭っぽくなるほどの深煎りだったとされています。この頃、ドイツはフランスと同程度、北欧はイタリアよりも深煎り。アメリカは地域差が大きく、ボストンや西海岸ではシナモンやライト、東部はやや深めでハイ～フルシティ、南部がもっとも深くてフレンチ以上でした。ちなみにシティローストの「シティ」とは、これがもっとも好まれたニューヨーク（ニューヨーク・シティ）のことです。一ハゼの終わったくらいのミディアムローストが、アメリカ全体では文字通り「中間」くらいの焙煎度で、これが今でも伝統的な「アメリカンロースト」として扱われています。

一方日本では、戦後にはライトやシナモンローストも見られたものの現在ではあまり見かけなくなり、アメリカン（ミディアム）くらいを「浅煎り」と呼ぶ店が多いようです。本書では現在の日本の尺度をもとに「浅煎り・中煎り・深煎り」という分類を採用しています。

ただし同じ日本の中でも、例えば深煎り志向の店では「浅煎り」と呼びながらもほとんどフルシティに近いところもあります。じつは地域や店ごとにまちまちで「浅～深煎り」という呼び方には特に決まった「物差し」があるわけではありません。さすがにそれでは不都合が多いということで、焙煎豆の色を測定して標準化しようという取組みがアメリカなどで進められています。

また、細かいことを言うと香味が変化するタイミングは、豆の状態などによって、色の変化と微妙にずれるため、プロが焙煎する現場では色だけでなく、豆の膨らみ方や表面の皺の伸び、立ち上る匂いの変化、ハゼ音など、五感をフル活用しながら進行具合を見極めて判断するようです。

Coffee Column

自分好みのコーヒー探しは焙煎度から

ある方から「ワインも少し勉強しておくといいよ。きっとコーヒーを理解する上で役に立つから」とアドバイスされたのをきっかけに、下戸の私もときどきワインを嗜むようになりました。ワインの世界に初めて足を踏み入れる初心者の立場になって、改めて気付いたことがいくつかあります。生産国に地域、農園、品種、製法、製造年……いろいろ種類がありすぎて何から飲み始めたらいいか、わからないのです。そこでワインの教科書を何冊か読み漁ってみると、その多くに「いくつかの品種を飲み比べて、自分好みの品種を見つけるところから始めよう」と書かれていました。ワインの香味は農園や製造年などより品種による違いがいちばんはっきりしているため、そこから入門するのが早道で、まずは自分の好みの品種を見つけておいしく楽しみ、それに飽き足らなくなってきたら別の品種を試すのが、初心者にオススメなのだ

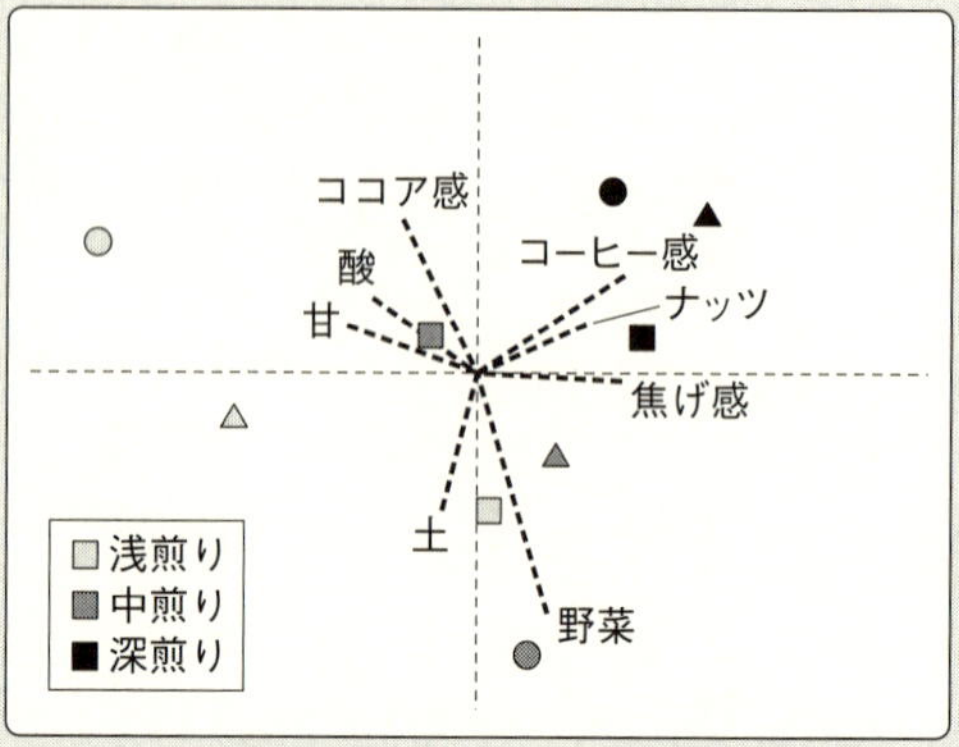

図6-1　産地銘柄vs焙煎度　Adhikari（カンザス州立大）らによるコーヒーの香味の主成分分析（2011）を元に作成。マップ上で近い点同士ほど香味が似ている。●エルサルバドル、▲エチオピア、■ハワイコナ

そうです。

なるほど、と納得しながらここでふと、一つの疑問が生まれました。これがコーヒーだったら、初心者にどうアドバイスすればいいのでしょうか？　あれこれ考えてみましたが、私ならばこう答えます。「焙煎度の違うものを飲み比べて、まずは自分好みの焙煎度を見つけるところから始めてみましょう」と。大半のコーヒー店では、いろいろな産地の豆を配合したブレンドの他、単一の産地の豆だけを使ったもの（ストレート）が「ブラジル」「コロンビア」などの生産国名や「モカ」「マンデリン」などの銘柄名で売られています。しかし生産国と焙煎度による違いで比較した場合、より香味の違いがはっきりと現れるのは焙煎度で

す。カンザス州立大のグループが主成分分析という統計的手法で香味の違いをマッピングした結果、エチオピア、エルサルバドル、ハワイの３ヵ国の豆を同じ焙煎度にしたものと、どれか一つの国の豆を異なる焙煎度に煎りわけたものでは、前者がより狭く、後者がより広い範囲に分布する傾向が認められました（図６－１）。他のグループからも同様の結果が出ています。いろいろな生産地の豆を同じような焙煎度にするよりも、一つの生産地の豆を浅煎りから深煎りに煎りわける方が、香味は多様に広がるのです。

あくまで初心者向けの提案ですが、最初は定評のあるコーヒー店で浅煎り、中煎り、中深煎り、深煎り……と飲み比べ、自分好みの焙煎度を見つけ、そこを中心に飲み比べてみてはどうでしょうか。店や豆の種類によって多少のずれがあることも念頭におきながら香味の違いを意識するようにすれば、特徴が摑みやすいと思います。また店の人にオススメを尋ねたときも「苦味とコク」の深煎りと「酸味と香り」の浅煎りのどちらが好きかを訊かれることは多いので、そのどちらが好きかを把握しておくだけで、自分好みのコーヒーに出会える機会がぐっと増えるでしょう。

加熱の仕組みと温度の変化

　では、焙煎中のコーヒー豆の中ではいったい何が起きるのかを考えていきましょう。

　焙煎が進むために必要な条件は二つあります。①一定以上の温度と、②水分が十分に減ることです。焙煎が進むにつれてコーヒー豆の温度は上昇し、浅煎りで180℃以上、深煎りでは220～250℃に到達します。ほうじ茶やナッツ、カカオ豆など、コーヒー同様に焙煎する食品でも、せいぜい150℃前後までがほとんどなので、食品では異例の高温だと言えます。また生豆に9～12%含まれていた水分は、温度上昇に伴って蒸発し、最終的には2%未満まで減少します（図6－2）。圧力鍋などを使えば、水分が多いままで生豆を180℃以上に加熱することも可能ですが、このとき出来上がるのは「煮えた生豆」であって焙煎豆ではありません。温度

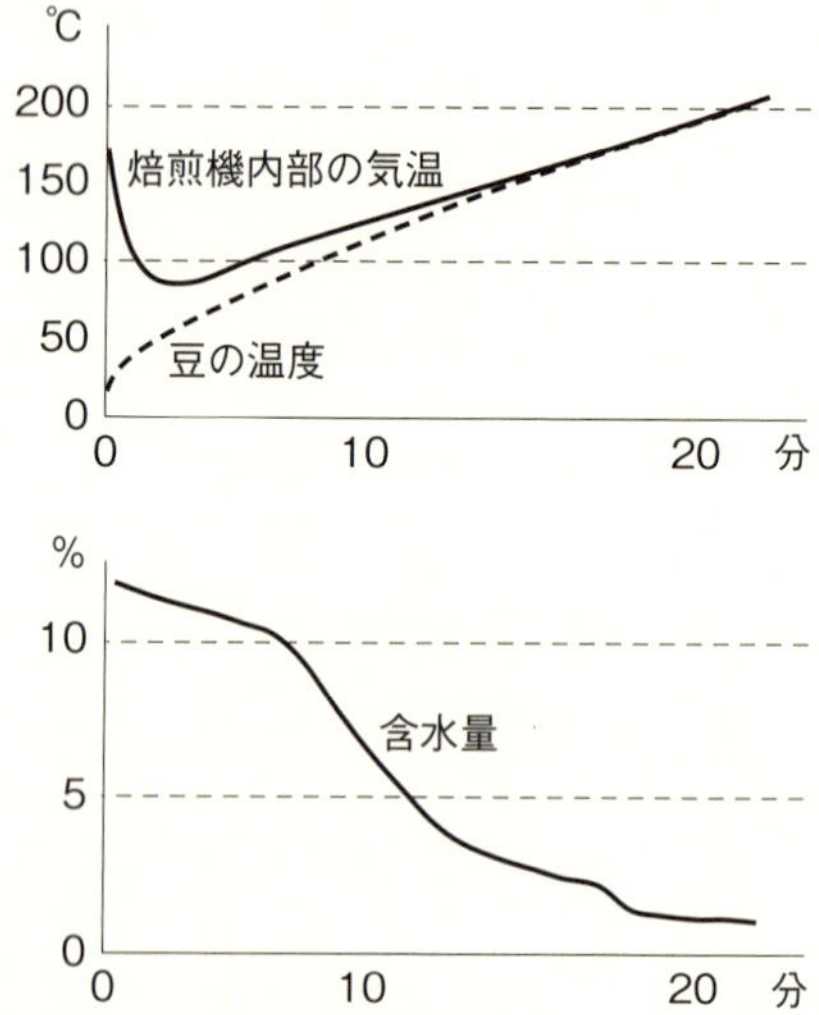

図6-2　ドラム式焙煎機での温度（上）と水分変化（下）の例

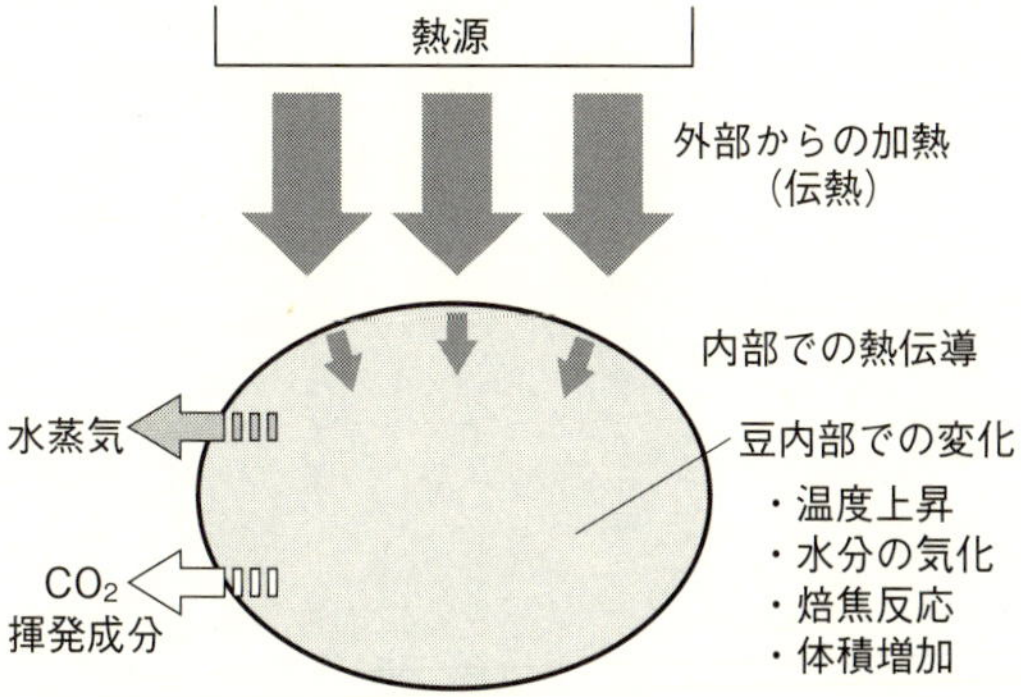

図6-3　熱エネルギーの流れ　R. Eggers & A. Pietsch "Technology I: Roasting" Clarke & Vitzhum "Coffee:Recent developments" より改変

だけでなく、途中で水分が失われて「乾煎り」の状態になることが、コーヒー焙煎においては不可欠です。

豆の温度を上昇させるにも、水分を蒸発させるにも、そのためのエネルギーが必要になります。それを熱エネルギーのかたちで、ガス火や電熱器などの熱源から豆に伝える仕組みが「伝熱」です。

最初に示した手網焙煎を例に挙げると、炎から上昇する熱風による対流熱、熱せられたコンロの五徳からの輻射熱、金網との接触面からの伝導熱、ガスの燃焼で生じた水蒸気による凝縮熱など、いろいろな伝熱様式で熱源から豆へと熱が伝わります。この熱エネルギーの大部分は、豆の温度上昇に用いられます（図6－3）。まず、熱を受け取る豆表面の温度が上昇し、そこから熱伝導して内部の温度も上がります。焙煎開始直後には表面と中心部では60℃以上の温度差が見られますが、芯まで火が通るにつれて温度が近づき、「煎り込み」の頃にはほとんど差がなくなります。

豆の温度が70℃を越えるあたりから水分の蒸発が盛んになりますが、このとき熱エネルギーの一部が気化熱として奪われ、温度上昇がやや緩やかになります。熱の一部は、焙煎が進んで豆が膨張するときの駆動力や、ハゼ音（187頁）などの物理変化のためにも消費されます。また豆の中では熱によって化学反応が励起され、生豆中の成分から新たな物質が生成、さらにそれがまた別の反応を起こし……と非常に複雑な化学反応が順次進行していきます。これら一連の、焙煎に伴う化学反応は「焙焦反応」と総称されます。この焙焦反応によって、さまざまな色や香味の成分が生まれては消えていくのです。水分の蒸発や、焙焦反応で生成する炭酸ガス、揮発成分などの揮散に伴う重量減（シュリンケージ）によって、重量は焙煎前後で10〜20％減少します。

化学反応は一般に、反応前後を比較したとき熱が消費される（＝励起に必要な熱量が、反応後に生じる熱量を上回る）吸熱反応と、熱が生成される発熱反応に大別できます。一ハゼの手前くらいまでは吸熱反応がやや優勢ですが、一ハゼ以降は燃焼などの発熱反応が優勢になり、このとき生じる化学反応熱で豆温度がさらに上昇して、別の発熱反応を引き起こし……という「正のフィードバック」が生まれます。一ハゼ以降、焙煎の進行が急に速くなるのはこのためです。

Coffee Column

熱の伝わり方と加熱

ここで「熱」が伝わる原理を整理しておきたいと思います。そもそも「熱」とは何なのか、そして「温度」と「熱」はどう違うのでしょうか。一般的な熱力学の考え方では、「温度」はその物体が有する内部エネルギーの一部です。構成する分子や原子の振動や回転などの運動（熱振動）によるエネルギー（＝顕熱）が大きいほど、物体の温度は高くなります。ちなみに理論上、分子が熱振動しない状態がいわゆる絶対零度です。一方「熱」は、温度の高い物体から温度の低い物体にエネルギーが移動するときの一形態です。この、エネルギーが熱として移動する過程を「伝熱」と呼び、次の３つがその基本三形態と呼ばれています（図６－４）。

伝導：金属の一部を加熱すると全体が熱くなるなど、物質の移動を伴わない伝熱。
対流：鍋の水を火にかけるときなど、温められた液体や気体の移動による伝熱。
輻射（放射）：電気ストーブや赤外線ヒーターなど、赤外線による伝熱。

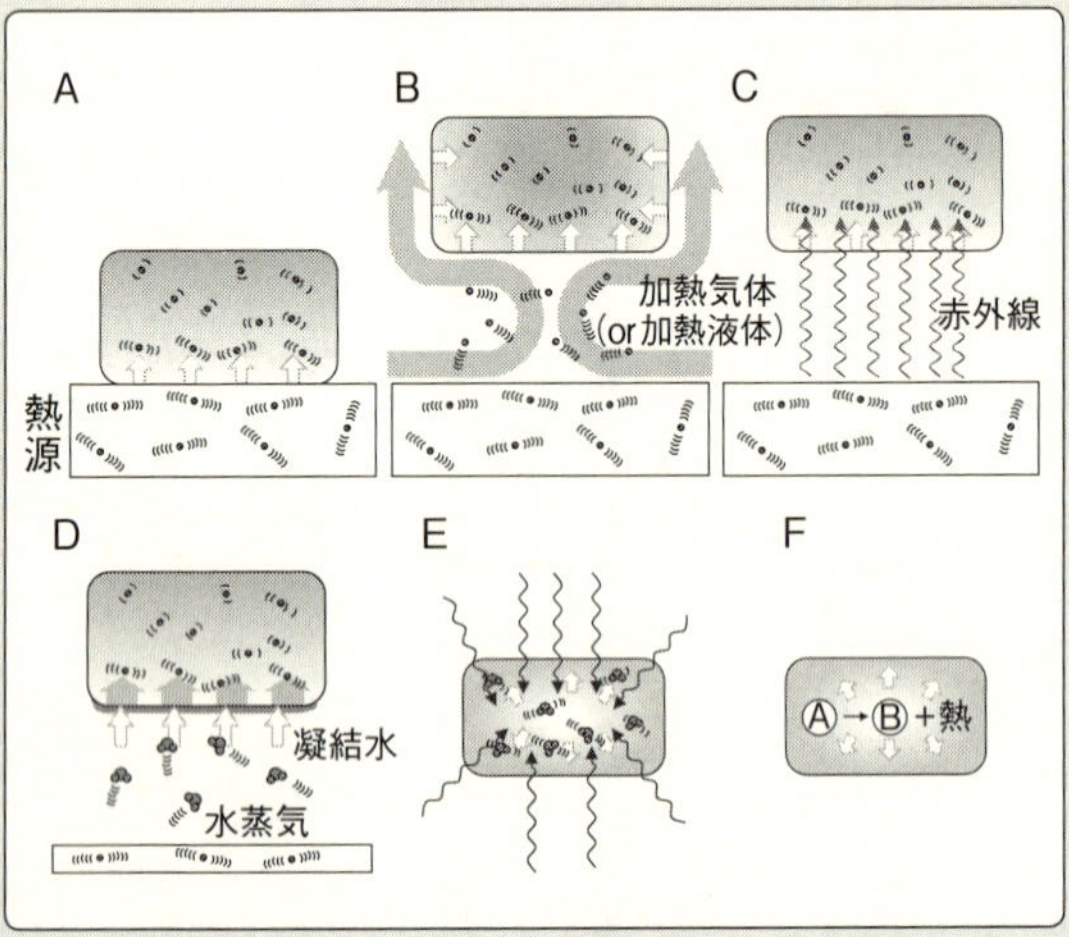

図6-4　さまざまな伝熱　(A) 伝導伝熱、(B) 対流伝熱、(C) 輻射（放射）伝熱、(D) 凝縮（凝結）伝熱、(E) マイクロ波加熱、(F) 化学反応熱（発熱）

このほか伝熱の過程で液体から気体、あるいは気体から液体への状態変化（＝相変化）を伴う沸騰伝熱、凝縮伝熱があります。例えば常圧１００℃で水が沸騰しているときに外から与えた熱は、水から水蒸気（液体から気体）への相変化に消費されるため、１００℃の水と水蒸気では、水蒸気の方が大きな内部エネルギー（＝潜熱）を持っています。これが相変化のときに気化熱や凝縮熱として吸発熱を起こす分、冷却や加熱の効率が高く、過熱水蒸気を使ったスチームオーブンレンジや、冷却用ヒートパイプなどに応用されています。

調理科学などの分野では、高温の物体（熱源）からの伝熱で加熱することを「外部加熱」と呼びます。これに対し、熱以外のエネルギーが食品内部で熱に変換されるのが「内部加熱」です。マイクロ波のエネルギーで食品を加熱（誘電加熱）する電子レンジがその代表です。またＩＨヒーターは高周波磁界で金属内部に電流を発生させ、内部の電気抵抗によって生じた熱でフライパンなどを加熱（誘導加熱）します。この場合、フライパン自体の温度上昇は内部加熱によるものですが、その上に置いて焼く食品の温度上昇はフライパンからの熱伝導（外部加熱）によるものです。化学反応による発熱（反応熱）も一種の内部加熱です。

見た目と構造の物理的変化

焙煎中の温度と水分の変化に伴って、コーヒー豆には、①構造の物理的な変化と、②成分の化学的な変化が生じます。まずは物理的な変化から見ていきましょう（図6-5）。

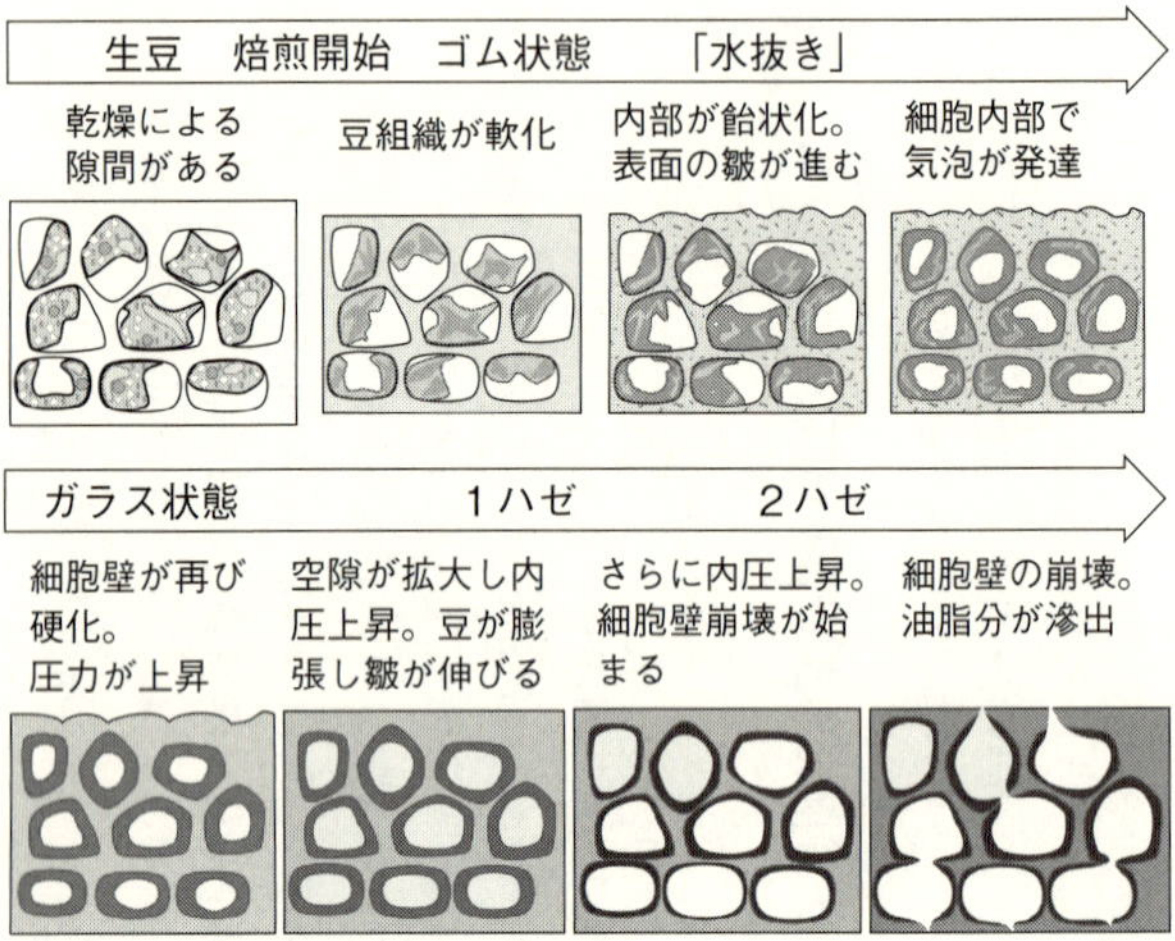
生豆　焙煎開始　ゴム状態　「水抜き」
乾燥による隙間がある
豆組織が軟化
内部が飴状化。表面の皺が進む
細胞内部で気泡が発達
ガラス状態　1ハゼ　2ハゼ
細胞壁が再び硬化。圧力が上昇
空隙が拡大し内圧上昇。豆が膨張し皺が伸びる
さらに内圧上昇。細胞壁崩壊が始まる
細胞壁の崩壊。油脂分が滲出

図6-5　焙煎中の豆の構造の変化

コーヒー豆の微細構造

焙煎前の生豆は非常に硬く、普通のコーヒーミルでは砕けません。生豆をすりつぶして検査するときには、専用のフードプロセッサーを使うほどです。これだけの硬さを生み出しているものは何なのでしょうか。

じつは生豆の独特な細胞壁に、その秘密があります。コーヒーの生豆は植物学的には内乳（46頁）にあたり、30～40μm程度のほぼ均質な一種類の細胞（内乳細胞）で構成されていますが、一つ一つの細胞を取り囲んでいる細胞壁が異様に厚く、ヘミセルロースという成分を非常に多く含むのが特徴です（表6－2）。一般的な植物の細胞壁の主成分はセルロースで、細胞壁に含まれるセルロース以外

表6-2　植物の細胞壁の比較

	一般的な植物の細胞壁		コーヒー豆の細胞壁
	生長点の細胞	木化した細胞	
厚さ（μm）	0.1〜1	1〜4	5〜7
成分組成（%）			
・多糖類			
・セルロース	25	50	20〜30
・ヘミセルロース	25	25	60〜80
・ペクチン	30	−	−
・リグニン	−	25	〜10
・その他	20	−	−

の不溶性多糖類の総称がヘミセルロースです。「半分（＝ヘミ）セルロース」という意味で、アラビノースやマンノースなどブドウ糖以外の糖類が結合してできています。

植物の細胞壁では、セルロースとヘミセルロースが組み合わさって植物細胞を保護しています。セルロースは数百分子が束となり、まるで鉄筋コンクリートの「鉄筋」のように丈夫な繊維が、縦横無尽に張り巡らされています。しかし鉄筋だけではすぐバラバラになるため、これらをつなぎ止める「セメント」の役割を果たすものが必要になります。それを担っているのがヘミセルロースです。またセメントを固める「硬化剤」の役割を果たすのがリグニン（木質）というポリフェノール化合物で、これが木部の硬さや茶色さのもとになっています。植物組織が木化（草から木に変化）するとき、細胞壁にリグニンとセルロースが蓄積して厚く（1〜4㎛）なりますが、コーヒー生豆の細胞壁はさらに分厚く（5〜7㎛）、しかもなんと、その6〜8割がヘミセルロースで成り立っています。この特殊な細胞壁が、生豆独特の硬さを生み出しているのです。

また細胞壁にはところどころ微小な孔があいていて、隣り合う細胞同士の細胞質がこの細い管状の孔を通じて繋がっています。「原形質連絡（プラスモデスマータ）」と呼ばれる、植物細胞では一般に見られる構造で、焙煎時には、ここが内部の水蒸気を逃がす「抜け道」になります。

焙煎開始とガラス転移現象

加熱をはじめてしばらくすると、ある時点から、それまでとても硬かった豆の組織がいったん緩んだように軟化します。とは言っても指では潰れず、ペンチか何かで挟んで潰せる程度ですが……。これはコーヒー豆以外にもさまざまな食材や非晶性の物質に見られる現象で「ガラス転移現象」と呼ばれています（図6－6）。この性質を持つ物質は、温度が低いときはガラスのように硬く、ある一定の温度（ガラス転移温度）を越えるとゴムのように軟化します。ガラス転移温度は物質に含まれる水分の量によって変化し、含水量が高いほど低い温度でゴム化します。

コーヒー生豆も加熱によって、細胞壁が最初の硬い「ガラス状態」から軟らかい「ゴム状態」に変化します。細胞壁が軟化して伸縮しやすくなると、細胞内に発生した水蒸気やガスが原形質

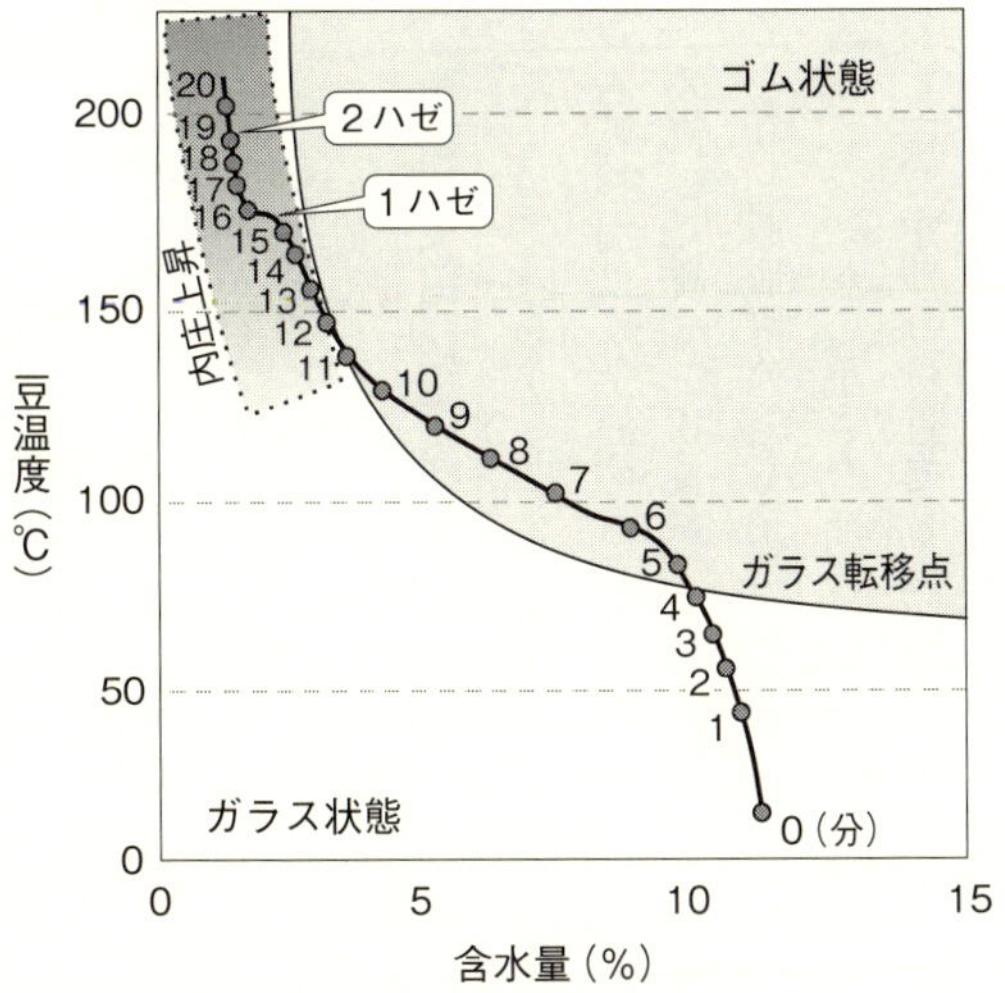

図6-6　焙煎の進行とガラス転移現象

連絡を通って外に逃げ出しやすくなります。こうしてゴム化した生豆からは水分蒸発が盛んになり、どんどん縮んで表面に皺がよってきます。これが「水抜き」と呼ばれる段階です。焙煎機内部の湿度が上がって豆がふやける感じから「蒸らし」と呼ぶコーヒー関係者もいます。

加熱による変化は細胞壁だけでなく、細胞壁に囲まれた「小部屋」の内部でも生じます。焙煎前の生豆では、細胞膜に包まれた細胞の本体が、小部屋の中で干しブドウのように乾いて縮んだ状態になっていますが、加熱につれて残存している水分が煮立ち、やがて細胞を構成していたさまざまなものが混じり合って、ぐつぐつ煮込んだシチューのように変化していきます。

もともとコーヒー生豆は、ロブスタ種で8%、アラビカ種では11%前後の油脂分を含み、そのほとんどは細胞質に油滴として浮かんでいます。また、カフェインやクロロゲン酸は大部分が液胞の中、タンパク質や糖類などは細胞質など、生豆の細胞内ではそれぞれ別の場所に貯蔵されていますが、煮込んでいるうちにこれらが一つに融け合って、どろどろした飴状のものに変化します。加熱を続けるとこれが沸騰して、小部屋内部の壁や天井にまで飛び散り、最終的には周り一面がどろどろに覆われて、小部屋の中心にぽっかりと空間ができた状態になるのです。

再硬化と内圧上昇

こうしているうちにも、加熱によって豆の水分はどんどん蒸発していきます。水分が減るとガラス転移温度が上昇するため、やがて豆の温度と逆転し、ゴム化していた生豆の細胞壁が再びガラス化して硬くなります。するとそれまで細胞壁が伸縮、変形して逃がしていた圧力を逃がせなくなり、原形質連絡も飴状のどろどろで塞がれて、小部屋内の圧力（空隙内圧）が上昇していきます。なにしろ小さな空間なので正確な計測は不可能ですが、焙煎前後の豆の膨張率などから推算して、中煎り付近で8気圧、深煎りではなんと20〜25気圧にまで到達すると言われます。

この高い圧力で、小部屋の中のどろどろは細胞壁に押し付けられて圧縮され、その内部の高圧・高温下で焙焦反応が進行します。また内圧上昇で小部屋が大きく膨張し、焙煎豆全体も大きく膨らんで、表面の皺が伸びます。この結果、再び硬いガラス状態……とはいっても焙煎前とは異なり、内部に多数の空隙が生じ、指で挟めば砕ける「硬くて脆い」状態になるのです。

この段階まで焼けば、一応はコーヒーミルで挽いて抽出して飲むことができるコーヒー豆、すなわち「焙煎豆」と呼べるものになっています。あとは目的の香味になった時点で焙煎を止めれば、おいしい焙煎豆の出来上がり、というわけです。

コーヒー豆は2度ハゼる

煎り止めが近づくころ、コーヒー豆には大きな、そして不思議な変化が生じます。それが「ハゼ」です。「パチッ」と音をたてる一ハゼと、それが収まった後に再び訪れる「ピチピチ……」という二ハゼ。このとき、コーヒー豆の中ではいったい何が起きているのでしょうか。

加熱すると「ハゼる」食べ物と言えば、ポップコーンが真っ先に思い浮かぶのではないでしょうか。しかしポップコーンとコーヒー豆のハゼ方はかなり異なります。トウモロコシの中でもポップコーン用の品種は皮が非常に堅く、加熱するとこの皮で粒の内部に水蒸気が閉じ込められて内圧が約10気圧まで上昇し、圧力に耐えられなくなった瞬間に「ポン」と大きな破裂音を出してハゼます。それと同時に、粒の内部でゴム化していた高圧・高温の胚乳が一気に膨張しながら噴出し、次の瞬間には大量の空気を含んだままガラス化して、軽い食感のポップコーンが出来上がります。破裂からガラス化までわずか90ミリ秒の出来事です。ハゼる瞬間、爆発的に大きく膨張するのが特徴で、しかもハゼは一粒につき必ず1回生じます。

一方、コーヒー豆ではこのような「爆発」は見られず、一ハゼが起きる時期と前後して豆の皺が伸び始め、以降次第に膨らんでいきます。また豆の個数と比べるとハゼ音の回数は少なく、ほとんど一ハゼの音が聞こえないこともありますが、それでも豆はちゃんと膨らみます。そして何よりも「2度ハゼる」のが大きな特徴です。このコーヒー独特のハゼが生じる仕組みを解明した研究はまだありません。でもせっかくなので、状況証拠から推理してみたいと思います。

2回のハゼのうち、後から生じる「二ハゼ」の方が判りやすいので、順番は前後しますが、まずはそちらを見てみましょう。二ハゼが起きるのは、豆がガラス化して硬くなった後です。高くて小さな音がたくさん聞こえることから、かなり高い割合の豆がハゼていると考えられます。二ハゼ中に煎り止めして豆を取り出すと、手網の外でもしばらくハゼが続きます。これを注意深く観察すると、ハゼ音と同時に、胚芽の真上あたりから、小さな楕円形の豆のかけらが剝がれて飛んでいるのがわかるでしょう。よく見ると、すでにその部分が剝離した豆がたくさんあることがわかります。また豆を切って断面を見ると、内乳の板の中央付近に、ぽっかりとした空隙ができているのがしばしば見られます。この空隙は二ハゼ前には見られません。これらが二ハゼの原因だと思われます。

コーヒー豆の内乳は、組織の中央部分（内部内乳）よりも外側（外部内乳）が丈夫で、しかも中心部に細い隙間があります。二ハゼの少し手前から、煙の色が少し変わって二酸化炭素などの燃焼ガスの発生が急増しますが、このガスの一部が内部の隙間に閉じ込められて逃げ場を失い、どんどん内圧が上がって限界を越えた瞬間、破裂音を発しながらハゼるのです。なお剝離が起きる胚芽の真上は、豆組織が特に薄いので、ここから壊れやすいのだと考えられます。

一方、一ハゼは二ハゼより音が低くて大きいことから、音響的には二ハゼよりも大きな空間から発する破裂音だと考えられます。じつはそんな広い空間は、豆の中には一つしかありません。くるっと丸まった内乳の間、センターカット奥の隙間です。一ハゼは、豆がガラス化して硬くなり膨張しはじめる頃に起きますが、このとき隙間の一部が塞がると、そこに溜まった水蒸気やガスが逃げ場を失って内圧がどんどん上がり、やがてそれが破裂音とともにハゼるのだと考えられます。隙間が完全に塞がるかどうかは、内乳の丸まり方や膨らみ方、乾燥途中に豆のひび割れが起きるかどうかで変わるため、すべての豆が一ハゼの音を立てるわけではないことの説明もつきます。本当にこの推理が正しいかどうかは、今後科学的に検証したいことの一つです。

油脂分の滲出

一ハゼを過ぎ、二ハゼが盛んになる頃には、豆の表面に油脂分がにじみ出し、テカテカとした光沢が見られるようになります。細胞壁の一部が壊れたり焼け焦げたりすることで、細胞内の油脂分が移動しやすくなり、表面ににじみ出てきたものです。このあたりが「フレンチロースト」と呼ばれる深煎りです。また、もっと浅い焙煎度の豆でも、焙煎後に時間が経つと、中の油脂分が徐々に拡散して表面ににじんできます。このため一昔前は「表面に油が浮くのは豆が古い証拠だ」と言う人もいたようです。ただ実際は、焙煎直後でも深煎りなら表面に油がにじみますし、生産国で精製後に生豆表面の薄皮を取るための、「磨き」を強くかけると、表面のワックス層が傷ついて油の滲出が増します。このように油脂分がにじみ出ていても一概に古い豆とは言えませんが、同じ生豆を同じ条件で焙煎した場合なら、鮮度の目安として使えることがあります。

成分の化学変化

ここまでは焙煎中の物理的な変化を追ってきましたが、このときコーヒー中の成分は、どう化学変化しているのでしょうか。

変わらないもの、変わるもの

コーヒー豆の成分組成を焙煎前後で比較すると（図6-7）、水分以外の成分の3〜4割が焙煎で変化すると考えることができます。逆に言えば、6〜7割は焙煎前後であまり変化しないわ

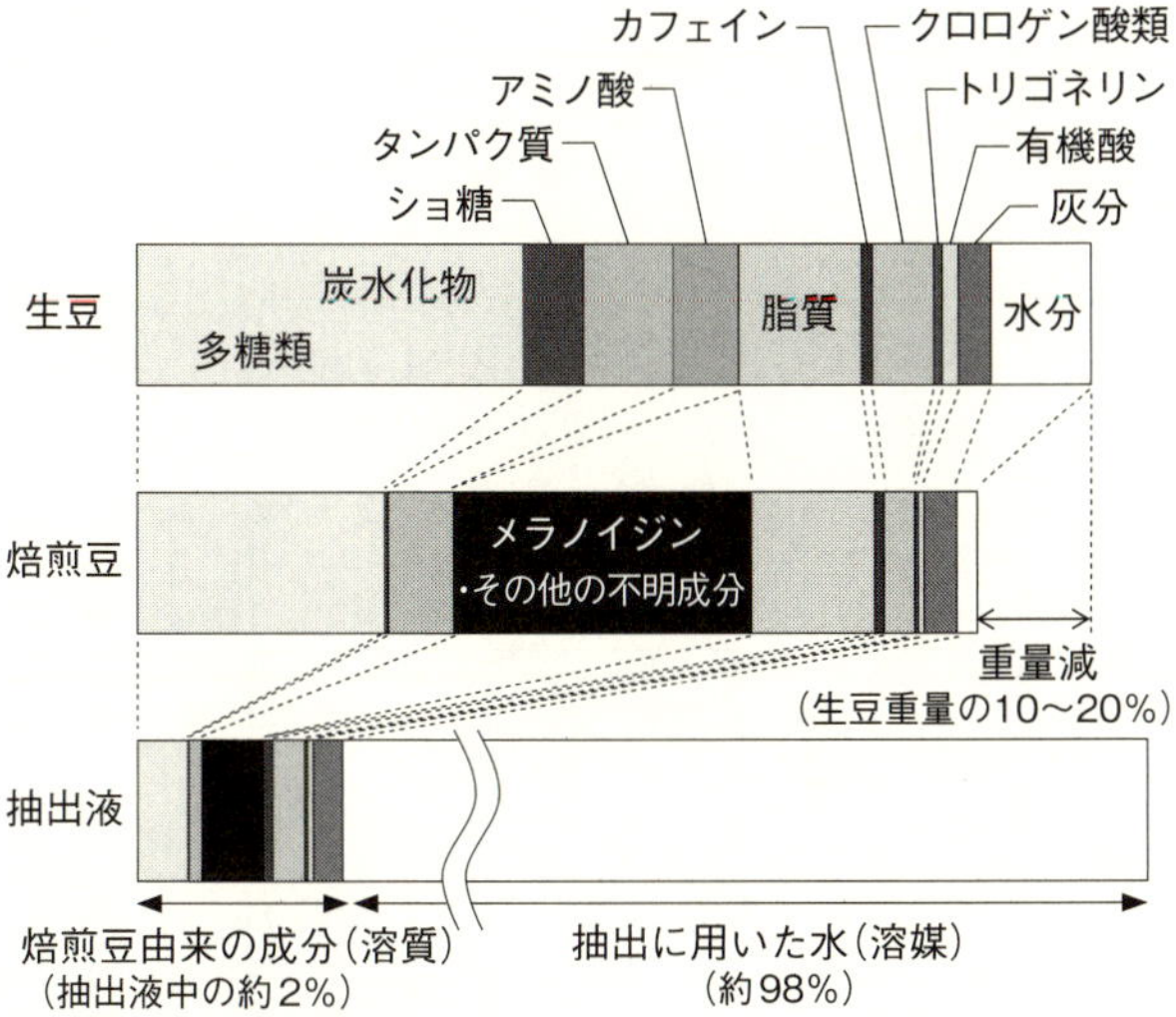

図6-7　コーヒーの成分組成

けです。焙焦反応のほとんどはどろどろの中で進行するため、細胞壁を構成するヘミセルロース、セルロース、リグニンの大部分はそのまま残ります。これらの成分はどれだけ煮出しても溶け残る「豆の骨格」、すなわち「コーヒー滓《かす》」として抽出時の粉の層を支える役割も果たします。

変化しない成分はどろどろの内部にも存在します。その代表がカフェインです。カフェインは非常に熱に強く、焙煎中に分解されたり他の化合物と反応したりすることはありません。ただしカフェインには昇華性があり（昇華点１７８℃）、焙煎時の温度が１３０℃を越える頃から直接気体になって少しずつ豆から抜けていきます。とは言え、その減少率は生豆に含まれていた量の5～10％に留まり、深煎りと浅煎りでの違いはごくわずかです。焙煎豆の断面を電子顕微鏡で観察すると、固体に戻ったカフェインの針状結晶がしばしば見られます。また焙煎機の釜にも同様の結晶が付くことがあります。

カフェインと並んで変化が少ない成分は油脂類です。天ぷら油の例からもわかるように、油脂は長期間酸素に触れると劣化しますが、短時間ならかなりの高温でも比較的安定です。油脂は、焙煎中に内部で生じるどろどろの4分の1～5分の1を占め、自分自身はあまり変化せずに、他の物質を溶かし込んで反応させる「場」として働きます。また揮発性の香り成分や炭酸ガスを溶け込ませたり、表面に吸着したまま保持して安定化する働きもあります。このほかミネラル（灰分）などの無機物も焙煎では変化しない成分です。つまり生豆の成分のうち、細胞壁の成分、カフェイン、脂質、ミネラルが「変わらないもの」で、それ以外が「変わるもの」。言い換えれば、後者は焙焦反応を経てコーヒーの色や香味へと変わる「前駆物質」に当たります。

複雑怪奇な焙焦反応

一口に「焙焦反応」と言っても、その実態は何百種類もの前駆物質が、たくさんの化学反応を経て、最終的には何千もの複雑な化合物が生まれるという、じつに混沌とした化学反応の集まりです。その科学的な全容解明にはまだまだ程遠く、判っていることはほんの一部分にすぎませ

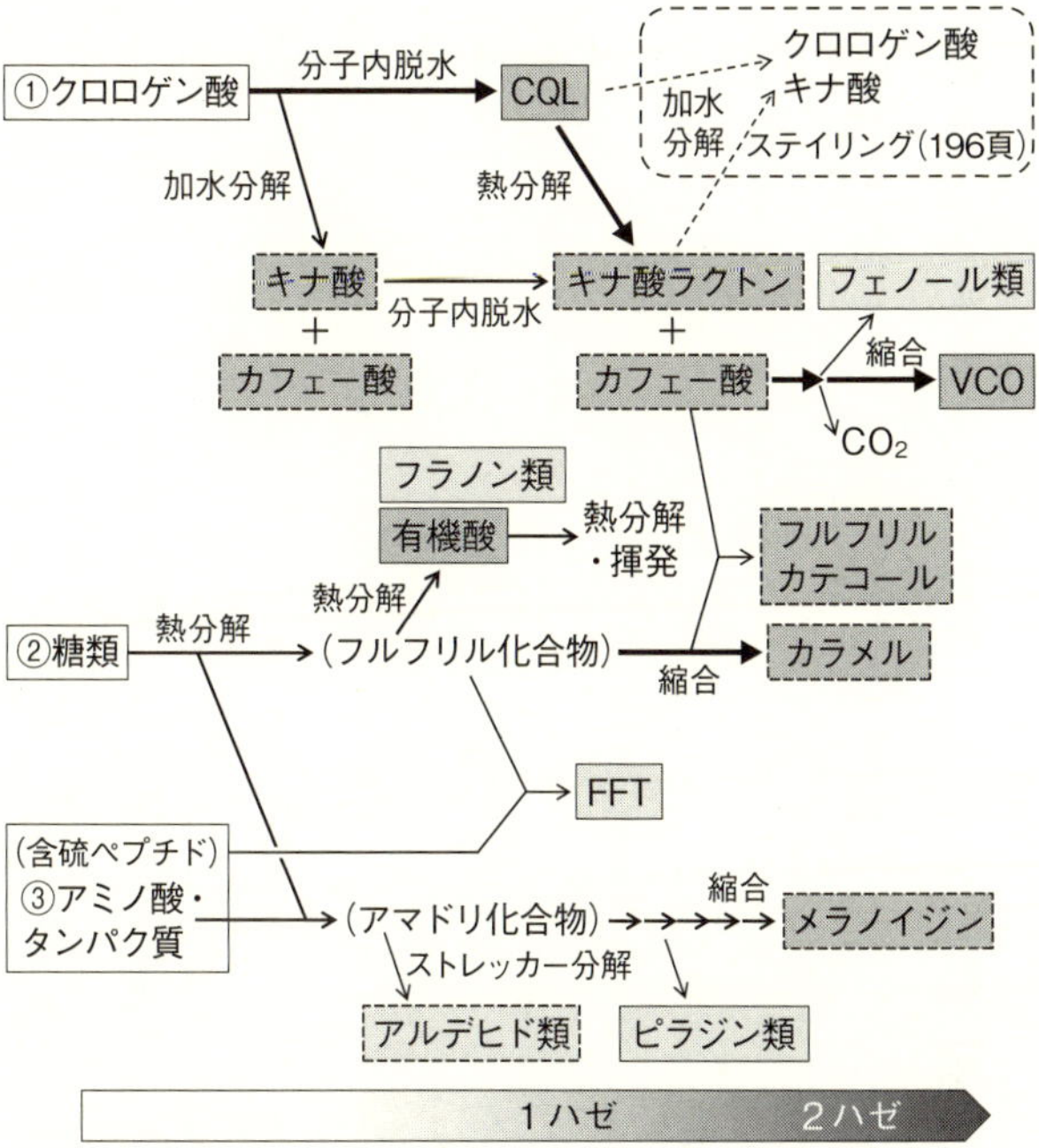

図6-8　焙煎中の主な成分変化　濃い灰色は味、薄い灰色は香りに関係する成分

ん。しかし前駆物質の中でも3種類、①クロロゲン酸、②糖類、③アミノ酸（タンパク質）、の変化を理解できれば、大まかな流れを掴めます（図6-8）。

もっとも重要なのは、クロロゲン酸（①）から苦味成分が生まれる一連の化学変化です。ほかではあまり見られないコーヒー特有の機構で、本書では、以下「（コーヒーの）苦味生成反応」と呼ぶことにします。

この反応を経て生豆中のクロロゲン酸から、コーヒーらしい苦味成分（ＣＱＬやＶＣＯなど）に変化します。また褐色色素、焙煎後期の香り成分であるフェノール類（146頁）なども、ここから生成します。これに次いで重要なのが「メイラード反応」。別名アミノカルボニル反応、褐変反応とも呼ばれ、還元性の糖類（②）がアミノ酸（③）と反応して、最終的に高分子の褐色色素であるメラノイジンを生み出す一連の反応です。調理科学分野では真っ先に名前が挙がる有名な反応で、ほかの食品と同様、コーヒーでも焦げ色や、ピラジンやアルデヒドなどの香り成分の生成に関与します。このメイラード反応と似た褐変反応が「カラメル化」。こちらはアミノ酸が介在せずに糖類（②）だけで進みます。最終的には糖類同士が重合して黒褐色色素であるカラメルが生成され、反応途中で酢酸などの有機酸や、フラノン類などの香り成分も生じます。

また、それぞれの反応経路で生成した生成物が互いに反応することで、「第三の苦味」フルフリルカテコールやＦＦＴなども生み出されます。これでもまだほんの一端ですが、コーヒーの色や香味はこうして生成されているのです。

辿った過程でおいしさは変わる

焙焦反応が進行するには、まず一定以上の温度が必要です。その上で水分が多い状態ならばさまざまな分子が水と反応して分解（加水分解）されやすく、少ない状態ならばその逆反応である脱水縮合や熱分解が進みやすくなります。このため水抜きの段階では主に加水分解が、煎り込み段階では脱水縮合や熱分解などが進行しますが、コーヒーの香味や色の大部分は、後半の煎り込み段階で生み出されます。「乾煎り」にならないとコーヒーにならないのはこのためです。

ただ、後半の条件が同じなら同じ香味になるかと言うと、そんなことはありません。そこに辿り着くまでに成分がどう変化したかも重要です。例えば、水抜きのときに「高温多湿」の領域に長く留まると、クロロゲン酸の加水分解が促進されて減少し、強い渋みのカフェー酸とシャープな酸味のキナ酸が増加します。1分子の酸が2分子になる分、酸味は増加し、後半にクロロゲン酸の脱水縮合で生成する「中煎りコーヒーの苦味」代表のCQL（132頁）は減少します。またメイラード反応中間体の加水分解（ストレッカー分解）が促進してアルデヒド（145頁）が増加すると蒸れた匂いが強まります。その結果、加水分解が進みすぎると「渋酸っぱくて蒸れた匂い」になるというわけです。手網焙煎で「生焼け」にならないようにと注意したのはこのためです。

ただし加水分解も適度に進めば、決して悪いことばかりではありません。タンパク質や多糖類が加水分解されて生じるアミノ酸、単糖類は、元の高分子よりも反応性に富むため、その後の反応が進みやすくなって香味が強まります。また生豆中の精油には「配糖体」という、糖と結合した状態のものがあり、それが加水分解されると精油が遊離して香りが強まります。このように、どういう温度、水分帯をどれくらいの時間をかけて通過するかという「豆が辿る焙煎の道筋」

も、おいしさに大きく影響します。例えば手網焙煎でも、最初に全体をアルミホイルなどで覆って「蒸らし」、途中で外して焙煎するとかなり香味が変わりますので、一度試してみて下さい。

焙煎後の経時劣化

最初の頃はおいしかった焙煎豆も、時間が経つと膨らまなくなり、風味もどんどん劣化します。俗に「酸化してまずくなる」と言われますが、焙煎豆の劣化は3タイプに大別され、厳密には酸化が関わるものはその一つ（酸敗）だけ。しかも、むしろ他の2タイプの方が重要です。

A　ステイリング：焙煎時に生じたクロロゲン酸ラクトンやキナ酸ラクトンは水分子と反応すると容易に加水分解されてクロロゲン酸やキナ酸に戻り、pHが低下してすっぱくなります。水分が多いときのみ生じる反応ですが進行は早く、ホットプレートで保温しているコーヒー液なら数十分、焙煎豆が吸湿したときにも常温1～2日で違いがわかるくらいに変化します。

B　香りとガスの損失：焙煎した直後から、コーヒー豆からは炭酸ガスと一緒に香り成分が抜けていきます。揮発性が高い香り成分ほど消失が早く、繊細な香りを持ち味とするコーヒーほど特長を失って凡庸になりがちです。またガスが抜けた豆はお湯をかけても膨らみにくく、豆の組

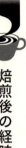

織が「開きにくく」なるため、成分の抽出効率が悪くなります。水分が少ない条件下ではもっとも早く生じる劣化で、常温なら10～15日で違いがわかるくらいに変化します。品質重視の自家焙煎店で「おいしく飲めるのは焙煎後2週間以内」と言うのはこのためです。

C　酸敗：油脂分を構成する脂肪酸が空気酸化を受けると不飽和度（分子中の多重結合の割合）の高い脂肪酸になり、それがさらに酸化されると炭素数6～9程度の低級脂肪酸に分解され、油の傷んだ嫌な臭い（酸敗臭、ランシッド）とpHの低下をもたらします。これが酸化による劣化ですが、進行は意外に遅く、違いがわかるくらいに変化するには常温で7～8週間かかると言われています。

焙煎豆の保存法

こうして劣化の原因を整理すれば、自ずと対処法も見えてきます。つまり①吸湿を避け、②ガスが抜けるのを防ぎ、③酸化を防ぐ、を守れば、比較的おいしいままでの長期保存が可能です。気密状態（気体の出入りも遮断。密閉や密封よりも厳重）で保存すれば、全ての条件を満たすので鮮度の保持に効果的です。またステイリングや酸敗は温度が高いほど進行しやすいため低温保存も有効ですし、真空包装による酸素除去や脱酸素剤の使用、遮光も酸化防止には役立つでしょう。

ただ実際にどういう処理を行うべきかは「その豆をどう消費するか」でも異なります。例えば、以前たまたま立ち寄った店で、帰ってすぐに淹れるつもりで豆を買ったら、店の人がいきなり真空パック用の機械にかけて脱気しようとしたので慌てて制止したことがありました。長期間開封せずにとっておくならともかく、家に帰るまでのたかだか30分ほど酸化を遅らすのと引換えに、香りやガスが減るのでは割に合わないからです。また「気密性が大事」とは言っても、気密性の高い袋は発生する炭酸ガスで破裂することがあり、スーパーなどで流通させるには却って不都合です。真空包装や、炭酸ガスだけを逃がすワンウェイバルブを使ったガスバルブ包装などは、こうした流通特有の問題を解決し、数ヵ月間品質を保持するために生まれた技術です。また最近は焙煎してすぐにペットボトルなどに充填する方法も見られます。包装コストは上がりますが、ボトル内部が高圧になってガスが抜けるのが遅くなるため、特に香りに特長のある豆を長く楽しむには有効だと思われます。

こういったノウハウは、家庭での保存を考えるのにも役立ちます。ここでもいちばん重要なのは「気密状態を保つこと」です。また、冷蔵・冷凍も劣化を遅らせるのに効果的で、2週間以内に飲みきれない分は、気密容器に入れて冷凍しておけば、数ヵ月から半年くらいは結構おいしくいただけます。ただし冷えた豆が温かくて湿った外気に直接触れると一発で吸湿しますから、小分けにして使う分だけ取り出すか、気密容器に入れたまま室温に戻ってから開封するなどの配慮が必要です。とはいえ、冷蔵庫のスペースにも限りがあるでしょうし、気温の高い夏期を除けば、また、そもそもはじめから短期間で飲みきるのが前提ならば、無理して冷蔵・冷凍する必要はないでしょう。

逆説的な表現ですが「いちばんいいコーヒーの保存法」とは「できるだけ長期保存しないこと」かもしれません。冷蔵・冷凍などの方法も、劣化を遅らせることはできても、完全に止めることはできません。それらはどうしても長期間保存したいときのものと割り切って、普段はなるべく少量ずつ買って鮮度の高いうちに飲みきるのが、おいしく飲むコツだと思います。

プロの焙煎と焙煎機

次は自宅のキッチンを飛び出して、プロの焙煎の世界にも少し目を向けてみましょう。最初に紹介した手網焙煎でも十分おいしいコーヒーを作れますが、いかんせん、一度に焙煎できる量が少なすぎて、商売するには非効率的です。小さな自家焙煎店には小型の手回し式器具を使っている店もありますが、一度にもっとたくさん焙煎可能な専用の「焙煎機」を使う店が大多数です。

図6-9　ドラム式焙煎機　（写真提供：富士珈機）

攪拌方式による分類：ドラム式と流動床式

この「焙煎機」、自家焙煎店の店頭などで、実物を見たことがある人もいると思います。よく目にするのは図6－9のようなタイプでしょう。横向きに寝かせた金属製の円筒を中心に、漏斗や排気ダクト、操作パネルが付いた特徴的なかたちの機械です。外からは見えませんが円筒の内側にもう一つ、「釜」と呼ばれる金属の筒（シリンダー）があって、中に生豆を入れて回転させながら攪拌し、筒内に高温の熱風を流したり、下からガスバーナーや電熱器で加熱して焙煎を行います。このような構造のものを「ドラム式焙煎機」と呼びます。洗濯機にもドラム式と呼ばれるタイプがありますが、それと同様、横置きにした太鼓（＝ドラム）型の円筒を回転させて中身を攪拌する方式で、シリンダーが加熱

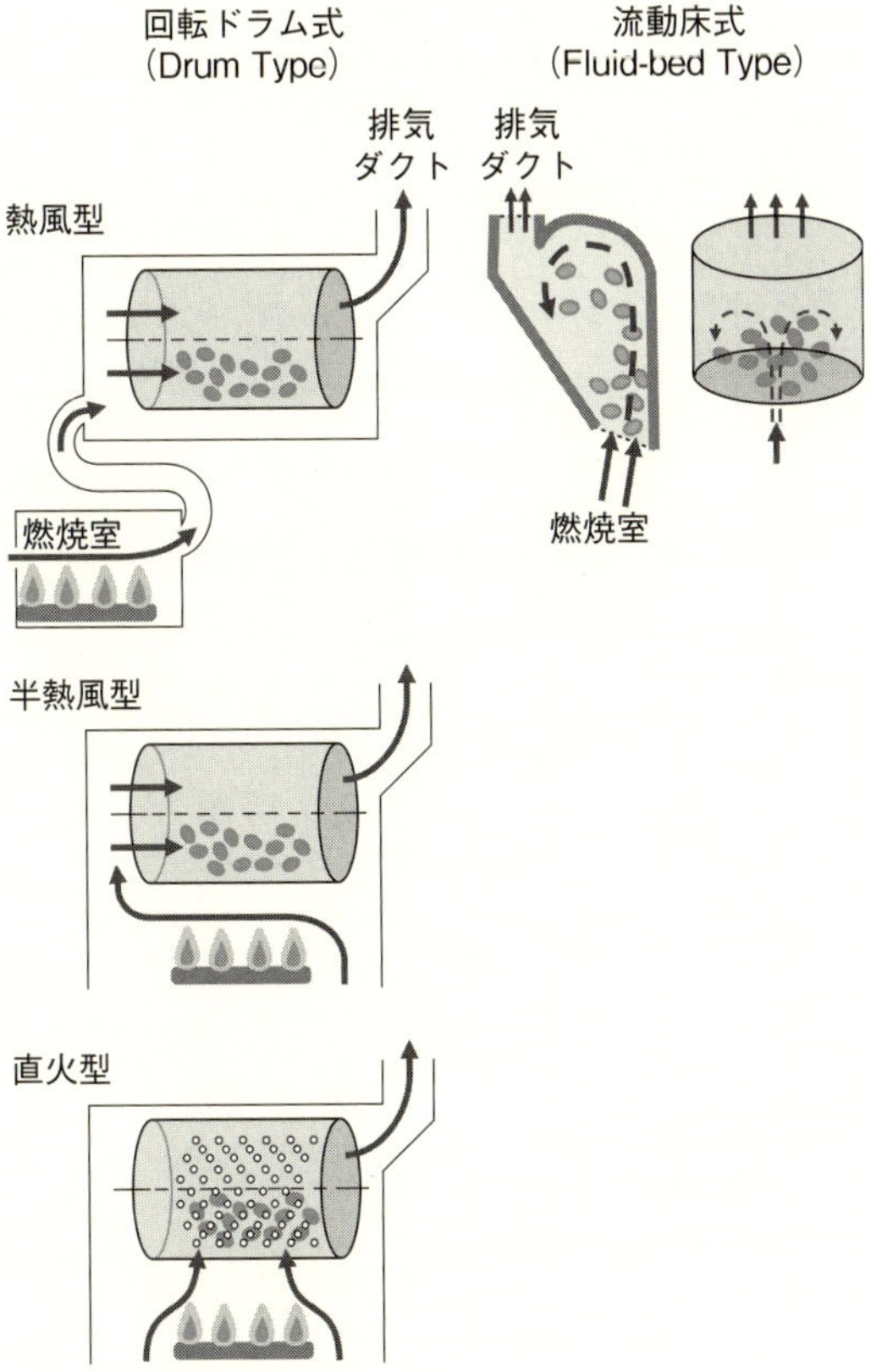
回転ドラム式
(Drum Type)
流動床式
(Fluid-bed Type)
排気
ダクト
排気
ダクト
熱風型
燃焼室
燃焼室
半熱風型
直火型

図6-10　焙煎機の分類

する「釜」と、攪拌する「ドラム」の二役を果たすのがこのタイプ。自家焙煎店では、一度に1〜10kgを焙煎できる小型焙煎機が最も一般的ですが、大量に焙煎するところでは10〜60kg、中には数百kgを一度に焙煎できる超大型もあります。近年は1kg以下の超小型機で入手しづらい高級な生豆を少量ずつ煎る人も増えているようです。

ドラム式に次いで多いタイプが「流動床（フルード・ベッド）式」（84頁）です（図6-10）。強烈な勢いの熱風で豆の攪拌と加熱を同時に行います。連続焙煎や短時間焙煎に向く反面、強力な送風機が必要で、廃熱も大きくてコスト高になることから、自家焙煎店ではあまり見かけません。廃熱利用が可能な、大手の焙煎工場の超大型焙煎機か、小さな送風機でも間に合う50〜500g用の超小型焙煎機（ジェットロースター）などに採用されており、アメリカでは後者が、家庭焙煎を楽しむ人たちにも愛用されています。他にもいくつかのタイプが考案されていますが、実用化されているものの多くは、ドラム式か流動床式のどちらかです。

加熱方式による分類：直火型、半熱風型、熱風型

この分類を見て、コーヒーに詳しい人は「あれっ？」と思ったのではないでしょうか。じつは日本のほとんどのコーヒー関連本では、焙煎機を次の3種類に分類しているからです（図6-10）。

直火型：釜が孔あけ加工されており、ガス火などの熱源により豆が直接加熱されるタイプ
半熱風型：直火型に近いが釜に孔が開いておらず、熱源の熱が間接的に豆に伝わるタイプ
熱風型：釜とは別の場所に設けた燃焼室から熱風だけを送る、間接加熱タイプ

これは釜のかたちと加熱方式で細分したものに当たります。ただし、この違いに関心が高いのは、１９７０年代から「どの方式がいちばんか」という論争が盛んだった、日本に特有の傾向のようです。欧米では直火型タイプの釜が珍しいこともあってか、あまり言及されません。

この違いが焙煎にどう影響するかはよく判っていない部分が残っています。ただし焙煎士たちの間では、直火型は熱効率がいいけど煎りムラを生じやすく、熱風型はその反対、半熱風型は両者の中間と経験的に言われているようです。熱風型では釜内部に熱風以上の高温になる箇所は理論上存在しませんが、半熱風型では炎で熱せられる釜本体と、そこに接する空気の温度が高く、さらに直火型ではもっと高温の熱源に直接曝される場所が出てきます。豆が高温に曝されるところでは、焙煎が進んで温度が上がった豆にも熱が効率よく伝わる反面、同じ釜の中で焙煎が進んだ豆と遅れた豆の足並みが整いにくく、煎りムラが出やすくなると思われます。また伝熱バランスに注目すると、熱風型では釜に流れ込む熱風による対流熱が主体、半熱風型では釜本体と接す

る豆への伝導熱や、釜から中の空気への伝導熱（熱貫流）が加わり、さらに直火型では高温熱源からの輻射熱も加わります。対流熱では熱風が豆の表面全体を加熱しますが、伝導熱は釜との接触面、輻射熱は光が当たった面だけが加熱されるため、攪拌が不十分になるとすぐ加熱ムラが生じます。

以前はこうした違いが焙煎機の優劣として激論されていましたが、各々の「持ち味」、あるいは得手不得手として考えるべきなのかもしれません。それに結局、最後は腕前次第。じゃじゃ馬みたいな直火型を使いこなして見事に焼き上げる名店もあって、さすが、と唸らせられます。

焙煎機での焙煎法

焙煎機を使えば、スイッチ一つでいつでもおいしく焙煎できる……といいのですが、実際は、材料の生豆に毎回違いやばらつきがあるため、同じように焙煎したつもりでも全く同じ結果になるとは限りません。このため個人営業の自家焙煎店はもちろん、一度に数百kg煎るような大きな焙煎工場でも、熟練した焙煎士が自分の目でチェックしながら焙煎することがあります。

いろいろな種類の焙煎機がありますが、基本となる使い方は、ある程度共通です。まず焙煎機は先に暖気（予熱）をしておき、規定の温度（投入温度）になったところで、機体上部の漏斗から釜に生豆を投入して焙煎を開始します。釜の中を見るための小さな覗き窓は付いていますが、それだけでは豆の様子が判りづらいため、釜内部の空気の温度を示す温度計と、中身を少量取り出せる、通称「サシ」と呼ばれるスコップのようなものが取付けられています。温度計を見守りつつ、サシで中の豆をときどき取り出して観察し、必要に応じて熱風の流量やガスの火力を途中で調節しながら――この辺りは焙煎機の種類や焙煎士の流儀によって異なりますが――焙煎を進めます。温度計の数値から一ハゼ、二ハゼが近づいてきたのを察知すると、焙煎機の駆動音に混ざって釜の中から聞こえるハゼ音を聞き逃さないよう注意深く耳を傾け、サシを抜き差しして、豆の色やかたち、立ち上る匂いなどから「煎り止め」のタイミングを見計らうのです。

そして「ここぞ」と思った瞬間、釜の蓋を開けて一気に中の豆を取り出し、余熱で煎り進まないよう直ちに冷まします。ある意味、この冷却の方が加熱より大変かもしれません。豆が少ない場合は空冷でも十分ですが、大量時には下手をすると豆から発火して火災などの事故に繋がる危険性もでてきます。このため大型の焙煎機には、水を霧状に散布する水冷機能付きのものもあります。

どんなに上質な生豆も、焙煎が上手くなければ、その持ち味を引き出すことはできません。そこが焙煎士の腕の見せ所と言っていいでしょう。特に重要視されるのは「煎り止め」の正確な見極めです。焙煎の後半、一ハゼ以降は香味の変化が急激になり、わずか10～15秒、ものによっては数秒の違いでまるで別物になってしまいます。新しい生豆を入荷したらまずは少量をテスト焙煎して、自分の望む香味を引き出すための最適な焙煎度を決定しておき、それと同じになった時点で正確に、また何度でも再現性よく煎り止めできる、確かな技術が必要になります。

火力と排気のコントロール

最初に示した手網焙煎では、手網と炎の距離を変えて「火力」だけを調節しましたが、焙煎士が調節するのは、基本的に「火力」と「熱風流量（≒排気）」の二つです。どちらをどれだけ調節するかは焙煎機の種類や焙煎士の流儀によっても異なります。

もっとも一般的な、熱源にガス火を用いるドラム式焙煎機の場合、釜とバーナーの位置がそれぞれ固定されているため、炎に送る燃料ガスの量（ガス圧）で弱火〜強火に火力調節します。火力を変えると熱風の温度が変わるため、熱風の流量が同じでも釜に送り込まれる熱量は異なります。また半熱風型や直火型では、熱貫流や伝導、輻射の強さにも影響します。一般に高火力のときは熱風流量を絞って加熱できる一方、煎りムラが出やすくなりがちです。

熱風流量の調節は、多くの場合、排気の流量を変えて行うため「排気調節」とも呼ばれます。釜の体積は一定なので、熱風を供給するには、同じ体積の冷えた空気を釜から追い出す必要があり、この換気の具合でどれだけの熱量を送り込むかが調節できます。送風機で給気口から風を送り込むやり方だと風が豆などにぶつかって思ったほど上手くいきません。排気側から空気を引いて内部を負圧にする方が、スムーズに換気される、理に適ったやり方なのです。

一般的な焙煎機では、排気ダクトが排気筒（排気温度が260℃以下の煙突）につながっていて、そのドラフト効果（煙突効果）で釜内の空気を引っぱっています。ダクトの途中には「ダンパー」という開閉装置が付いていて、焙煎士たちは、焙煎中にその開き具合を変えて排気を調節するのです。ドラム式での熱風流量の調節は2010年頃から欧米の焙煎士たちの間で大きな注目を集めていますが、日本ではすでに1970年代から当たり前のように行われてきた技術です。例えば実際、日本では、排気ダンパー標準装備の焙煎機が多いのですが、老舗焙煎機メーカーとして最も名高いドイツのプロバット社がダンパーを付けたのが2007年頃。ここからも日本の焙煎技術の先進性をうかがうことができるでしょう。

また排気が強いほど、豆からの水分蒸発が早くなり速やかな焙煎が可能になりますが、揮発成分も飛びやすくなるため、あまり強くしすぎると香味が抜けてしまいます。逆に焙煎終盤で排気が弱すぎると、煙が抜けきらずにフェノール類（146頁）による煙臭や焦げ臭など、燻《いぶ》されたような臭いが豆に強く残ります。これらの加減も排気によって調整されます。

焙煎プロファイルの重要性

近年、その重要性が再認識されているのが「焙煎プロファイル」です。焙煎中の温度を時間ごとに記録するほか、使った生豆の種類や量、一ハゼ、二ハゼ、煎り止めの温度や時間、火力や排気を操作したタイミング、その日の天候や気温など、焙煎に関するさまざまな情報を記録します。思い通りの焙煎ができたときも、失敗したときも、記録を残しておくことで、次回に活かすことができるのです。また焙煎士たちは自分の記録だけでなく、他の人の焙煎プロファイルを参考にすることもあります。特に近年は、欧米の焙煎士たちの間で「焙煎合宿」で交流して焙煎プロファイルを共有したり、焙煎コンテストの受賞者がインターネットで公開する動きが盛んです。こうした需要に合わせて焙煎機も進化しており、温度の自動記録はもちろん、あらかじめ入力した温度曲線になるよう火力や熱風流量を自動調節するものまで現れています。

ただし温度のプロファイルに囚われすぎるのも問題です。温度計の数値が示すのはあくまで釜内部の空気の温度であり、豆の温度そのものではないからです。釜の中で絶えず動きつづけ、一つ一つばらつきのある豆の温度を正確に測定するのは容易なことではありません。結局、空気の温度を計るよりほかないのですが、温度計の取り付け位置をはじめ、焙煎機ごとのくせ、焙煎機の設置場所の環境など、大小さまざまな要因にどうしても左右されます。こうしたくせの見極めや、豆の水分状態や煎り止めの微妙な違いの見極めなど、最終的には焙煎士のセンスに頼らざるを得ない部分が残っています。「スイッチ一つで、いつでもおいしく焙煎できる」日が来るのは、まだまだ先のことかもしれません。

いろいろな焙煎

熱風に頼らない焙煎器具

現在の焙煎機は、熱風が伝熱の中心を担うものが大半ですが、豆が加熱されればよいわけですから、熱貫流や伝導、輻射中心でもかまわないはずです。一部の愛好家が使う焙烙《ほうろく》や、大坊珈琲店でも使われていた手回し釜などは、熱風以外の伝熱の寄与が大きい部類だと言えます。

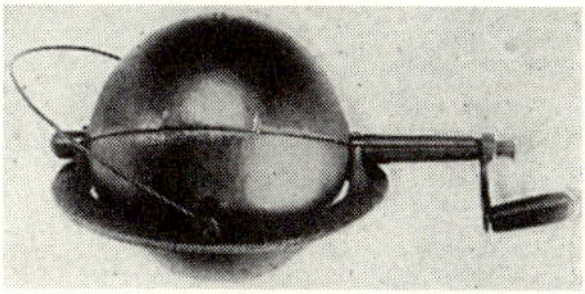

図6-11　19世紀のボール型焙煎機　Ukers “All About Coffee”（1922）から引用

もっと極端なものでは、密閉した金属球の中に生豆を入れて焼く19世紀フランスの焙煎器具（ボール型焙煎器・図6－11）があります。フランス料理史の専門家である山内秀文先生（辻静雄料理教育研究所所長）によれば、当時フランスでは料理全般に「香りを逃さず閉じ込めた方がおいしくなる」という考え方があったそうで、焙煎時はもちろん、抽出時にも「蓋」をするポットなどが開発されていたとのこと。気になるその出来映えですが、じつは山内先生らが「バルザックが飲んだコーヒーを再現する」というコーヒー雑誌の企画で実際に焼いてみたことがあり、生焼けや煙臭くなるのではという当初の予想に反して、上手く煎り上がったそうです。

こういう極端な焙煎は今ではあまり行われませんが、焙煎における排気の本当の影響や、焙烙で煎ったコーヒーの香味を解明するには、この手の器具を使った実験も必要かもしれません。

炭火焙煎・遠赤外線焙煎

焼き肉、焼き鳥、焼き魚……「焼き物」と呼ばれるこれらの料理にしばしば用いられるのが炭火です。ガス火で焼くより本格志向のイメージがあるせいか、「炭火」という言葉の響きだけで「おいしそう」と感じる人は多いのではないでしょうか。

コーヒーもその例に漏れず「炭焼きコーヒー」や「炭火焼コーヒー」と書いたのぼりをはためかせ、本格派を謳う店が1980年代から数多く見られるようになりました。また炭火と同じ効果を狙って遠赤外線セラミックヒーターを使った焙煎機なども開発されました。そのあまりの人気っぷりから、名称の濫用を防ぐため、コーヒーの表示に関する公正競争規約で「炭焼き」「炭火焼」「セラミック遠赤外線」などの言葉は、焙煎開始から終了まで一貫してそれぞれ炭火や遠赤外線セラミックヒーターを熱源に使ったもの以外に使えない取り決めになっています。ただし熱源に使っていれば名乗れるため、遠赤外線の効果を謳っていながら光が届かない半熱風型だったり、遠赤外線を吸収するガラスで覆っていたりと、中には首を傾げたくなる構造のものも見かけます。

　そもそも本当に、炭火や遠赤外線でコーヒーはおいしくなるのでしょうか？　ガス火（1700〜1900℃）に比べて、調理用の炭火（600〜900℃）は温度が低いものの、炭が持つ遠赤外線を放射しやすい特性から、輻射による伝熱の割合が大きくなります。肉や魚は炭火でおいしく焼けると言われますが、これは「遠赤外線が内部に浸透する」からではありません。遠赤外線は熱に変わりやすいため、物体に当たるとすぐに吸収され、物体内部に浸透する距離はわずか0・1〜0・2㎜にすぎず、実際には物体の表面だけを強く加熱します。肉や魚がおいしくなるのは、この強い火力で高温になった表面でピラジン類などの香ばしい香りが生じるとともに、表面が焼き固められて中に肉汁などが閉じ込められ「外はぱりっと、中はしっとり」焼き上がるからだと言われています。ところがコーヒーの場合はそれだと中が生焼け、芯残りになってしまうため、同列に語るわけにはいきません。そもそも表面を強い火力で加熱したいだけなら、ガスの炎を強くすれば済む話で、むしろ火力調節は炭火の方がガスよりも難しいため、炭火ならではの利点があるかどうかは疑問です。

　ただし他の食品の例では、同じ量の遠赤外線を放射するセラミックヒーターと、炭火で焼いた肉などでは香りの成分組成に違いがあることが確かめられています。炭火から発生する燃焼ガスは一酸化炭素などを多く含んでおり、いわば「酸欠」に近い状態で加熱されることで、焦げ臭が生じやすいという仮説もあります。コーヒーでも同じことが言えるなら、遠赤外線以外の効果から「炭焼きコーヒー」の香味が生まれているのかもしれません。

過熱水蒸気焙煎

2004年、日本初の家庭向けウォーターオーブン「ヘルシオ」が大ヒット商品になり、それまで業務用のスチームコンベクションオーブンでしか用いられていなかった過熱水蒸気が身近になりました。過熱水蒸気には、凝縮伝熱（180頁）で効率よく熱を伝える以外にもいくつかの特長があります。対流と同様に物体の周囲全体から加熱する上、表面温度の低い箇所ほど凝縮を起こしやすいため、加熱ムラが生じにくくなることが一つ。また豆表面で発生する水分が、表面だけが先にガラス化することを防いで、芯からの水分移動がスムーズなまま温度を上げていくことが可能になるため、豆全体で考えると乾いた空気よりもスピーディな水抜きが可能です。

この特長に注目して、コーヒーの焙煎に応用できないかと模索した人や企業は多いのですが、結果から言うと、少なくとも最初から最後まで過熱水蒸気だけで焙煎する試みは上手くいっていないようです。おそらく後半で乾煎り状態になりにくいため、コーヒーらしい香味が出にくいのでしょう。ただし使う量やタイミング次第では、面白い効果が得られるかもしれません。

ところで焙煎途中で蒸気を用いる技術は、近年、別の目的で使われています。じつはロブスタを焙煎する前に蒸気で処理すると、不足している酸味が増え、苦味や土臭さが和らぐのです。元々は１９７０年代にドイツで、胃を刺激する本体だと考えられていたクロロゲン酸を分解して減らすために考案された方法ですが、低品質で安価なロブスタの香味改善に使えることがわかり、１９９０年代後半には大企業の多くがこの方法を取り入れました。ただし一方では、この技術開発によるロブスタ需要の拡大がベトナムでのコーヒー増産を後押しし、世界的な生産過剰による価格暴落（第二次コーヒー危機。１９９９～２００３年）を招いた原因の一つにも挙げられています。

日本の職人の底力　～カフェバッハのシステム珈琲学を例に～

２０１３年６月、日本のコーヒー関係者を喜ばせるビッグニュースが飛び込んできました。フランスのニースで行われた世界コーヒー焙煎選手権の第一回大会で、日本代表としてエントリした福岡・豆香洞コーヒーの後藤直紀氏が、栄えある初代世界チャンピオンの座に輝いたのです。優勝の決め手となったのは生豆の持ち味を見極めて、宣言通りの香味に焙煎する技術の高さと確かさでした。それは日本の優れた焙煎技術が世界の前で立証された瞬間だったとも言えるでしょう。

日本では、１９７０～８０年代の「喫茶店黄金時代」に独自の抽出・焙煎技術の研鑽が進んだ歴史があり、当時を支えた焙煎職人たちのノウハウには、現場を知る者ならではの経験則がつまっていて蒙《もう》を啓《ひら》かれることが少なくありません。その一つがカフェバッハの田口護氏が考案した焙煎の方法論です。その理論の集大成は著書『田口護の珈琲大全』の中で「システム珈琲学」という名前で発表されています。じつは先述の後藤氏も、田口氏のもとで焙煎の基礎を学んだ一人です。

このシステム珈琲学の最大の特徴は、豆の持ち味や個性の見極め方にあります。コーヒー業界では、例えば「マンデリンはコクと苦味」「モカは香りと酸味」といった具合に、それぞれのコーヒーの持ち味は産地や銘柄から説明することが一般的でした。しかし田口氏はそうした生豆の出自はいったん脇に置いて、豆の厚みや大きさ、含水量などの物理的な特徴に注目する方が、持ち味との関係を上手く説明できることに気がつきました。そして「肉薄、小粒で水分が少ない豆は、火の通りがよくて焙煎の進行が早く、浅煎りでは軽い酸味と香りだが深煎りでは香味が飛んで個性を失う」「肉厚で身が詰まり、水分が多い豆は焙煎の進行が遅くなり、浅煎りでは青臭さやえぐみが出やすいが深煎りでも良質な酸味が残ってコクが出やすくなる」という経験則を発見します。

この法則をより判りやすく伝えるため、生豆を外観からA〜Dの4タイプに大まかに分類し、火の通りが良いもの（Aタイプ）ほど浅煎り向き、火が通りにくいもの（Dタイプ）ほど深煎り向きだと説明したものが「システム珈琲学」です。言われてみれば単純にも聞こえる内容ですが、改めて考えてみると「外観に着目する」というのはとても重要なポイントです。じつはこの理論には、味や香りの成分という化学的なものに注目する科学者ほど見落としがちな「盲点」が潜んでいたのです。

科学者たちの盲点

ここに産地の異なる2杯のコーヒーがあったとします。どちらも同じ焙煎度に焙煎して同じ条件で淹れたものですが、香味はそれぞれ異なり、焙煎豆の成分分析の結果にも違いがあったとします。このとき、両者に違いが生まれる理由をどう解明していけばいいのでしょうか。

私を含め、科学者の多くは「生豆の成分組成に化学的な違いがある可能性」をまず考えます。そして生豆をすり潰して成分を抽出し、化学分析して違いを見ようとするでしょう。ところが、いざやってみると、どれも思ったほど違いがないという結果に終わってきました。一方、システム珈琲学は別の答え……「香味の違いは、生豆の厚みや大きさなどのかたちの違い、つまり物理的な違いからも生まれる」という可能性を示しています。これは真っ先に生豆をすり潰してしまいがちな科学者たちにとっては「コロンブスの卵」とも呼べる発想の転換だと言えるでしょう。

これを踏まえて改めて考えると、じつはスペシャルティコーヒーが普及する以前の時代は「化学的な違い」よりも「物理的な違い」が重要だったと考えられます。少なくとも20世紀までに流通していたアラビカ種のほとんどはティピカとブルボンの二大品種どちらかの系統でした（69頁）。両者の成分組成には大きな違いはありませんが、生豆のかたちは異なり、ブルボンの方が小粒で丸みを帯びています。どちらの品種が主力かが産地ごとに異なり、また生豆は生産国ごとに独自の基準でサイズや標高などで等級分けされ、含水量を調節して輸出されるため、この段階で生豆の大きさや厚み、密度や水分などに、産地ごとのくせが反映されやすいのです。システム珈琲学は漠然と「産地の特徴」と受け止められがちな、このくせを観察・分析し、物理的な違いから生まれる生豆の持ち味の違いを見極めるものだと言えるでしょう。

ただしスペシャルティ以後の時代になるとゲイシャのような目新しい品種の出現やさまざまな精製法の改良などで、化学的な違いも大きく多様化しています。実際、田口氏も『田口護の珈琲大全』の続編である『田口護のスペシャルティコーヒー大全』では、新時代になって豆の持ち味を活かすための考え方が複雑になってきたと述懐し、その理論をさらに進化させています。

豆のばらつきを把握する

しかし物理的な生豆の「かたち」の違いがどうやって香味の違いにつながるのでしょうか。ここで思い出してほしいのが「辿った過程でおいしさは変わる（194頁）」ことです。たかだか1㎝

ほどの生豆ですが、焙煎中の豆の表面と内部で、温度や水分の違いを生むには十分な大きさと厚みです。均一に焼けているように見えても、表面だけを削って集めたものと、中心部だけのものと飲み比べれば、どの豆もおおむね、水の抜けやすい表面はAタイプ寄り、抜けにくい中心部はDタイプ寄りの香味を呈します。一粒のコーヒー豆もミクロに見ると、じつは香味の異なる部分が混ざった「ブレンド」みたいなもので、肉薄・小粒の豆は前者、肉厚・大粒の豆は後者の「配合比」が大きいようなもの。当然その分、香味のバランスも変わってくるわけです。

システム珈琲学では、他にもこのような同質、均一に見えてじつはそうではない部分に関心を向けています。例えば、田口氏はハンドピック（167頁）には欠点豆を除くだけでなく「集団としての生豆」を観察する意味もあると説いています。Bタイプと分類された生豆も、大きさや厚み、含水量などにばらつきを持つ集団であり、Aタイプ寄りからCタイプ寄りまで混ざったその平均像がBタイプ、という意味で、しかも生豆の入った袋を開けてから使い切るまでの数ヵ月間でも水分変化によって分布が変わっていくそうです。表面と内部、粒ごとの違いなど、全てのばらつき具合を焙煎間際に確認し、何割がAタイプ、何割がBタイプ……という分布を把握し、どう焙煎したら望む香味になるかを考える……システム珈琲学はそのための方法論だといえるでしょう。

コーヒーが農産物であることからも「ばらつきを考えよ」というのは至極もっともなことなの

ですが、これも「コロンブスの卵」というか、ここまで踏み込んだ理論は、少なくとも私の知る限り他にはありません。焙煎を科学的に解き明かそうとしている研究者たちが21世紀の今もまだ踏み込んでいない領域に、日本の焙煎士たちは「現場」での試行錯誤の中から1980年代には既に到達していました。田口氏のシステム珈琲学がまさにその実例だと言えますし、ひょっとしたら他の自家焙煎店にも、まだ科学者の知らない「現場の知識」の数々が眠っているかもしれません。

第**7**章

コーヒーの抽出

コーヒーに興味がでてきて「少し本格的にやってみたい」と思った人が最初にチャレンジすることはなんでしょうか。大抵の人は「自分で一度、淹れてみようかな」と簡単な器具を揃えて「抽出」から入るのではないかと思います。いざ自分でやってみると最初のうちはなかなか思った通りの味にならないものですが、ドリッパーの中で起きている科学現象を理解すれば、きっとそのヒントが摑めるはずです。この章ではコーヒーの抽出に隠れた科学に迫ります。

直前に挽けばおいしさアップ

では早速、抽出を……と言いたいところですが、焙煎豆を丸ごと水に漬けても、成分はなかなか溶け出しません。まずは豆を粉砕（グラインディング、挽砕《ばんさい》）して顆粒～粉状にする必要があります。ただ硬いだけの生豆とは異なり、焙煎豆では細胞壁が「硬くて脆く」変化しているため、力を加えると容易に砕け、空隙内部のどろどろが、砕けた粉の表面に露出します（図7－1）。このどろどろは、コーヒーの色や香味の成分が油脂分などと混じり合ったもので、抽出時にはここにお湯が接して成分が溶け出てきます。豆を粉砕すると抽出されやすくなる一方で、香りの飛散や成分酸化も早くなり、豆のままのときよりも5～10倍くらい劣化が早くなると言われます。できるだけ抽出直前に豆を挽くのは、数ある「おいしく淹れるコツ」の中でも、鉄則中の鉄則です。

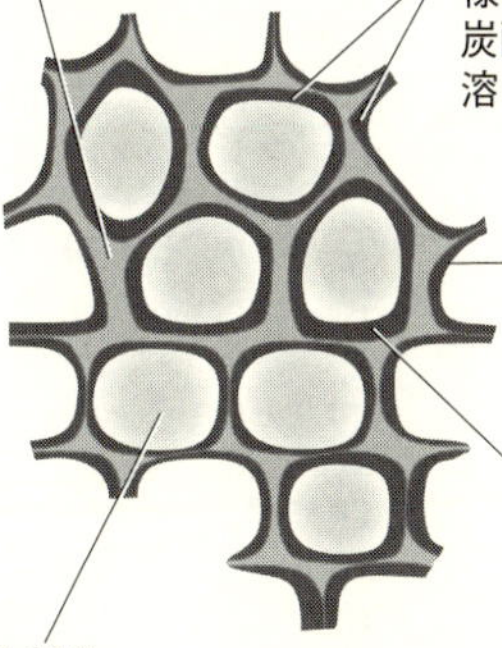
元・細胞壁の部分
「コーヒー滓」の本体。
可溶性成分の含量は少なめ
元・細胞の中身
様々な香味や色の成分、
炭酸ガスなどが、油脂に
溶けて混じり合った層
粉の表面部
直接湯に触れ、
抽出されやすい。
香りも飛びやすい
粉の内部
抽出されにくい。
香りも飛びにくい
細胞があった部分
焙煎後は空洞化、気体の大部分は炭酸ガス。
よく伸びて膨らんだ豆ほど空間が大きい

図7-1　粉砕後のコーヒー豆

コーヒーミルには、手動や電動の違いのほか、粉砕する部分の仕組みにいくつかのタイプがあります。ただしミクロの目で見る限り、粉砕時の現象にはそこまで大きな違いはないようです。例えば良く切れるハサミで豆を二つに切ろうとしても、切り口は真っ直ぐにはなりません。臼で挽くときと同様、普通は切れる前に砕けてしまうからです。もともと豆の細胞壁（182頁）に硬さの違う部位や隙間がある上、焙煎時にもヒビが入るため、ある程度の力が加わるといちばん弱い部分から破断します。このため豆は不規則に砕け、形や大きさにばらつきが生じるのです。

コーヒー専用のミルの多くは、破砕を繰り返して一定以下の大きさになった粉から、外に出ていく仕組みになっており、挽き具合が

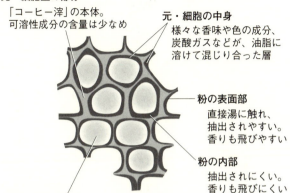

調節できるようになっています。むしろこの部分の構造や性能、メンテナンス状態の違いによって、粒度《りゅうど》のばらつき具合が左右されます。特に非常に小さな微粉の割合が増えると、比表面積が増える分「まずい成分」まで出やすくなったり、また濾過で完全に除けないため舌触りが悪くなったりと、あまり良いことはありません。手間はかかりますが、挽いた粉を茶こしやふるいにかけて微粉を除き、粉の大きさ（メッシュ）を揃えると驚くほど味が変わるので、是非一度試してみて下さい。特に比較的安価なフードプロセッサタイプのミル（ミキサーミル）には挽いた粉の大きさにばらつきが大きいものもあるため、効果てきめんです。

浸漬抽出と透過抽出

コーヒーの抽出法はさまざまですが、その基本原理から二つのタイプに大別されます。一つは、コーヒー粉と抽出に使う水を一度に混ぜるタイプ、もう一つはコーヒー粉で層を作り、そこに水を通過させるタイプです（図7-2）。前者は「浸漬（しんせき・しんし）抽出」と呼ばれ、直接火にかけて加熱しながら煮出すものと、水やお湯に漬けるだけのものに細別する場合もありますが、抽出原理そのものは同じです。コーヒーサイフォンやプレス式、ターキッシュ（トルコ）コーヒーなどが該当します。一方後者は「透過抽出」と呼ばれ、ドリップやエスプレッソ、ダッチコーヒーなどがこのタイプです。なお、紅茶は典型的な浸漬抽出です。

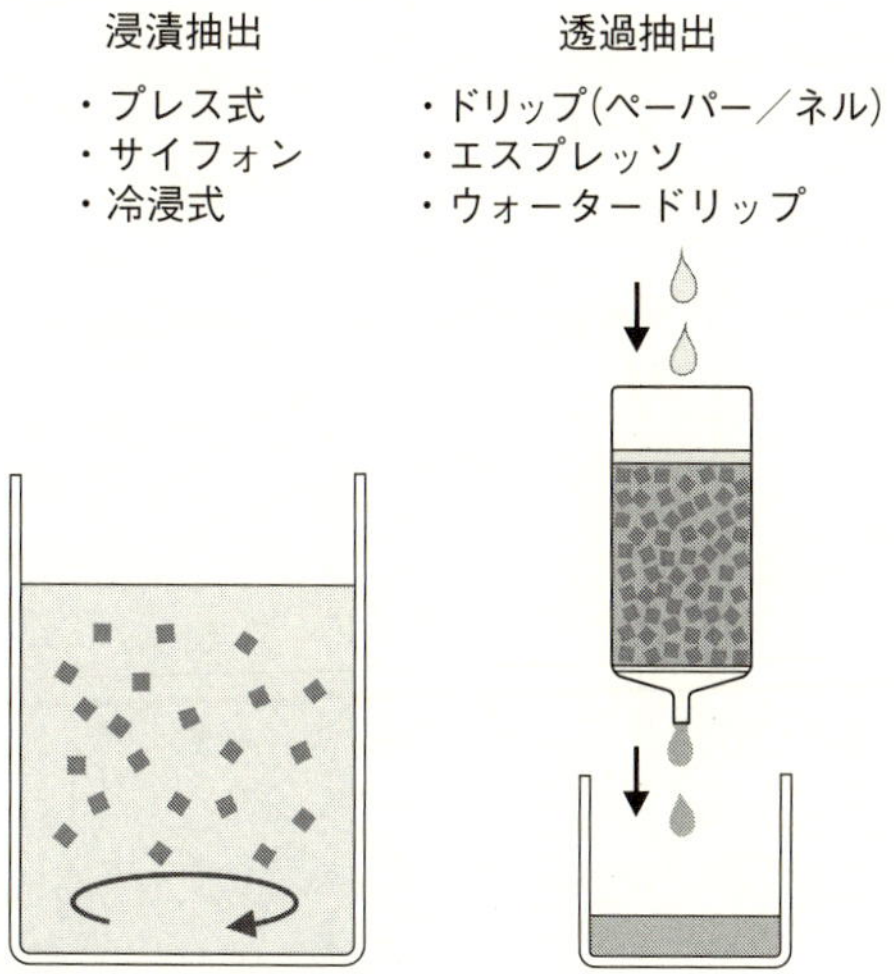

図7-2　抽出法の分類

浸漬抽出の基本原理

さて、ここからちょっと高校物理の演習問題みたいな話になりますが、コーヒーの抽出を理解するため、単純化した理論モデルに置き換えて、その基本原理を考えてみたいと思います。

まずは原理が比較的単純な浸漬抽出からはじめましょう。モデルとして、コップの中に一定量のコーヒー粉と水（お湯）を一度に全量入れたあと、攪拌しながら一定時間おきに液を取り出し、その中の一成分（成分Aとします）の濃度を測定する実験を考えます。なお、話をできるだけ単純化するため、粉の吸水や成分濃度の偏り、成分同士の相互作用などは無視できることにします。

抽出スタートの時点では、成分Aの全量が

粉に存在し、それが徐々に水へと移動していきます。ここで気をつけなければならないのは、どれだけ長い時間が経過しても、成分Aが100%すべて水に移動するわけではない点です。じつは抽出中、成分Aは粉から水に移動するだけではなく、水から粉へも移動しています（図7-3）。ここが食塩や砂糖などを水に溶かす「溶解」と異なる部分で、物理化学ではこのような現象を「分配」と呼びます。この例は、成分が粉と水の二つの相に分配されるため「二相分配」、あるいは固体と液体間の分配なので「固液分配」と呼ばれます。

成分Aがある相からもう片方の相へ移行する、時間あたりの成分量（移行速度）は、移動元になる相での濃度が高いほど大きくなります。抽出の開始時点では、粉の中における成分Aの濃度が最大で、水にはまったく含まれていないので、粉から水への移行速度が最大、かつ水から粉への移行速度は0です。しかしやがて粉中の濃度が減少し、代わりに水中の濃度が増加することによって、粉から水への移行速度が減少、水から粉への移行速度が増加していき、この両方の速度が釣り合った時点で、見かけ上もうそれ以上、成分が移動しなくなります（平衡状態）。

実際のコーヒーに含まれている成分はもちろん1種類だけではありません。そこで次に、親水性が高くて溶け出しやすい成分Aと、親油性（疎水性）で溶け出しにくい成分Bが含まれる場合を考えてみましょう。成分Aは速やかに抽出されて平衡に達するのに対し、成分Bはゆっくりと抽出され、平衡に達したときの濃度も低くなります。抽出液全体を考えると、時間が経つにした

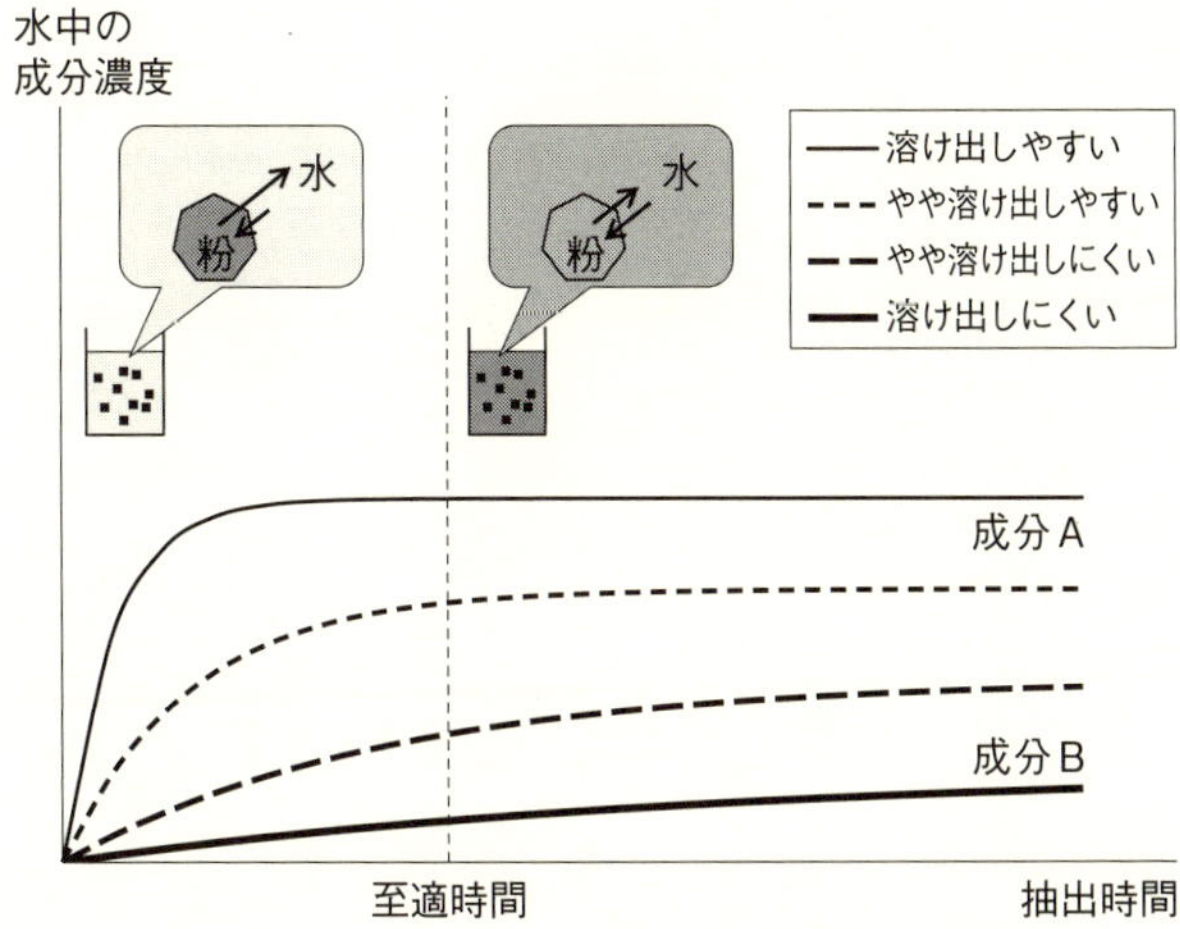

図7-3　浸漬モデルとその抽出曲線　コンピュータによるシミュレート結果

がって成分量の総和が上昇すると同時に、最初は成分Aの割合が大きかったものが、次第に成分Bの割合が増えていきます。「時間が経つにしたがって濃くなるとともに、溶け出しにくい成分の割合が増える」……これが浸漬抽出での抽出曲線の「基本形」です（図7－3）。

透過抽出の基本原理

次は透過抽出です。浸漬抽出よりも結構複雑なのですが、できるだけ単純化するため、ドリッパーを一本の円筒に置き換えたモデルを使って、その原理を考えてみましょう（図7－4）。

筒の中にコーヒー粉（あらかじめ吸水済みとする）の層を作り、上から水（湯）を

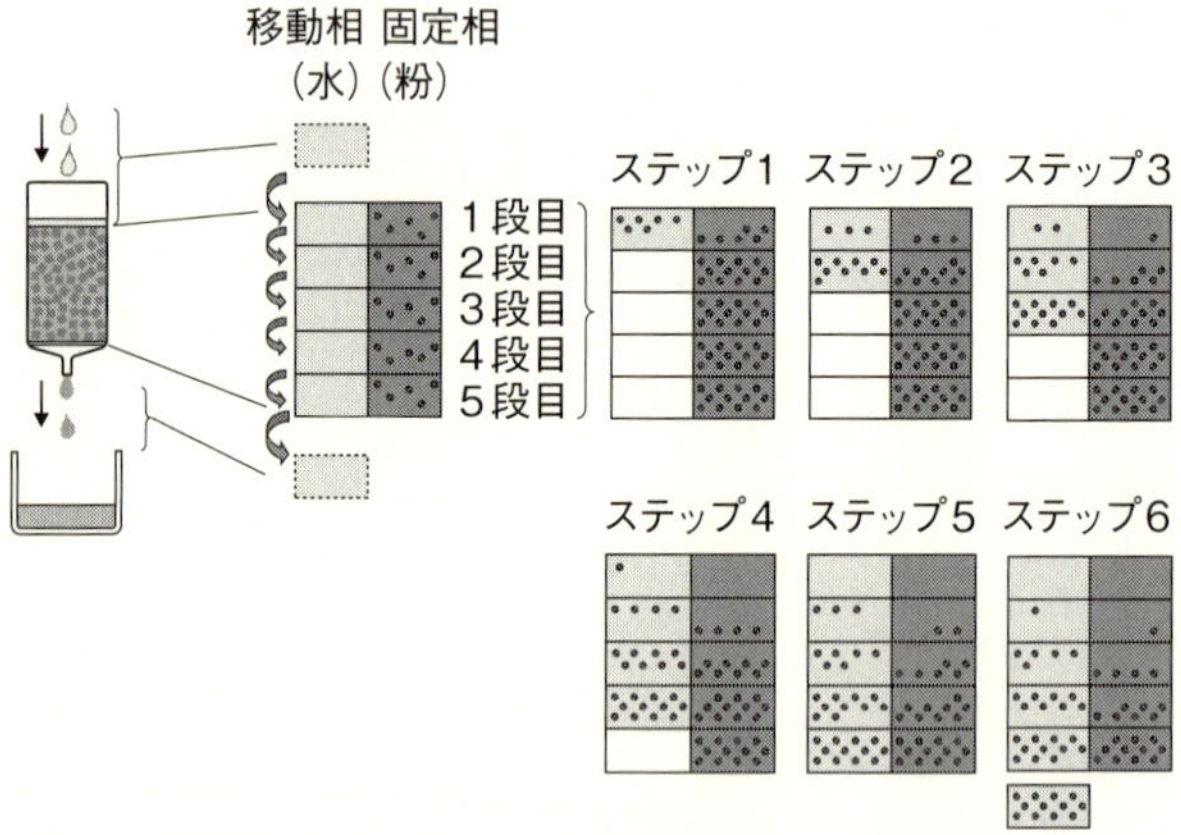

図7-4　コーヒーの透過抽出モデル（段理論）　理論段数が5のときの、成分（●）の溶出パターンを例示した

少しずつ加える場合を考えます。水はほぼ一定の速さで粉の隙間を通過し、一定時間後に筒の下から出てきますが、この間に粉から水へ成分が抽出されます。これを何度も連続して繰り返すことで、下に抽出されたコーヒー液が溜まっていくわけです。このときの成分の動きを説明するには数学的に解く方法もありますが、結構難解なので、ここでは近似的に解く別の方法を紹介します。

モデルの見方を少し変えるため、筒を等間隔で輪切りにします。最初の例が「長さ5cmの粉の層を30秒かけて水が通過する」だとしたら、例えば5つに切ると、長さ1cmずつに分かれた5段の粉層を、それぞれ6秒ずつかけて水が通過する計算になるわけです。そこで、各段で起きる抽出を「6秒間の浸漬抽出」と近似できる

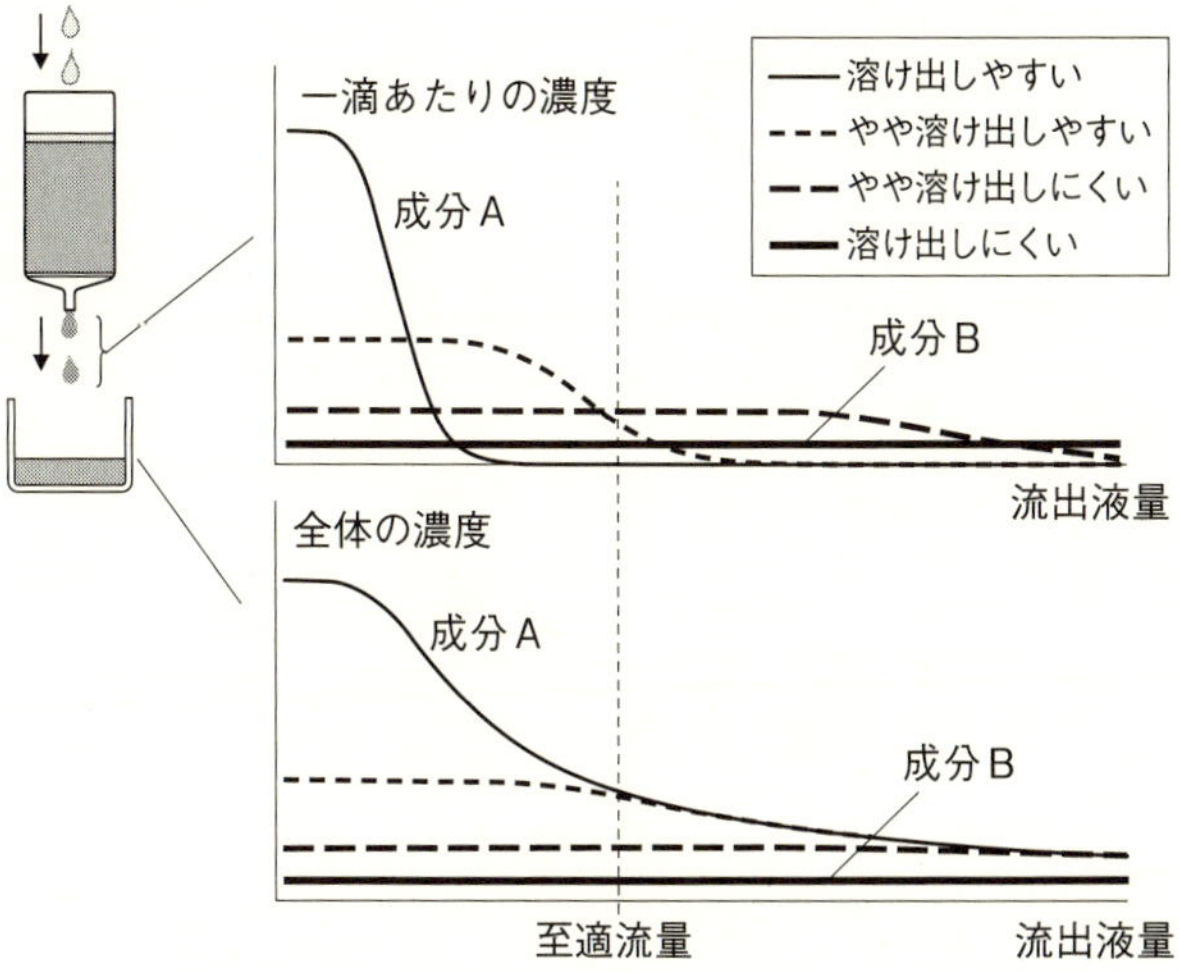

図7-5　透過モデルの抽出曲線　理論段数40でのシミュレーション結果

ものと見なします。また、後で補足しますが、とりあえずは「各段の抽出は6秒でほぼ平衡に達する」と仮定して、成分Aの動きを考えてみましょう。

1段目に少量の水を加えて抽出を開始すると、まもなく平衡に達して、成分Aが一定の比率で粉と水に分配されます（ステップ1）。そして6秒後、その水が2段目に移動すると同時に、1段目に新たな水が加えられ、各段で分配が行われます（ステップ2）。このとき1段目ではステップ1で粉に残った分だけが、2段目では、ステップ1の1段目で水に移行した分と2段目の粉が最初に含んでいた分の合計が、それぞれ一定比で粉と水に分配されることになります。さらに6秒後には水が次の段に移動……と繰り返して、最後には5段目から筒の下に流れ出るわけです。

このモデルをシミュレートすると（図7-5）、最初に出てくる抽出液の中では成分が高濃度に濃縮されており、しばらくほぼ一定の濃度で抽出されつづけた後、減っていき、最後には出つくしてしまうことがわかります。抽出液全体を集めると、最初はほぼ一定濃度で、出つくした後は流出量に応じて徐々に薄まっていきます。また、浸漬抽出の場合と同様にA、B二つの成分を考えると、親水性の成分AはBよりも高濃度に濃縮され、その分、早々に出つくしますが、Bはその後も低濃度のまま出つづけるため、抽出液全体ではBの割合が増えていきます。「最初に濃縮されて抽出され、流出量が増えるにしたがって薄まるとともに、溶け出しにくい成分の割合が増える」……これが透過抽出モデルにおける抽出曲線の「基本形」です。

ドリップ式はクロマトグラフィー

ここまでの説明で、大学で分析化学を習った人ならピンときたかもしれません。じつはこのモデル、成分の分離や分析に使う「クロマトグラフィー」の原理を応用したものです。

「何それ?」と思った人も、濾紙でインクの色素を分ける実験なら、小中学校の自由研究などで見た覚えがないでしょうか。細長く切った濾紙を縦に吊るして、下から3㎝くらいの場所にインクを1滴付け、紙の下端を水に浸けます。この実験はペーパークロマトグラフィーと呼ばれ、毛細管現象で水が昇るのと一緒にインクの色素も移動しますが、成分ごとの移動度の違いから、一色のインクが何色かに分かれるのが観察できます。これと同じ原理で、ガラスの筒（カラム）にシリカゲルなどを入れて層（固定相）を作り、上端にインクを乗せてから溶媒（移動相）を流して分離するのが「カラムクロマトグラフィー」。先ほどのコーヒー抽出モデルはその応用で、開始時にインクが上端だけでなく、固定相全体に均一に分布している場合に相当します。

カラムをいくつかの段に分ける考え方は、クロマトグラフィーの原理を説明するときに用いる手法で「段理論」と呼ばれます。クロマトグラフィーでは、成分を分離する性能が多くの要因によって複雑な影響を受けますが、段理論を使って考えると、仮想した段の総数（理論段数）が分離能を決定する単一のパラメータになるため、各要因による影響を考えやすくなります。

流速は特に大事な要因です。前節の例では「全体を30秒かけて通過する」5段のカラムを仮定しましたが、60秒かけて流れるよう流速を遅くすると、10段に近似可能になって分離能が向上します。ただし、ある程度までは流速が遅いほど段数が増えるのですが、あまりに遅いと隣り合う段同士での成分の拡散が無視できなくなり、境界が曖昧になる分、段数は減ります。

また「各段が平衡に達するまで6秒」と、浸漬モデルよりずっと短くしたのは、各段で粉と接する水の量が十分に少ないと仮定したためです。厳密に言うと、成分移動のプロセスには粉から水、水から粉への移行のほか、粉の中、水の中での成分拡散も影響し、水の割合が粉より大きい

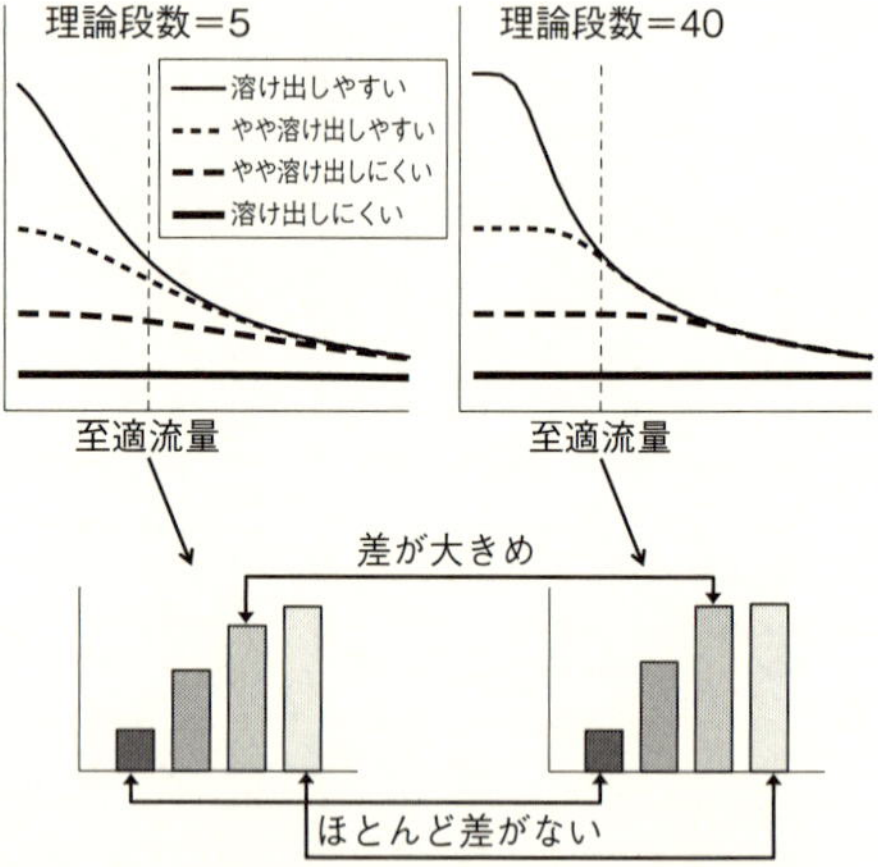

図7-6　理論段数と成分バランス　至適流量で抽出を止めた場合、溶け出しやすくてそこまでに出きってしまう成分と、溶け出しにくくてそこまでほぼ一定濃度で流れる成分は、理論段数が増えても変動は少ないが、中間にあたる成分は濃縮される

浸漬モデルでは、水中の成分拡散に要する時間が無視できない分、見かけ上の移行速度が小さくなるのです。透過抽出ではこれを無視できる、としたわけですが、抽出中に水が貯留するなどして、この前提が崩れると段数が減ってしまいます。このほか、他の条件が同じなら太くて短いカラムより、同じ体積のまま細くて長くした方が段数は増えるなど、いろいろな要因が関与します。

　成分をきれいに分離するのが目的のクロマトグラフィーでは、理論段数は大きければ大きいほど望ましく、実験室で使う長さ数十cmのカラムでも数十段、成分分析用のHPLC（高速液体クロマトグラフィー）やGC（ガスクロマトグラフィー）では、なんと数千～数万段にも上ります。一方、コーヒーの抽出で重要なのは「おいしくなるかどうか」ですから、それほどの分離能は必要ないと思われます。ただ、ドリップ抽出するとき、お湯の注ぎ方一つで味が変わる理由を、段理論から説明可能です。極端に溶け出しやすい成分や溶け出しにくい成分の出方にはあまり影響はありませんが、ドリッパー内の粉層の厚みを保ちながら、ゆっくりと、ただし中で貯留しないようお湯を注ぐと、その中間に当たる成分が抽出前半に濃縮され、全体的に濃度感が増すと同時に、成分のバランスも変わって味が変わるというわけです（図7－6）。

抽出の「やめどき」が重要

コーヒー抽出の現場の知識と理論モデルを、もう少し照らし合わせていきましょう。一般向けのコーヒー本には、おいしく抽出するコツがいろいろ書かれています。例えば浸漬式のコーヒープレスでは「長く抽出しすぎると雑味が出る」ため、適切なタイミングで抽出を止めることが重要と書かれていますし、透過式のドリップでも「おいしい成分が先に出て、その後に雑味が流れ出てくる」という文章を見かけます。どの説明でも概ね一致しているのは、抽出後半に雑味が出るので適切なタイミングで抽出を終えるのが大事、ということです。これを理論モデルに重ねると一つの経験則が見えてきます。浸漬抽出は「時間が経つにしたがって」、透過抽出では「流出量が増えるにしたがって」、溶け出しにくい成分の割合が増えてきます。これに伴って雑味も増える、つまり水に溶け出しにくい成分の中に「まずい成分」が多いことが予想されるのです。

この「まずい成分」の正体は何なのでしょうか？　長く出しすぎたコーヒープレスやドリップの出涸《でが》らしを嘗めてみると、コーヒーらしい苦味とはまた別の、舌に長く残る苦味や渋みの存在が感じられます。このような苦渋味を持ち、かつ比較的親油性が高い成分には、メイラード反応が進むと生成される「悪いお焦げ」、コーヒーメラノイジンA（134頁）や、エスプレッソっぽい苦味のVCOがさらに縮合した重合物（ビニルカテコールポリマー）などが挙げられます。4章でも触れたように、親油性の高い物質は唾液によって洗い流されにくく、口腔内に長時間留まります。それが苦渋味のような嫌な味を持つなら、一層強烈に「まずい味」だと感じるでしょう。

ただし、ある物質が水に溶け出しやすいかどうかだけで、その物質がまずいかどうかが決まるわけではありません。きついすっぱさの有機酸や、渋くてすっぱいカフェー酸など、親水性の「まずい成分」もあるし、逆に親油性の「おいしい成分」もコーヒーには含まれているはずです。しかし、おそらく親油性の苦渋味がもっとも強烈な「まずい味」を生みだすことから、これを極力出さない抽出法が、コーヒーをおいしく淹れるコツの基本になったのではないかと思われます。

温度の基本は「浅高深低」

いろいろな抽出条件の中でも、非常に大きく香味に影響するのは温度だと言われています。物質（溶質）の溶解度が温度によって変化することはよく知られていますが、「水に溶けにくくなる＝親水性が低くなる」とも言えるため、粉と水への分配比も温度によって変化するのは当然のことだといえるでしょう。温度と溶解度の関係は、溶質の種類によって温度が高い方が溶けやすいものもあれば、逆に溶けにくくなるものや変わらないものもあって、一概には言えません。ただしコーヒーの場合は温度が高い方が溶け出す成分の総量が増えることが知られています。

コーヒーの成分の溶解度に温度が与える影響は成分ごとに異なるため、抽出温度によって成分バランスが変化し、香味の変化を生じます。具体的にどんな温度でどう変化するか、興味は尽きないところですが、正体がわかっていない成分も多い以上、温度でどう変化するかもよくわからないのが現状です。間違いなく言えるのは、温度が高すぎると雑味が出やすくなり、低すぎると短時間では十分に成分が抽出されないということくらいでしょうか。

ただ、きちんとしたデータがあるわけではありませんが、これまで試した中だと、クロロゲン酸を加熱して作った「中煎りの苦味」の混合物（132頁）は常温の水には溶けにくくて熱湯で溶かす必要があったのに対し、カフェインや有機酸、そしてカフェー酸を加熱した「深煎りの苦味」の混合物は常温の水にも溶かすことが可能でした。いろいろなコーヒー本の淹れ方を読むと、浅・中煎りはやや高温、深煎りは低温で淹れると書いてあるものも多いのですが、ひょっとしたら「中煎りの苦味」「深煎りの苦味」の溶け出しやすさの違いとも関係があるのかもしれません。

抽出温度に関しても日本では1970~80年代に激しい議論があり、1℃、2℃の違いを巡って論争が繰り広げられるほどでした。ただ結局は測定方法も抽出条件もばらばらなので、お互いが主張している数値を比べようがない、というのが正直なところです。ドリップの温度一つ測るにも、ポットの中の湯温を測るのか、ドリッパーの中に温度計を指し込むのか、その場合ドリッパーの上部、中心、下部のどこで測るかでも変わりますし、どの部位の温度も抽出中ずっと変化しつづけるものなのです。ただし、誤解しないでほしいのですが「だから温度を測っても無駄」という意味ではありません。例えば同じ人が同じ器具、同じ場所で、同じような抽出条件で淹れるとき、ポット内の湯温を測って記録しておくだけでも「相対指標」としては十分役に立ちます。

同じ豆でも今回は、前回より湯温を少し高めにしたら好みの味に近づいた、とか、逆に前回の方がマイルドで好みだった、などのように細かい数字そのものに拘《こだわ》りすぎないように温度の情報を利用することが、自分好みのコーヒーに近づく早道かもしれません。

挽き具合も肝心

理論モデルを実際の現象と照らし合わせると、ところどころ食い違う部分がでてきます。粉の挽き具合による影響も、その「食い違う部分」の一例です。じつは浸漬タイプの抽出では粉を細挽きにした方が、粗挽きよりも成分の抽出速度も最終的な濃度も上昇することが経験的にも実験的にも確かめられています。しかし先述した浸漬抽出の理論モデルから計算すると、抽出速度は上がりますが終濃度は変わらないはずという現実と異なる答えが導かれます。

　このずれはなぜ生じるのでしょう。粉砕されたコーヒー粉の構造を考えれば、その理由が見えてきます。粉の表面には油脂分をベースにしたどろどろがあり（図7－1）、そこに色や香味成分の多くが溶け込んでいます。実際の抽出時には、この油脂分自体の一部が粉表面から機械的に剝がれたり（＝剝離）、温度が上がって油脂の流動性が増してお湯に融け出す（＝融出）ことで液相側に移行してきます。一方、露出していない粉の内部からも成分は抽出されますが、表面と違って内部の油脂分は剝がれにくく、また剝離・融出しても粉の内部で再吸着されるため、表面よりも安定です。つまり理論モデルでは単純化のため「粉全体が均一である」と仮定しましたが、実際には粉の表面と内部で抽出状況が異なるのです。あるいは「固相表面の一部が壊れて、まるごと水相に移行する」という、通常は理論で無視する現象が起きると言ってもいいでしょう。いずれにせよ、この違いが現実とのずれの原因だと考えられます。

　剝離や融出では、通常の分配とは違って親水性の成分も疎水性の成分もまとめて抽出液の中に入ってくるため、抽出効率が上がって濃度が高くなる反面、苦渋味など疎水性の「まずい味」が増えすぎてコーヒーの味を損ねる結果につながりかねません。挽くときに粉の大きさがばらついて微粉の割合が増えたときにも同様の結果をもたらします。また細挽きにする以外にも、抽出中に激しく撹拌したり、抽出温度が高すぎたりすると剝離や融出する量が増加して同じような影響が表れると考えられます。多くのコーヒー本でもこれらの操作は「やりすぎるとまずくなる」ことが書かれており、実際の経験則と大体合っていると考えてよさそうです。

泡がコーヒーをおいしく変える

いろいろな本に書かれた抽出のコツを比較していくと興味深いことに気付きます。抽出のときに生じる「泡」についての言及が世界各地に見られるのです。日本ではしばしば、ドリップやサイフォンなどの抽出時に出る泡をできるだけ抽出液に落とさないことが、おいしく淹れるコツだと言われています。トルコでは、泡が消えたターキッシュコーヒーは「顔のない人」に喩えられ、泡を消さずに煮出すことがおいしく淹れるコツだそうです。イタリアのエスプレッソでもカップに浮かぶ泡の層（クレマ）を非常に重要視しており、良いクレマこそがおいしさの条件だと言われています。どうやらコーヒーの泡がおいしさと深い関係にあるのは確かなようです。

この「コーヒーの泡」はどのように形成されるのでしょうか。そこには二つの要素が関わっています。一つは泡そのものを作り出す炭酸ガス（二酸化炭素）の発生、もう一つは出来た泡を安定化させる界面活性物質の存在です。

泡の発生と炭酸ガス

コーヒーの粉は多孔質で、空隙の内部は主に焙煎時に生成する二酸化炭素を主成分とするガスで満たされており、細胞壁表面のどろどろにも焙煎中の細胞内の高い圧力によってガスが大量に溶け込んでいます。抽出を開始すると、ここから発生した炭酸ガスが集まって水中で気泡を形成し、液面に向かって浮上していきます。ただしエスプレッソマシン（256頁）は例外で、10気圧近い圧力によってガスの大部分が液体に溶け込み、マシンの外で常圧に戻るとき一気に気泡に戻って、独特のきめ細かい泡が生まれます。

自分でドリップするときに、最初に粉の上からお湯をかけると、みるみる大きく膨らんで盛り上がる現象が見られますが、これも炭酸ガスによるものです。お湯で温度が上昇すると、水を含んで軟らかくなった（＝ゴム化・184頁）細胞壁の内側でどろどろから炭酸ガスが一気に発生します。そのガスの圧力で粉の一粒一粒が膨張し、発生する気泡とともに押し合いながら粉の層全体が盛り上がるのです。この膨らみ方は豆内部の炭酸ガスの量によって変わります。その量は焙煎直後がもっとも多く、以降、次第に抜けていくため、焙煎後に時間が経つにつれて徐々に膨らみは弱くなります。抽出時の膨らみ具合が「新鮮さの証」と言われるのはこのためです。

ただ少し補足するなら、炭酸ガスの生成量は焙煎度でも異なり、浅煎り豆だと、深煎りに比べて、新鮮でも膨らみが弱いことがあります。また焙煎直後には炭酸ガスが多すぎて、抽出中に粉が大きく乱れたり、発生する気泡が粉と水の接触を邪魔したりして、うまく抽出できないことも多々あります。こんなときは少し時間をおいた方が淹れやすく、一般にドリップでは焙煎後1〜2日おいた方がいいとも言われます。エスプレッソマシンの高い圧力も、もともと水が粉に接触する時間が短い分、接触面で泡ができて成分抽出を妨げないようにする働きがあります。実際、豆によってはある程度日数が経ってガスが抜けてからの方が淹れやすく、香味もよく出て結果的においしく仕上がると言うバリスタ（エスプレッソ職人）もいるようです。

泡が消えなくなる仕組み

抽出液中の炭酸ガスの気泡は液面へと上昇しますが、これがもしただのお湯や水の中だったら液面ですぐにはじけて消えてしまうでしょう。それをしばらく消えずに残るようにしているのがコーヒーに含まれる界面活性物質です。コーヒーよりももっと身近な泡が消えない例として、誰もが真っ先に思い浮かべるのは「石けん水」だと思います。もともと「水の泡」がすぐ消えてしまうのは、泡を形作る水分子の薄い膜が、水分子同士が引っぱり合う表面張力に負けて、はじけてしまうからです。石けん分子はこの表面張力を下げる作用（界面活性作用）を持っていて、石けん水の泡を安定化させるのです。

じつはコーヒーにも石けん分子と同じような働きをする界面活性物質が含まれています。試しにコーヒーと水道水を別々のペットボトルにいれて激しく振ってみて下さい。コーヒーの方がずっと泡立ちがよく、しかもしばらく消えずに残ることがわかるでしょう。また深煎りと浅煎りで比べると、深煎りの方がきめの細かい泡が長く消えずに残ります。

コーヒーの界面活性作用には、いくつかの高分子群が関与すると言われています。イタリア・イリカフェ社の研究によれば、ほとんど味がなく界面活性が比較的弱い多糖類と、苦渋味と強い界面活性を持つコーヒーメラノイジンに大別され、特に後者が重要なようです。また以前、カフェー酸を加熱して苦味を検討したとき（132頁）、水に溶かして振り混ぜるとコーヒーそっくりに泡立ったことから、ＶＣＯなどのポリフェノールもその一端を担っていると思われます。コーヒーの泡は空気に触れるとみるみる色が変わって白から濃褐色に変化しますが、これも酸化やpHで変色しやすいポリフェノール中の構造（キノイド構造）が持つ性質によるものかもしれません。

起泡分離とコーヒーの味

さて、こうした泡はコーヒーにとってどんな役割を果たしているのでしょう。じつは分析化学には泡で成分を分離する「起泡分離」という手法があり、鉱業分野で水に混じった金属微粒子を回収したり（浮遊選鉱）、紙工業でパルプを再生する時に、古紙に含まれるインクを除いたり

（脱墨）するのに応用されています。何種類かの成分が溶けた水に界面活性物質を加えて泡立てると一部の成分だけが泡に集まる現象を利用したもので、その原理にも二相分配が関わっています。

水（液相）中で生じる泡の内部は気体（気相）となって、泡の外と内が混じり合うことはありません。このため気相の部分が疎水的、液相の部分が親水的な二相分配（気液分配）が起こります。界面活性物質は一つの分子内に疎水性の部分と親水性の部分を併せ持っているため、それぞれを泡の内部と外部に向けて、気体と液体の境目（気液界面）に並ぶ性質があります（図7－7）。こうして、界面活性物質と疎水性成分が、液面に浮かぶ泡層に選択的に吸着されていくのです。

コーヒーの泡でもこれと同じように成分の選択的な吸着が起きていると考えられます。界面活性や疎水性の高いコーヒーメラノイジン、ＶＣＯなどのフェノール化合物が濃縮されるほか、泡を顕微鏡で観察すると微粉や油滴などが集まっていることがわかります。つまり苦渋味を生み出す成分や舌触りを損ねる微粉なども泡層に吸着されるわけです。試しにドリップで淹れるときに浮かんでくる泡を嘗めてみると一目（？）瞭然、泡のまずさが実感できると思います。

「コーヒーをまずくするものが泡に集まる」ということは、裏を返せば、泡以外の部分からそれらを減らす働きがあることを意味します。ドリップやサイフォンのコツで「泡を落とさないよう

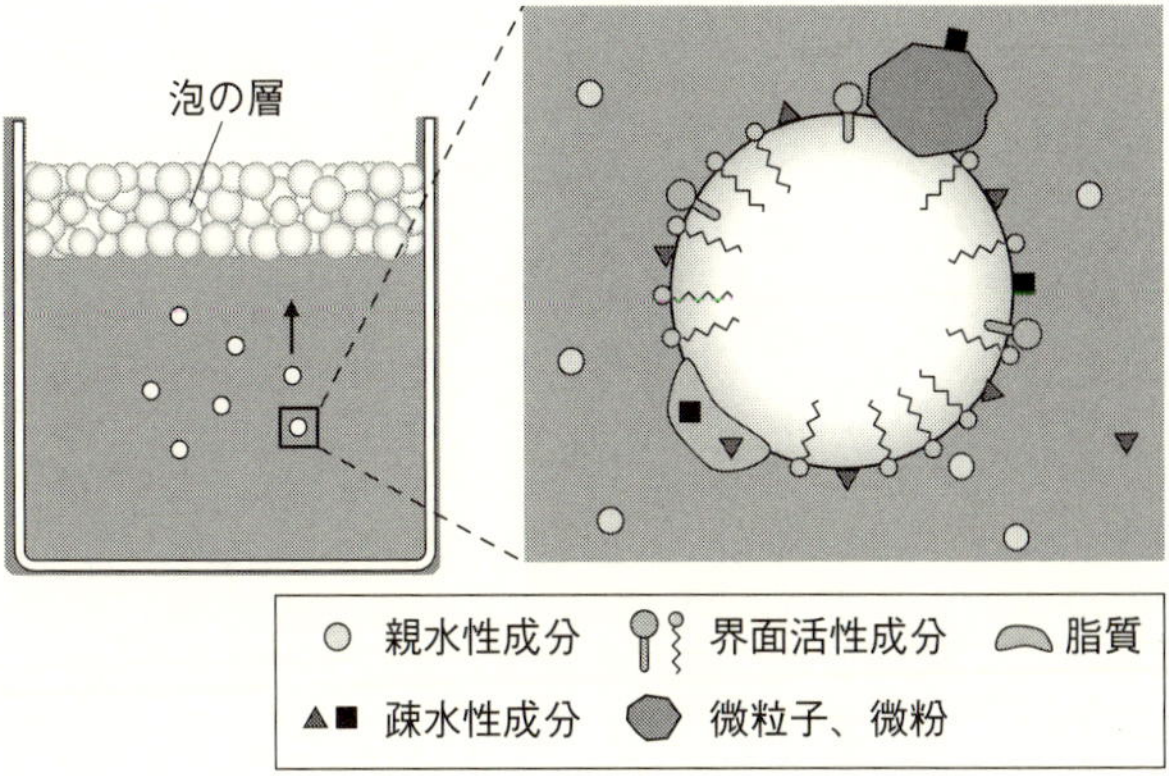

図7-7　起泡分離

に」と言われるのはこのためだと考えられます。これらの抽出法は、成分の親水性の違いから「まずい成分」を水相にあまり出さないようにするだけでなく、いったん水相に出た成分も起泡分離でもう一度除く「二段構え」になっているわけです。

一方、泡ごと飲むエスプレッソやターキッシュコーヒーなどでは泡の役割が少し異なります。とはいえ「エスプレッソのおいしさのもと」と言われるクリーム状の泡、「クレマ」も成分的に見るとドリップの泡と大差なく、スプーンで泡だけすくって味見するとやはり「まずい味」が感じられます。ただし、すくった直後よりも、泡が消えた後の方が一層まずく感じるはずです。また淹れ損なってクレマがきれいな層にならなかったり、時間が経ってクレマが消えたエスプレッソは、いやな苦渋味が強まります。例えばアイスクリームでも気泡をたくさん含むことで口当たりが軽く、滑らかになることが知られていますが、これと同じ原理で、きめ細かく泡立ったクレマに含まれる空気が、口当たりを軽く、雑味を感じにくくしているのです。つまり、エスプレッソは泡に「まずい成分」を吸着させてコーヒー液から減らすと同時に、それをクレマにすることでおいしく変化させていると考えられます。沖縄にもコーヒーを茶筅で泡立てる「ぶくぶくコーヒー」という飲み方がありますが、それも似たような工夫から生まれたものかもしれません。

濾過の方式

おいしい成分を十分抽出した後に、いつまでも粉と水が接触したままだと、まずい成分がどんどん出てきてしまいます。それを防ぐため、ほとんどの抽出では最後に粉と水とを分離する「濾過（ろ過）」を行います。抽出液を多孔質の材料（フィルター・濾過材）に通して大きな粒子を除くのです。濾過の原理には大きく分けて、表面濾過、深部濾過、ケーク濾過の3つがあり（図7-8）、それが組み合わさって粒子が除かれます。このとき、どの原理がどの程度働くかは抽出方法やフィルターの種類によっても異なります。またそれによって、粉や微粉をどれだけ除去できるか（濾過効率）と、どれだけの速さで濾過できるか（濾過速度）も変わってきます。重力による濾過（自然濾過）だけでは濾過速度に限界があるため、フィルターの入口側から加圧したり（加圧濾過）、出口側から減圧吸引したり（吸引濾過）して濾過速度を早める場合もあり、実際にエスプレッソやサイフォンなどには、こうした方法が取り入れられています。

　いくつか例外もあるものの、粉が十分除かれていないコーヒーは、濾しとった後でも成分抽出が進む上、粉そのものが舌触りを損ねることから一般受けする味にはならないようです。隙間や孔が小さくて、また内部が入り組んだ構造で密に詰まったフィルターほど小さな粒子を除きやすく、目の粗いナイロンや金属メッシュよりも小さな孔の金属板の方が、またこれらよりも内部が繊維状に入り組み深部濾過が大きく働く布や紙の方が、出てくる微粉は少なくなります。一方、濾過効率が高いほど、またフィルター部分の面積や流路が狭く、開いている孔や隙間が少ないほど、一度にフィルターを通過できる液量が少なくなって濾過時間を要します。

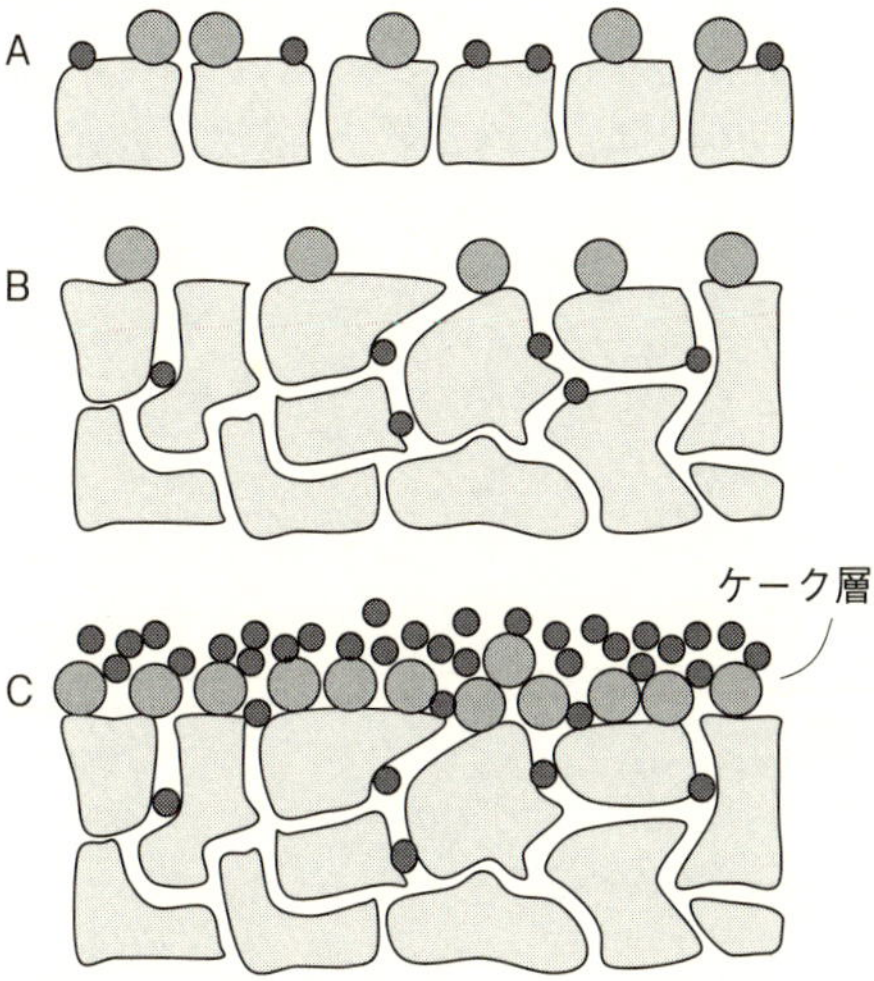

図7-8　濾過の仕組み　(A) 表面濾過、(B) 深部濾過、(C) ケーク濾過。アドバンテック社ウェブサイト (http://www.advantec.co.jp) の図を元に一部改変

これは浸漬抽出では抽出時間を長引かせ、透過抽出では固定相に液体が貯留して理論段数が減るため、どちらも一般に雑味との分離が悪くなる結果につながります。

またフィルターの種類や状態によっては、雑味のないすっきりした味わいになる反面、コクが弱く物足りなく感じることもあるようです。これは成分の一部、特に油脂分が減るためだと言われています。実際、ネルドリップに用いる濾し布を新しく下ろすときには、繊維の表面に予め成分を吸着させる（=ブロッキング）ために、最初に出涸らしのコーヒー滓と一緒に煮沸してから使います。なお成分吸着に関しては、ときどき「紙や布よりも金属表面には油脂が吸着しにくい」という説明を見かけますが、原因はむしろ微粉の抽出量そのものにあります。油脂分は結局、粉の表面に付着した状態のものがもっとも多く存在するので、微粉が混じりやすい条件ほどその抽出量が増えるのです。

また濾過する「向き」も意外に重要です。例えば同じ浸漬抽出法でも、コーヒープレスとサイフォンでは前者の方が油脂分の量が多いことが報告されています。サイフォンでは起泡分離によって液面に移動した微粉や油脂分が、再び粉を通るときに「ケーク濾過」で除かれるためです。

面白いことに「ペーパードリップの名人」たちの抽出をよく観察していると、抽出の終盤に少しだけ荒っぽくお湯をかけたり、泡とペーパーの境目近くに湯を注いで表面の泡をほんの少しだけ流したりするのを時々見かけます。訊けば「淹れていて『ちょっとコクが足りなそうだな』と思ったときに、それで微調整することがある」とのこと。このようにコーヒーの抽出も突き詰めていけば、単に「成分を溶かし出す」ことから、「溶け出しやすさの違いで分ける」こと、さらに時には敢えて両者を混ぜることで香味のバランスをコントロールするという非常に奥が深くて、けれども科学的にも理に適った高等技術だと言えるでしょう。

Coffee Column

コーヒーとプリンタの意外な接点

コーヒーをカップに注ぐときや、スプーンでかき混ぜた後についうっかり、テーブルの上にコーヒーを一滴こぼしたことは誰でも一度や二度はあると思います。もし次にそんなことがあったら、あわてて拭かずに自然に乾くまで放置してみてください。縁の部分だけが濃くなったリング状の模様ができるはずです（図7－9）。これが「コーヒーリング効果」と呼ばれる現象です。

近年、この現象がある業界から大いに注目を集めました。コンピュータ用のプリンタ業界です。カラープリンタを一家に一台まで普及させたのが「インクジェット方式」。カラーインク

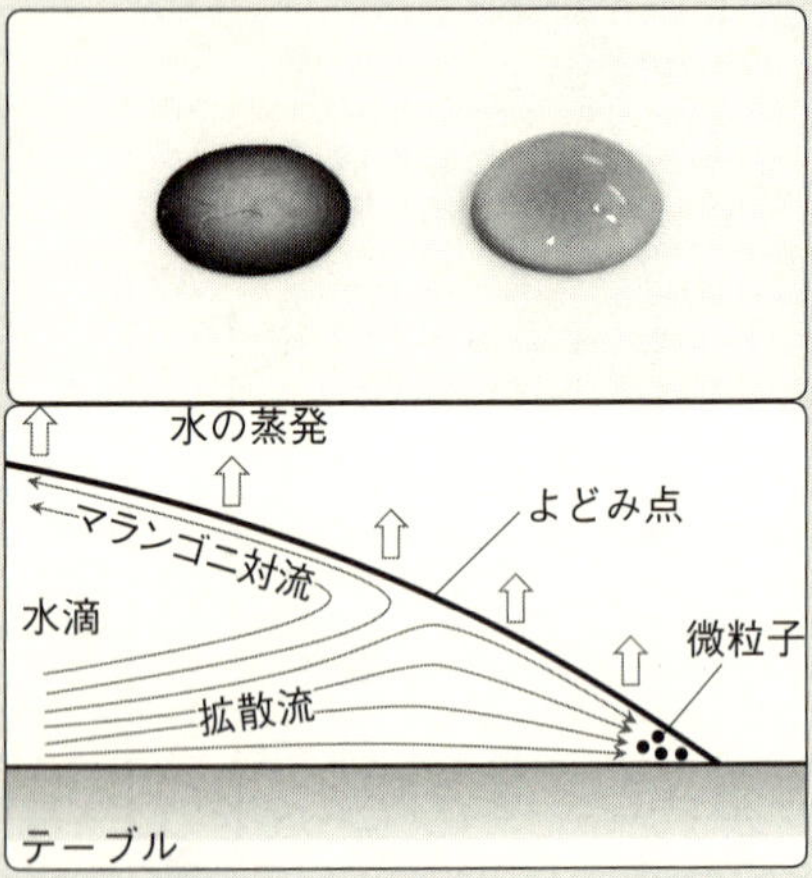

図7-9　コーヒーリング現象とそのメカニズム
上の写真左がリング形成後、右が形成前。下の図はLiら（2015）を元に改変

の微小液滴を紙に吹き付けて印刷するタイプです。その開発段階で、インク滴が乾くときに「コーヒーリング効果」が起きて塗りムラを生じたり、細部がきれいに印刷できない問題が持ち上がりました。

原因究明のために研究が進み、①色素がコロイド粒子を形成する、②溶液中に界面活性物質を含む、③水滴にある程度の大きさがある、④乾燥に時間がかかる、などの条件がリング形成に必要だと判明しました。コロイド粒子を含む液滴が物体の表面で乾燥するとき、その内部でさまざまな「流れ」が生まれます。中でも影響が大きいのが、液滴の縁での蒸発が生みだす拡散流と、それに拮抗する、液体の表面張力が生む「マランゴニ対流」と呼ばれる流れです（図7－9）。

コーヒーのように界面活性物質を含む液体は表面張力が弱く、マランゴニ対流も弱くなるため、コロイド粒子が縁に集まってリングが形成されます。プリンタインクも色素を溶かすのに界面活性剤を用いるため、同じ現象が起きましたが、各社が原材料に工夫を施し、また「ピコリットル」単位の微小な水滴を噴射可能なノズルを開発するなどで対策を講じた結果、プリンタ性能の向上につながっています。

抽出法各論

さて、ここまではコーヒー抽出の科学にスポットを当てて、いろいろな抽出法を横断的に見てきましたが、代表的な抽出法ごとに個別にいくつかまとめてみましょう。

ドリップ（透過抽出＋自然濾過）

ドリップ式の原型は18世紀フランスの「ドンマルタンのポット」に遡りますが、当初は浸漬と透過が混ざったかたちだったため、透過式を確立した最初の器具は「ドゥ＝ベロワのポット」だと言われています（86頁）。現在は濾紙を用いるペーパードリップとフランネルの濾し布を用いるネルドリップ（布ドリップ）が代表ですが、ナイロンや金属のメッシュフィルターや、孔の開いた金属板で濾すベトナム式もこの仲間ですし、電動コーヒーメーカーもほとんどがドリップ式ですから、「世界でもっとも普及している抽出法」と言っても差し支えないでしょう。

日本のコーヒー本のほとんどでは、ドリップ式を抽出の章の最初で解説しており、「最初に少量のお湯で蒸らして」とか「お湯を細くして」「のの字を描くように注ぐ」などうまく淹れるコツもいろいろ紹介されています。ただ、こうしたまるで「お作法」のような、お湯の注ぎ方へのこだわりは日本特有のようです。台湾、中国、韓国には日本のスタイルが伝わっていますが、欧米では割と無頓着で、どばっと一度に注ぐことも少なくありません。メリタ式（88頁）も、もともとはお湯を一度に注ぐ方式でした。

「ドリップ」という言葉は本来、解凍した肉から染み出る肉汁のように「滴り落ちるもの」、つまりコーヒーがフィルターから滴り落ちる様子を指す言葉です。日本では「ドリップする」という動詞を「コーヒーの粉にお湯を注ぐ」意味にも使いますが、欧米では一般的な用法ではありません。どちらかというと「コーヒーを（サーバーに）落とす」くらいのニュアンスでしょうか。このニュアンスの違いが双方の「ドリップ観」を表しているのかもしれません。実際、日本の抽出技術が近年注目されるようになったアメリカでは、彼らのイメージする「ドリップ」と区別して「ポア・オーバー（上から注ぐ）」と呼ぶ人も増えています。

日本と欧米、どちらのドリップ観が正しいかで争うつもりはありませんが、少なくとも湯の注ぎ方が味に大きく影響することは事実です。お湯を一度に注ぐときと、3～4回に分けて注ぐとき、点滴のように一滴一滴注ぐときでは、それぞれ同じコーヒーとは思えないほど味が変わります。お湯の流れが速すぎると理論段数が小さく（＝成分の分離が悪く）なるほか、お湯を継ぎ足す速さと濾過速度との兼ね合いで、出る量に比べて注ぐ量が多くなると、内部にお湯が貯留して理論段数が小さくなる……つまり、どばっと注ぐほど浸漬式に近づき、ちびちび注ぐほど透過式らしい成分の濃縮が起こるわけです。一般的な傾向として、日本では深煎り豆には成分を濃縮する淹れ方、つまり内部に貯留しないよう液体の抜けがよい器具やフィルターを使って少量ずつ注ぐ傾向が見られます。1970～80年代を席巻した「深煎りネルドリップ」がその典型で、日本で考案されたペーパードリップ用具の構造も「3つ穴」のカリタ式や、円錐形で大きな一つ穴のコーノ式やハリオ式、金枠だけの松屋式など、お湯がスムーズに抜けるように配慮されていることが見て取れます。一方で、浅煎りや中煎りではそこまで極端に濃縮せず、ペーパードリップで3～4回に分けて注ぐことも多いようです。

ドリップは器具も安価で入手しやすく「手軽な抽出法」と考えられがちなわりに、中で起きている現象は、注ぎ方による濃縮具合の変化に起泡分離まで加わるという複雑さで、慣れないうちには本人が気付かないちょっとした手技のぶれから「思い通りの味にならない」こともしばしばです。しかしコツを摑めば、ドリッパーの状態を見ながら注ぐ湯の量を加減して、浅煎りから深煎りまでいろんな豆の「持ち味」を引き出せる汎用性の高さがあります。「ドリップに始まりドリップに終わる」と呼ぶにふさわしい、奥の深い抽出法と言えるでしょう。

Coffee Column

日本流ドリップの起源を探せ

この独特なドリップ技術はどのようにして日本で培われてきたのでしょうか。日本でコーヒーが大衆に広まりだした1910年代の指南書を読むと、熱湯で煮出すか浸出したものを布で濾す方法が一般的で、ドリップに関する記述は1920年代末から文献に現れます。誰が最初に広めたかは特定できませんが、例えば移民先のアルゼンチンで成功を収め、後にチモトコーヒーを創業した芝原耕平が1928年頃にNHKの主婦向けラジオ番組で、おいしい淹れ方として布ドリップを紹介した記録が残っています。また1930年代の純喫茶ブームを牽引した星隆造のカフェブラジレイロや銀座のブラジル政府直営喫茶店でも、淹れ方を解説する小冊子と一緒に、フランネルやモスリン（目の粗いガーゼ布）の家庭用布ドリップの器具の配布や販売が行われていたようです。

　こうして始まった日本のドリップですが、さらに「源流」が存在します。１９１０〜２０年代のアメリカのコーヒーブームです。当時、アメリカではドゥ＝ベロワのポットなどを含め、19世紀ヨーロッパの抽出器具がリバイバルしています。またニューヨーク・アーノルド＆エイボーン商会のエドワード・エイボーンは、１９１１年に今の把手付きのネルドリップ器具とほとんど同じ形状の「メイクライト（Ｍａｋｅ－Ｒｉｇｈｔ）フィルター」（図７‐10）の特許を取得し、『ティー＆コーヒー・トレードジャーナル』誌にコーヒーの淹れ方に関する記事を何度か投稿しています。

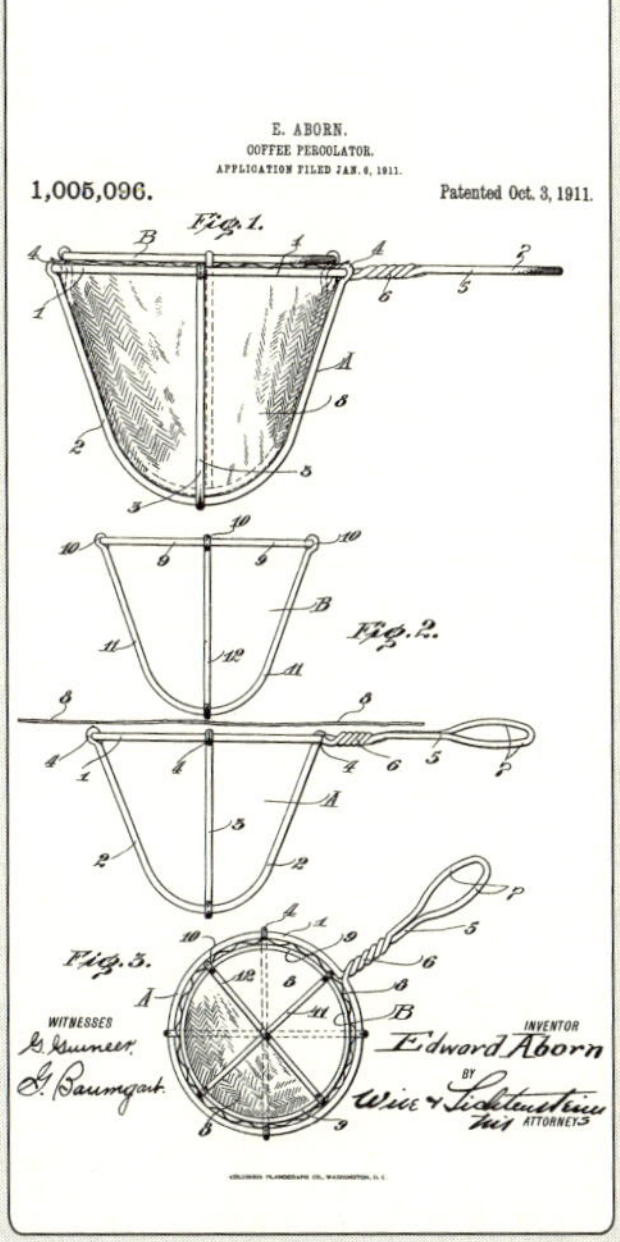

図7-10　メイクライトフィルター（1911、エドワード・エイボーン）

　また同誌には１９１６〜１７年頃に「ドリップが他の淹れ方

より優れている」とする記事や、ドリップ、サイフォン、煮出し式を比較した記事も掲載されており、アメリカ、ブラジルのコーヒー業界団体が普及活動を行った際、これに基づいて「おいしい淹れ方」としてドリップ式が紹介されました。日本でも、星隆造が『珈琲の知識』（1929年）でエイボーンの抽出器具やアメリカの抽出事情を紹介しており、芝原もこうした海外情報を日本に伝えたのだと思われます。

その後、効率優先の時代を迎えたアメリカでネルドリップは姿を消し、ペーパードリップはコーヒーメーカーも含めて数杯分まとめて淹れる技術として残ります。一方、日本に伝来したドリップは、より良い香味を求めるコーヒー人たちによって研鑽されていきました。戦時下のコーヒー流通停止とともにいったん途絶しますが、終戦後その復興に尽くした人々の手で一杯分ずつ淹れる技術として蘇り、独自の進化を遂げながら1970〜80年代に「日本流ドリップ」として昇華され、ネルドリップとペーパードリップの両方が生き残ったのです。

アメリカでも1990年代後半から、いわゆる「サードウェーブ世代」のコーヒー人たちによってドリップの可能性が「再発見」されています。それとともに、銀座のカフェ・ド・ランブルや大坊珈琲店などのネルドリップの名店でアメリカとは異なる進化を遂げた「日本流ドリップ」にも世界の注目が集まっているところです。

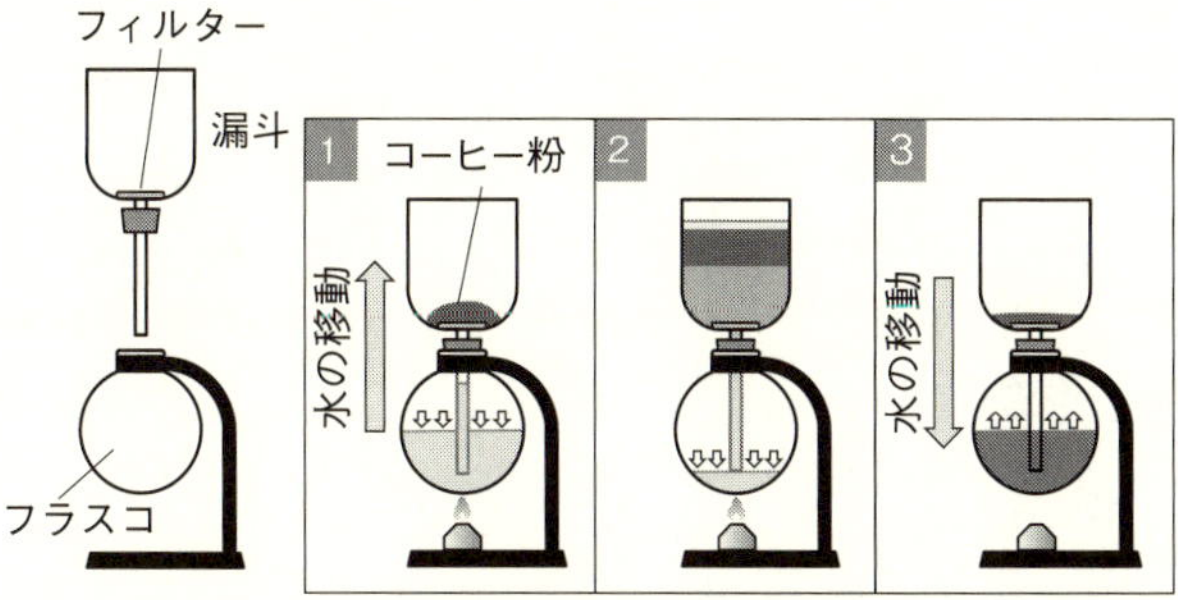

図7-11　コーヒーサイフォンの原理　加熱されて膨張したフラスコ内の水が漏斗内に上がって浸漬抽出が行われ、火を消すとフラスコ内が負圧になり、コーヒー液がフィルターで濾過されて戻ってくる仕組み

コーヒーサイフォン（浸漬抽出＋吸引濾過）

「まるで理科の実験」……そんな言葉がコーヒーサイフォンにはぴったりです。水の入ったガラスフラスコをアルコールランプなどで加熱し、粉が入ったガラス漏斗を差し込むと、蒸気圧でお湯が上昇して漏斗内で抽出が始まります。しばらく経って火を消すと、フラスコが冷めて内圧が下がり、漏斗の出口にあるフィルターで吸引濾過されてコーヒー液がフラスコに戻る仕組みです（図7－11）。ただ、よく考えると「サイフォン」という名前なのに「サイフォンの原理」は働いていません。サイフォンの原理は高さの異なる二つの水面を、水を満たした管でつないだときに水が移動する現象で、この器具で働いているのは水の蒸発と凝縮から生まれる圧力なのですから。

また、原理だけでなく名前や歴史についても、いろいろ間違った説が広まっています。現在私たちが「コーヒーサイフォン」と呼んでいるこの抽出器具は、欧米では「吸引式コーヒーメーカー（vacuum coffee maker）」、または二つのガラスパーツの形から「ダブル・ガラス風船型」と呼ばれています。日本のコーヒー本のほとんどには「1840年頃、イギリス人ロバート・ナピアーが開発したのがサイフォンの起源」と書かれていますが、それはナピアー式コーヒーポットという別の器具で、開発したのはロバート・ナピアー（1791〜1876）ではなくその息子ジェームス・ロバート・ナピアー（1821〜1879）で、正確な開発年は不明。同じ吸引式でもダブル・ガラス風船型とは形が異なる上、そもそもダブル・ガラス風船型の方が古くて1830年代にはドイツやフランスで特許が取得されている……と間違いだらけです。じつはナピアー式に似た「天秤式サイフォン」という抽出器具が1842年にフランスで特許取得されており、もともとダブル・ガラス風船型がサイフォンと呼ばれないヨーロッパでは「天秤式よりナピアー式が先だ」という意味で「サイフォンの起源」と主張されていたようです。

初期のヨーロッパ製のダブル・ガラス風船型は、しばしば加熱時にガラスが割れてしまったそうですが、19世紀末に耐熱ガラスが発明されると、1915年にはアメリカで耐熱ガラス製の「サイレックス」が発売されて大ヒットしました。日本では1925年に国産初の「河野式茶琲サイフォン」が販売されており、この商品から日本ではサイフォンの名前で広まったようです。

浸漬抽出を代表する器具で、「味のドリップ、香りのサイフォン」の言葉どおり、香りが出やすいのが特長だと言われています。実際に香りの違いを検証した研究はまだないのですが、加熱直後の高温のお湯で抽出されるという条件の違いから来るものかもしれません。名人が淹れるのを観察すると、漏斗内は上から順に泡・粉・湯の三層に分離し、火を消すとスムーズに吸引濾過されていきます。このとき粉がケーク層として働くことで、いったん泡に吸着された雑味や油脂が混入しにくくなるようです。また湯が上がりきった後に１回、時間が経ってからもう１回の合計２回、竹べらで攪拌するのが一般的です。このとき混ぜ過ぎは禁物で「かき混ぜる」というより「粉だけをほぐす」ようにするのが雑味を出さないコツだと言われています。

日本では１９７０〜８０年代の自家焙煎店全盛期にネルドリップと並んで一世を風靡し、松田優作主演の『探偵物語』をはじめ数々のテレビドラマの小道具としても一般認知度が高くなった器具ですが、本家筋の欧米ではその後ほとんど廃れ、「知る人ぞ知る」存在でした。ネルドリップ同様、海外から伝わった抽出法が日本独自の進化を遂げつつ生き残った例だと言えるでしょう。１９９０年代以降は日本でもエスプレッソに押され気味でしたが、近年アメリカのカフェで使われだしてから、海外でも再び注目を浴びています。日本スペシャルティコーヒー協会もサイフォン抽出の腕を競う世界大会を開催するなど、「日本で育ったコーヒー文化」の一つとして世界にアピールしています。

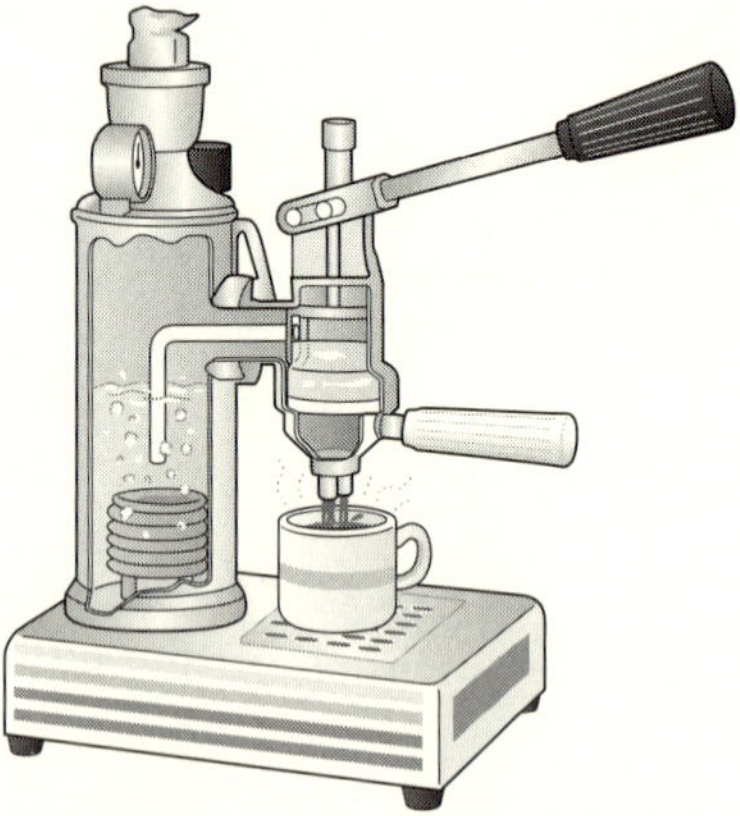

図7-12　ピストンレバー式エスプレッソマシンの模式図（パヴォーニ社）　ポルタフィルターの上にお湯を溜めてレバーを下げると、てこの原理で圧力がかかって急速抽出される

エスプレッソマシン（透過抽出＋加圧濾過）

コーヒーサイフォンが吸引（減圧）濾過式の代表ならば、加圧濾過式の代表はエスプレッソマシンです。19～20世紀初頭に開発された初期のマシンは水蒸気で数気圧ほど加圧するものでしたが、1948年にガジア社が開発した「ピストンレバー式」の登場で10気圧近い高圧での抽出が可能になりました。底に多数の小孔が開いた浅い円筒型の金属フィルター（フィルターバスケット）に極細挽きのコーヒー粉を入れ、タンパーと呼ばれるスタンプのような専用の器具でしっかり固めて充填、それを把手がついたホルダー（ポルタフィルター）に入れてマシンにセットします。レバーを手で押し下げると、てこの原理でフィルター上部に設置された送液用ピストンに強い力がかかり、ボイラーで熱したお湯が高圧で粉層を透過する仕組みです（図7－12）。この高圧抽出によって、表面をクレマが

覆う現在のエスプレッソが「完成」したと言われます。1960年代には電動ポンプ式のマシンも実用化され、現在はこちらが主流です。

先に「透過抽出はクロマトグラフィー」と説明しましたが、ドリップを重力で流れるカラムだとするなら、エスプレッソマシンはHPLC（高速液体クロマトグラフィー）です。HPLCでは固定相にできるだけ細かい粒子を密に充塡し、溶媒を高圧・高速で流すことで理論段数が大きくなって、成分の分離能が向上します。エスプレッソではHPLCみたいな細長いカラムは使いませんが、ドリップよりも理論段数は大きく、成分の濃縮効果が上がります。これによって濃厚な「コーヒーのエキス」が抽出されるのです。抽出中のフィルター内には9±2気圧もの圧力が、ピストンやポンプの送液圧と、粉層の送液抵抗、抽出中に粉から発生するガス圧によって生じます。この圧力は手動式ではレバーの押し方でも変わります。

ガジア社はもともと密に詰めた粉層にお湯を通すために、高圧抽出できるようにしたと思われますが、これが二つの思わぬ効果をもたらしました。一つ目は抽出効率の向上です。一定以上の圧力がかかると、抽出時に発生した炭酸ガスは気泡にならずに液体中に溶け込みます。すると泡に邪魔されずに粉とお湯が接触するため、ごく短時間でも十分な抽出が可能になったのです。そして高圧下で液体中に溶け込んだガスは、マシンから出て常圧に戻った液体の中で無数の小さな気泡に変化します。二つ目の思わぬ副産物「クレマ」の誕生です。濃縮効果の高いエスプレッソでは、溶け出しやすい成分ほどではなくとも溶け出しにくい成分もそれなりに濃縮され、雑味や苦渋味も強まります。しかしそれらの成分が泡に集まり抽出液から減ることで飲みやすくなり、空気を含んでクリーミーなクレマの舌触りに和らげられて、気にせず飲めるようになるわけです……とは言え、本場イタリアでも砂糖をたっぷり入れて飲むのが一般的ですが。エスプレッソは数々の原理がまるで「奇跡のように」上手く組み合わさった飲み物だと言えるでしょう。

プレス式（コーヒープレス：浸漬抽出＋加圧？濾過）

プレス式はコーヒーサイフォンと並んで浸漬抽出を代表する抽出法です。コーヒープレス、フレンチプレス、プランジャーポットの他、代表的なブランド名からメリオール、カフェティエールなどとも呼ばれます。いずれも円筒型のガラス器具の中心に、金属やナイロン製のフィルターが付いたピストン（プランジャー）があり、ガラス内にお湯とコーヒー粉を入れて浸漬抽出した後、時間が経ったらピストンを押して粉をフィルターで底に沈めて、上澄み部分のコーヒーと分離します。ピストンを押すため、定義上は一応、加圧濾過になるのでしょうが、重力とは無関係に濾すこともあって大きな圧は発生せず、エスプレッソのような加圧特有の抽出原理も働きません。

19世紀中頃のドイツやフランスで「煮立たせずに淹れる」ための磁器や金属製の器具として開

発され、1930年頃から何人かのイタリア人デザイナーが耐熱ガラスと金属部品を組み合わせたスタイリッシュな器具を相次いで発表しました。その一人、ボンダニーニが1950年代にフランスのクラリネット製造工場マルタンSA社で製造し、「メリオール」という商標名で国内向けに販売したところ、その手軽さが受け1950〜60年代のフランスで「一家に一台」と言われるほどの大ヒット商品になりました。その後モカポット（後述）に人気を奪われ、その座を明け渡しましたが、このフランスでの大流行が「フレンチプレス」という別名の由来になっています。その後マルタンSA社は北欧市場向けに販売提携していたボダム社に買収され、現在はボダム社が主力メーカーになっています。日本にも既に1970年代には入ってきたのですが、当時を知る人には「紅茶用」というイメージがあるのではないでしょうか。これは当初、コーヒー用としては全く人気が出なかったため、販売会社が紅茶の抽出器具として喫茶店に売り込んだことによります。この目論みは見事に的中し、その美しいデザインで「紅茶用品」として人気を博し、国産品も製造されました。

こうして歴史をたどると、フランスや日本の事例からわかるように、少なくとも万人受けはしにくい抽出法だと言わざるを得ないでしょう。浸漬抽出であるためドリップのような成分の選択濃縮がなく、濾過の方向がサイフォンとは逆向きで液面に浮く泡が分離されないため、雑味が出やすいことや、微粉や油脂分の独特な口触りに馴染めない人がいるのがその一因だと思われます。

一方でプレス式には強力な支持者もいます。その代表の一人がアメリカのジョージ・ハウエルです。彼の信条とする「高品質な生豆を浅煎りにしたクリーンなコーヒー」はプレス式で抽出したときの欠点が目立ちにくい上、微粉や油脂分が増えることでそこに吸着・溶存している香り成分も増えるため、スペシャルティ時代から強調されるようになった「香り表現」を、豆の特長としてアピールしやすくなります。「多少欠点が出たとしても、それ以上に魅力的な長所を引き出せるならＯＫ」というところでしょうか。こうして２０００年以降アメリカでスペシャルティやサードウェーブの一部が好んで使う器具になり、スターバックスなどでもプレス式の器具が販売されるようになりました。その影響で、日本でも「コーヒー器具」としての復権を果たしています。

モカポット（マキネッタ、直台式エスプレッソ：透過抽出＋加圧濾過）

モカポットはヨーロッパの家庭に広く普及している抽出器具で、特にイタリアでは「一家に一台以上ある」と言われるほど身近な存在です。金属製の３つのパーツからなり、いちばん下のボイラー部分に水を入れ、その中に極細挽きのコーヒー粉を入れた漏斗型のフィルターバスケットをはめ込み、ポット型の本体上部パーツをしっかり取り付けます。それを火にかけると、ボイラ

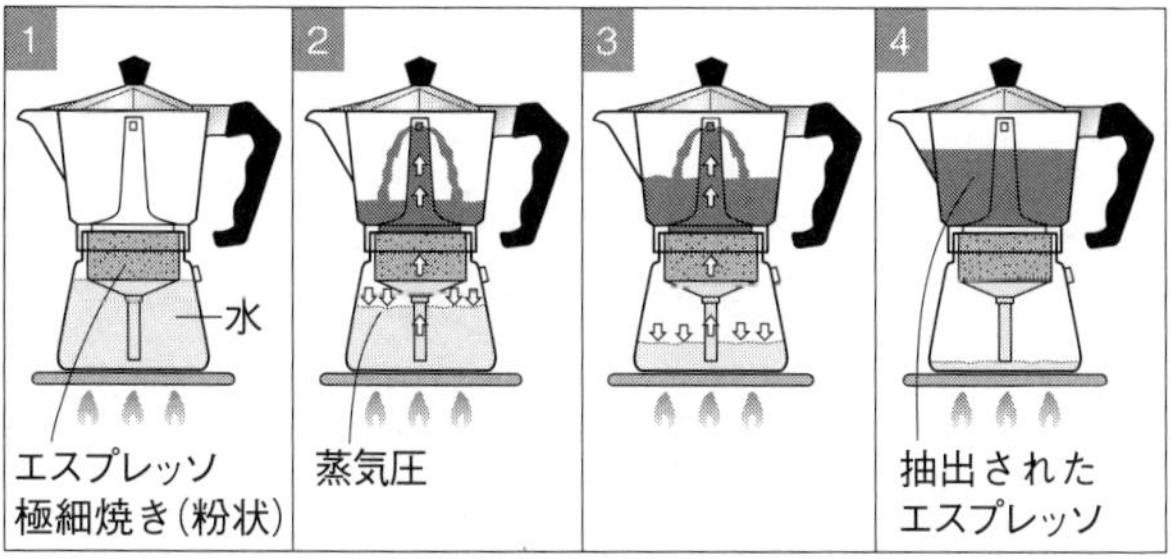

図7-13　モカポットの原理　ボイラー内の水が加熱されて、中の蒸気圧が上がることでお湯が上昇し、粉の層を通過して抽出される

ー内の蒸気圧でお湯が上昇し、粉層を通過して上部のポットに溜まる仕組みです（図７‐13）。

これと同じ原理の抽出器具は１８１９年フランスで考案されましたが、１９３３年にイタリアのビアレッティ社から発売された「モカエキスプレス」が爆発的なヒット商品になりました。現在は、他社製品まで含めてどの国でも「モカポットＭｏｋａ－ｐｏｔ」で通じるくらい普通名詞化していま す。オリジナルのモカエキスプレスは、八角形のアルミ合金製の胴体にベークライトの把手がついた印象的なかたちで、どこかで目にした人も多いのではないでしょうか。紛らわしいことに単に「モカ」とも呼んだり、これで淹れたコーヒーを「モカコーヒー」と呼んだりしますが、イエメンモカとは関係ありません。日本では近年「マキネッタ」と呼ぶ人も多いですが、こちらはイタリアでは小型のコーヒー抽出器具全般を指す総称で、日本では１９７０年代にナポリで使われていた全く別の器具が「マチネッタ」と呼ばれていたため、ややこしいことには変わりありません。

もう一つ紛らわしいのはエスプレッソとの関係です。じつはこのモカポット、日本では1970年代には「直台式（ストーブトップ）エスプレッソ」というエスプレッソ器具として紹介されています。しかし抽出時の圧力はエスプレッソマシンよりはるかに低い2気圧程度。このためエスプレッソの顔ともいわれるクレマもほとんど立ちません。本場イタリアではこの「モカコーヒー」はあくまで「家庭の味」であり、バールで飲むクレマの浮かんだエスプレッソとは別物という認識です。ただし独特のコクと苦味があって、砂糖を少し加えた味わいはしばしばチョコレートにも喩えられます。モカエキスプレスが発売開始された1933年はまだピストンレバー式が生まれておらず、バールで使われていたのは1901年にベゼレが開発したものと同様の、抽出圧が低い蒸気圧式のマシンでした。ひょっとしたら当時のエスプレッソは、意外とこの「モカコーヒー」の味に近かったのかもしれません。

ターキッシュコーヒーと煮出し式（浸漬抽出、無濾過）

15世紀にイエメンで生まれたコーヒーは16世紀にトルコに伝わり、16世紀半ばにオスマン帝国の首都イスタンブルで流行しました。このとき現在の焙煎機やミルの原型とともに生まれたのがターキッシュコーヒー。現代まで受け継がれ、2013年には「トルココーヒーの文化と伝統」

としてユネスコの無形文化遺産に登録されています。極深煎りにした豆を、数ある抽出法の中でも最も細かい微粉状にまで粉砕して、ジェズヴェあるいはイブリクと呼ばれる専用の小鍋（図7－14）に、水と砂糖と一緒に入れて煮出します。煮立てすぎは酸味が強くなるので禁物です。また煮立てる最中、泡が消えないようにするのがおいしく淹れるコツだと言われます。出来上がったコーヒーは濾さずにカップに移して上澄みを飲みます。慣れないうちは飲みにくく感じるかもしれませんが、砂糖の甘さと濃厚なコーヒーが相まってチョコレートを思わせる味わいです。飲み干した後、カップの底に残る粉の模様で運勢を占う「コーヒー占い」でも知られています。

図7-14　ターキッシュコーヒー　ジェズヴェと呼ばれる専用のポットから注いでいるところ。地域によってイブリクなどとも呼ばれる

日本では「ターキッシュ（トルコ式）」と呼ばれるこの淹れ方ですが、じつはギリシヤにも全く同じ淹れ方があり「グリークコーヒー（＝ギリシヤコーヒー）」と呼ばれます。飲んだ後のコーヒー占いまで同じです。オスマン帝国時代にギリシヤもその支配下にあったので当然と

言えば当然なのですが。

また歴史的な繋がりはよくわからないものの、同じように煮出して上澄みを飲む方式は北欧にも伝統的に見られ、ノルウェーコーヒーや、やかんで煮出すフィンランドの「やかんコーヒー」として伝わっています。いずれも煮出して上澄みを飲む方式は油脂分が多くなるのが特徴で、これが一過性に血中のコレステロールを上昇させる原因として問題視する人もいます（283頁）。またサウジアラビアなどで飲まれるアラビアコーヒーも同じような煮出し式ですが、もっと浅煎りでカルダモンなどのスパイスと一緒に煮出すため、もっとあっさりした独特の香味の飲み物になります。

ダッチコーヒー（ウォータードリップ、京都コーヒー：透過抽出＋自然濾過）

１９８０～９０年代、私が大学生活を過ごした京都の喫茶店でときどき見かけたのが「ダッチコーヒー」と呼ばれる水出しコーヒーでした。それはまさにその頃、実験室で使っていたカラムクロマトグラフィーそのもの。背丈ほどもあるガラスの太い筒にコーヒーの粉が入っていて、その上に置かれた活栓付きのガラス容器から、水が一滴一滴、中和滴定みたいに滴下されます。抽出されたコーヒーは、カラムの下のフラスコに集められる仕組みです（図7－15）。

「ダッチ（オランダ）コーヒー」という名前ですが、オランダ人に訊いても「見たことがない」

と答えます。それもそのはず、じつはこのダッチコーヒーは京都生まれの抽出法です。名前にある「ダッチ」はオランダ領東インドに由来し、戦前のインドネシアの飲み方がヒントになっています。昭和30年頃、京都のサイフォンコーヒーの老舗「はなふさ」のマスターが、あるコーヒー通が本に書いたインドネシアの淹れ方に興味を惹かれ、たった数行の記述を元に「幻のコーヒー」の再現に取り組みました。そして京都大の化学専攻の学生に協力を仰いで、医療器具の専門店で製作したのが、この「ウォータードリップ」と呼ばれる抽出器具だそうです。

　このとき参考にされた本は不明ですが、戦前のインドネシア見聞録『南洋点描』（野村恵二、１９４１）によく似た記述が見られます。それによると、日本ではコーヒーをカップになみなみと入れてミルクを少し落として飲むのに対し、インドネシアでは少量の「コーヒーのエッセンス」にミルクをなみなみと注いで飲むと言い、そのエッセンスを得る方法として「細かく挽いたコーヒー豆にドップリ水を含ませて一晩放置すると、ポツリポツリと雫が垂れて、朝方には器の底にくろぐろとした液体が少しばかり溜まる」と紹介しています。これと同様に長時間かけて水出しするため、粉に滴下しつづける抽出法として誕生したのが「ダッチコーヒー」なのです。

図7-15　ダッチコーヒー用抽出器具　（写真提供：カリタ）

通常は深煎り豆を使い、室温で数時間かけて滴下抽出したものをアイスで、または温め直して飲みます。他の抽出法とはずいぶん条件が違うので比較が難しいのですが、濃厚なコクと水出し独特の風味があり、特にその「口の中で香りが開く」感じは印象的です。体温よりも低い温度で液体に溶け込んだ香気成分が口内で温められて立ち上り、非常に強い「含み香」を感じるのです。なお、コクの面ではダッチコーヒーには敵いませんが、お茶パック方式の水出しコーヒー（浸漬抽出）でも、この含み香が手軽に味わえるので是非一度試してみて下さい。

２０１２年にメリー・ホワイト『Ｃｏｆｆｅｅ　Ｌｉｆｅ　ｉｎ　Ｊａｐａｎ』で紹介されて以降、アメリカでもウォータードリップを使う店が現れています。ただし面白いことに、その誕生の経緯を知ってか知らずか、彼らはこれを「キョート・コーヒー」と呼んでいます。ひょっとしたら彼らの取組みの中から、また新たな水出しコーヒーの魅力が発見されるかもしれません。

第8章

コーヒーと健康

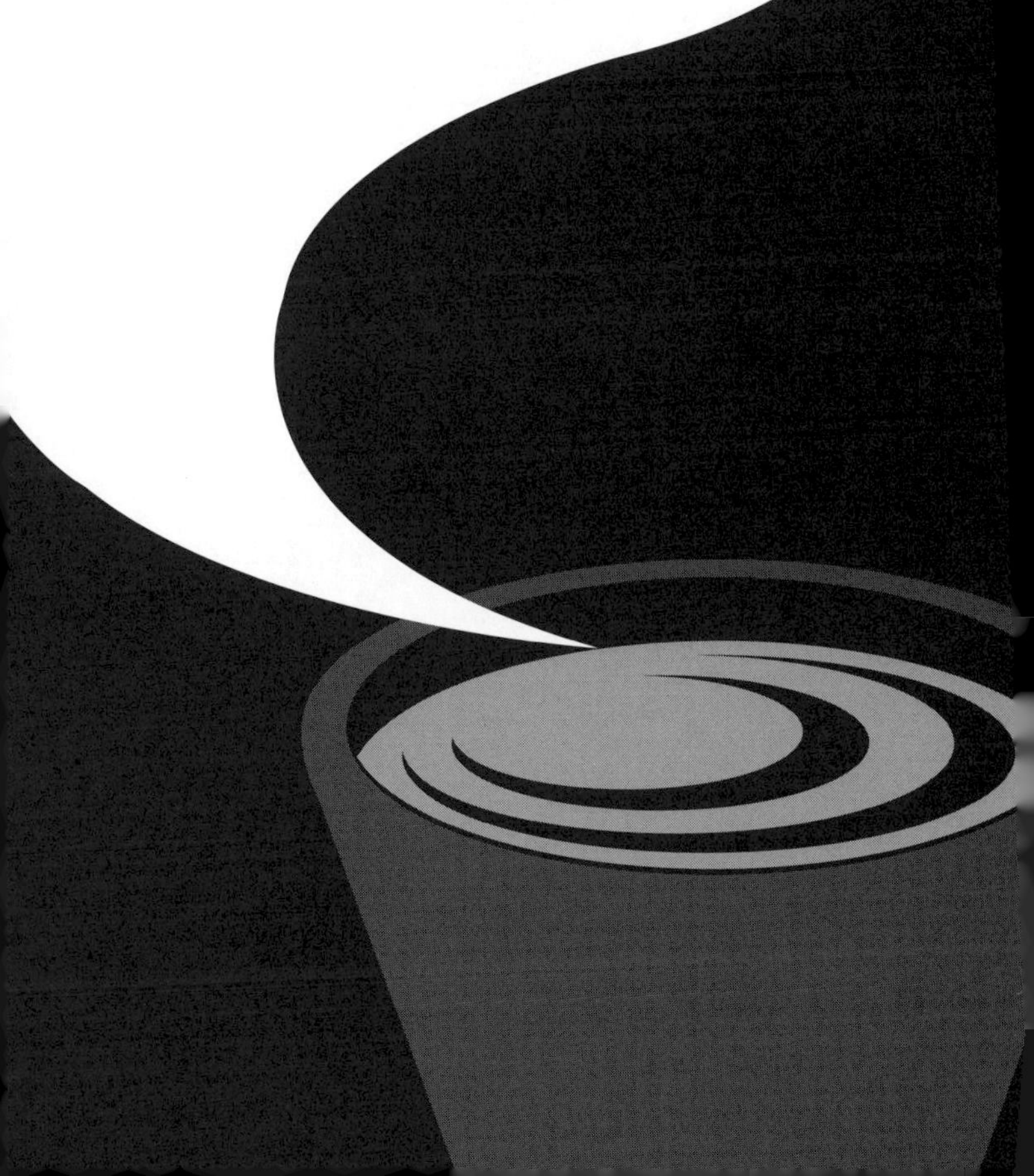

「コーヒーはヒトの健康にどう影響するのか」……コーヒーの科学の中でも、この疑問ほど人々の興味を集めてきたものは他にないかもしれません。しかし同時に、これほど正しく理解されていないものもないと思えるくらい、世間にはさまざまな噂や風説が広まっています。医学の専門家たちの間でも、善悪両面の観点から論争がつづいてきましたが、近年やっとその収束点が見えつつあります。この章では最新の医学情報を踏まえて、コーヒーと健康の関係に迫ります。

健康を考えるとき大事なこと

私はときどき人前でコーヒーと健康について話をすることがあるのですが、このとき必ず最初に挙げる「三ヵ条」があります。

1・コーヒーには健康に良い面と悪い面の両方がある
2・いくら健康に良い面があっても、飲み過ぎは体に毒
3・どこからが飲み過ぎでどこまでが適量かは個人ごとに異なる

こう話しながら見回すと、いつも何人かが「うんうん」と得心した様子で頷くのを目にします。この三ヵ条はコーヒーに限らず、健康を考えるときすべてに当てはまる原則です。なので

「これが結論！」……と言いたいところですが、これは当然のことを述べているだけで、具体的な話は何もしていません。じつはこれは話のゴールではなく出発点です。しかし世間には、この「出発点」に立つ前から転んでいるような、善悪どちらかに偏った話が広まっているため、いつも改めて再確認してから話を始めることにしています。

もう一つ見失ってはならない本題があります。それは「コーヒーを飲むとヒトはどうなるか」を考えよう、ということです。何を今さらと思ったかもしれませんが、これは健康情報番組などでよく取り上げられる「コーヒーに含まれる○○という成分に××作用がある」という話と混同しないよう注意してほしいという意味です。

誤解しないでほしいのですが、成分レベルの作用に意味がないと言っているわけではありません。例えば、コーヒーの作用にはカフェインに因るものも多いため、カフェイン単独の作用を知ることは、コーヒー全体の作用を理解するためにも有用です。しかし、それはあくまで「コーヒーそのものにも同じ作用があること」が大前提。健康に良いと言われる成分も、逆に有害な成分も、含まれる量が少なければコーヒーを飲んで同じ作用が出るとは限りません。それにもし、本当に「コーヒーに含まれる○○という成分に××作用がある」なら、その成分だけをサプリメントか何かで摂る方がよっぽど確実でしょう。ただ、それはどちらかというと薬の開発などの、いわば「薬学」的発想であり、「コ、ー、ヒ、ー、を、飲、む、と、ヒ、ト、は、ど、う、な、る、か、」とは別物なのです。

また健康情報番組などでは、マウスなどヒト以外の動物や癌細胞での実験結果が紹介されることがしばしばありますが、これにも注意が必要です。ヒトでの実証実験が困難な場合は、この手の結果を参考にすることもありますが、ヒトにはそのまま当てはまらないことがよくあります。繰り返しますが、「コーヒーを飲むと」「ヒトは」どうなるか、という本題が大事なのです。

Coffee Column

グリーンコーヒー・スキャンダル

この本題から外れて変な方に進んでしまった例の一つが、アメリカで最近起きた、コーヒー生豆（＝グリーンコーヒー）抽出物サプリにまつわる騒動です。この抽出物はクロロゲン酸が主成分で、元々はヨーロッパで食品用抗酸化剤として認可されたものですが、２０１２年にコロンビア大の心臓外科医「ドクター・オズ」ことマホメット・オズが司会を務めるアメリカの人気健康情報番組『ドクター・オズ・ショー』で「奇跡の成分」と紹介され、脂肪吸収を抑えるダイエット用サプリとして大ブレイク。紹介役を務めたリンゼイ・ダンカン博士も一躍、時の人になりました。

ところが2014年、これに「待った」がかかります。連邦取引委員会が、効果を調べた論文の結果に疑惑があると指摘し、3人の著者のうち2人がそれを認めたため、論文取り下げという事態になります。そしてサプリ販売会社には宣伝禁止命令と350万ドルの罰金、さらにダンカン博士はなんと無免許のニセ医師だったことがバレて、900万ドルもの罰金が科せられました。ドクター・オズは罪には問われなかったものの「私は効果を信じるが、科学的な証拠はない」と証言する羽目になり、正確さより話題性を優先する番組の姿勢に批判が集まる結果になりました。怪しい「健康情報」に消費者やメディアが振り回されるのは、どの国も同じなのかもしれません。

信頼できる情報ってなんだろう？

何気なくテレビを見ているとき、健康食品の宣伝番組を目にすることがないでしょうか。何だかいかにも体に良さそうなことを述べている画面の下に「※個人の感想です」などのテロップが表示されていることもよくあります。しかし、さすがに「個人の感想」では医学的には何の根拠にもなりません。コーヒーと健康の関係を考えるには、もっと信頼に足る根拠が必要です。

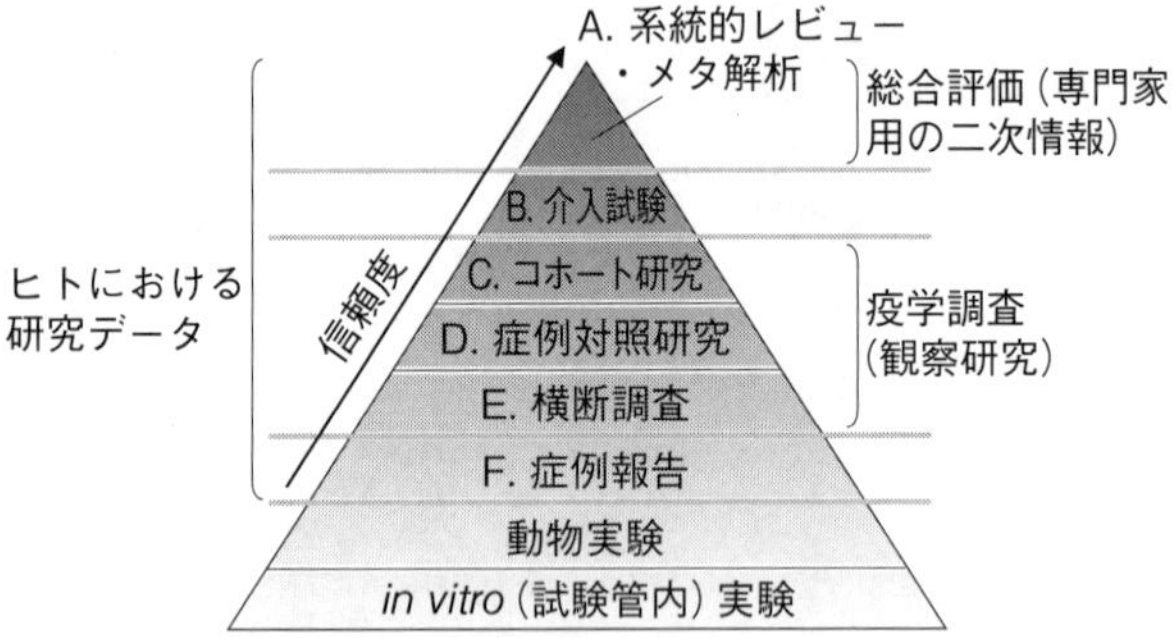

A. 複数の疫学調査を元に再解析や総括したもの
B. 実際の投与で因果関係を証明
C. のべ数千～数万人を対象に、通例５～15年追跡調査
D. 特定の病気になった集団とそれ以外（対照）の比較調査
E. 質問票によるアンケート調査（時間的関係はわからない）
F. 特定の数人における事例

図8-1　エビデンスのピラミッド　Rosner（2011）を元に一部改変

医学研究の中で、こうした問題を専門に扱うのは「疫学」……「ある要因と病気の発生の関係をつきとめる学問」の領域です。例えば、喫煙者と非喫煙者の肺がんの発症率を比較して関係があるかどうかを解析したり、新しい薬を開発したときに従来品より効果があるかどうかを解析するなど、その応用範囲は多岐に亘《わた》ります。医療の分野では１９９０年代以降、医師の個人的な体験や慣習ではなく、科学的に検証された治療法を選ぶ「エビデンス（科学的根拠）に基づく医療（エビデンス・ベースト・メディシン、ＥＢＭ）」という考えが普及していますが、そのエビデンスを提供するのも疫学の役目です。疫学研究にはいくつかの実験、調査の手法があり、ＥＢＭ

表8-1　飲食物・嗜好品の疫学調査論文数の比較

要因	MeSH terms	横断研究	症例対照	コホート	介入試験	メタ解析	系統的レビュー	計
喫煙	Smoking	8,435	7,860	8,365	4,531	887	492	30,570
飲酒	Alcohol Drinking	4,349	2,638	3,178	2,200	419	279	13,063
野菜(全般)	Vegetables	1,012	864	787	2,371	230	145	5,409
肉類(全般)	Meat	602	726	696	657	134	58	2,873
果物(全般)	Fruit	870	511	644	1,389	138	101	3,653
乳製品(全般)	Milk	341	246	319	1,690	108	65	2,769
魚介類(全般)	Seafood	186	121	282	116	41	21	767
コーヒー	Coffee	155	319	274	242	84	24	1,098
茶	Tea	137	243	175	331	78	32	996
ワイン	Wine	98	89	104	167	14	5	477
ビール	Beer	74	66	59	73	11	5	288
トマト	Lycopersicon esculentum	6	46	9	74	5	2	142

PubMedのMeSH terms（キーワード）検索でのヒット数で比較した（2015.7月時点）。なおカフェイン単独（キーワードにコーヒー、茶を含まないもの）の結果は除外している

ではそれを信頼度に応じて階層化した「エビデンスのピラミッド」が提唱されています（図８－１）。

じつはコーヒーでは、なんとすでに１０００報以上の疫学論文が発表されています（表８－１）。タバコやお酒、あるいは野菜や肉類などの食品群にこそ及びませんが、単独の飲食物としては、かなりの論文数。しかも「エビデンスのピラミッド」の頂点に位置するメタ解析や系統的レビューも多数あります。せっかくこれだけの証拠が揃ってい

るのですから有効活用しない手はありません。医療の世界でも通用するくらい高いエビデンスに基づいて、コーヒーと健康の関係をひもといていきましょう。

コーヒーの急性作用

一般的な用量のコーヒーを飲んだヒトに現れる作用は、大きく①急性作用と②長期影響（慢性作用）に大別することが可能です。まずは急性作用について見ていきましょう。

薬などを摂取したときに現れる作用（薬理作用）のうち、比較的短時間で現れるものが急性作用です。コーヒーの場合は、飲んだ数分後から数時間くらいの間に現れ、概ねその日のうちに消えてしまうのが一般的です。眠気覚ましや消化への影響など、古くから言われていたコーヒーの効能の大部分（表8－2）が、この急性作用で説明できます。

これらの急性作用は、時と場合によって「良い作用」にも「悪い作用」にもなります。例えば、コーヒーを飲むと眠気が覚めることは、ドライブ中の眠気覚ましに役立つ「覚醒効果」と捉えれば良い作用ですが、翌朝早いから早寝したいときに眠れなくなる「不眠」と捉えれば悪い作用になる、という具合です。個人差や体調などによるばらつきがあるものの、ほとんどの急性作用は誰にでも共通に現れます。その多くはコーヒーカップ1杯（150㎖）程度で効果が出ますが、量が増えるにしたがって悪い方向に働く、いわゆる「副作用」が強くなります。

表8-2　コーヒーの主な急性作用

急性作用	良い側面	悪い側面	活性成分	備考
中枢神経の興奮	覚醒、計算・記憶の賦活化	不眠、不安	カフェイン	
骨格筋の運動亢進	疲労感の回復	振戦、けいれん	カフェイン	
呼吸平滑筋の弛緩			カフェイン	
血圧上昇			カフェイン	
利尿作用			カフェイン	
代謝促進			カフェイン	
胃液の分泌亢進	消化促進	胃粘膜障害、吐き気など	カフェイン、N-アルカノイル-5-HT、N-メチルピリジニウム*	
血中コレステロール上昇			カフェストール、カーウェオール	
大腸の運動亢進	便通の改善	下痢	?	約30％の人に見られる

＊胃酸分泌を抑制的に調節

それぞれの作用を担う成分の特定も進んでいます。もっとも多くの急性作用に関わるのは、やはりカフェインで、その効果の証明にはカフェインレスコーヒー（91頁）が活躍しています。カフェインレスと通常のコーヒー、またはカフェインレスに一定量のカフェインを添加したものを比較することで証明可能だからです。一方こうした比較実験の結果、カフェイン単独では効果がない、それ以外に活性本体がある急性作用もいくつか見つかっています。

覚醒作用と不眠

コーヒーの作用の中で最初に思いつくのは、先ほども挙げた「覚醒作用」ではないでしょうか。もしこの作用がなかったら、スーフィーたちが儀式に利用すること（66頁）も、ひいてはコーヒーが世界に広まることもなかったかもしれません。覚醒作用は、脳の神経細胞の活動が亢進（活性化）することによる、薬理学の分野では「中枢神経興奮作用」と呼ばれる作用の一つです。「脳の活性化」と聞くと、脳の活動状況を光り具合で示したPETやMRIなどの「脳画像」を思い浮かべる人もいるかもしれませんが、じつのところ、あの手の画像だけでは脳のどの部位が活動しているかはわかっても、具体的にそれでどのような効果があるかの十分な証拠にはならないものがほとんどです。ただし、古くから中枢神経興奮作用が研究されてきたコーヒーでは、別の実験方法からも、具体的にどのような変化が心身に現れるかが検証されています。

なかでも有名な検証実験が2006年に発表されています。高速道路を夜間運転するドライバーを被験者にして、①カフェイン入りコーヒー、②カフェインレスコーヒー、③仮眠30分、の3グループに分けて、運転中に道路のラインを踏んだ回数から集中力と運転精度を測定した結果、カフェイン200mgの摂取で仮眠30分以上の効果があったと報告されています。また世界最大規模のEBMデータベース『コクラン・ライブラリー』にも、シフト勤務で働く人を対象にした13報の疫学調査に基づく系統的レビューがあり、作業効率の改善に一定の効果が期待できると結論づけられています。

成人では通常コーヒー1杯分のカフェインで覚醒効果には十分で、摂取後15分くらいから効果が現れ、2時間ほど持続すると言われます。ただし当然、ものには限度があり、いくら眠気が覚めると言っても「30分おきに飲みつづければ、一生寝ないで済む」なんてことはありません。カフェインはあくまで一時的に眠気を抑えるだけのもの。睡眠不足が続いて蓄積するにつれて効き目は弱くなり、一度に2～3杯飲んでも効かない場合はそれ以上追加してもあまり効果がないようです。ときどき「私にはカフェインが効かない」と言う人を見かけますが、ひょっとしたらそれも個人差ではなく、効かない状態になっている場合が多いのかもしれません。

一方で、覚醒作用は裏を返せば「不眠」につながるため、普段から不眠がちの人は注意が必要です。眠れても眠りが浅く、睡眠の質が落ちるため、就寝前の摂取は控えた方がいいと言われます。ただし昼休みに飲んで15分の仮眠をとると、ちょうど起きる頃に効きはじめ、リフレッシュした頭で午後の仕事に取り組めます。性質を理解すれば上手に使える実例だと言えるでしょう。

カフェインが働くメカニズム

ここで、やや専門的ですが、カフェインが働く分子メカニズムにも触れておきましょう。

カフェインの急性作用の大部分は、脳や心臓、腎臓などにあるアデノシン受容体（AR）というタンパク質に結合して、その作用を阻害するためだと考えられています。このタンパク質は本来、アデノシンという生体物質のセンサーとして働いています。アデノシンはDNAやRNAの構成材料になるほか、アデノシン3リン酸（ＡＴＰ）のかたちで細胞が活動するエネルギーになるなど、生命活動に必須の分子の一つです。また微量ながら細胞外にも存在しており、これが細胞膜の表面にあるＡＲに結合することで、その細胞や組織の活動を調節する働きも持っています。

ヒトには4種類のＡＲ遺伝子（Ａ1、Ａ2Ａ、Ａ2Ｂ、Ａ3）が存在し、それぞれ発現する臓器や働きには違いがあります。例えばヒトにおけるアデノシンの役割の一つが血管の拡張・収縮の調整ですがこれは主にＡ2Ａを介する作用で、心臓を含むほとんどの組織では血管拡張、腎臓では血管収縮を起こします。カフェインは4種類のＡＲ全てを阻害可能で、特にＡ1とＡ2Ａに対する阻害がその薬理作用に重要です。Ａ2Ａの阻害により、心臓などでは血管収縮、腎臓では血管拡張を起こします。この腎臓の血管拡張による血流増加は利尿作用につながります。また心臓において生体内のアデノシンはＡ1を介して心筋抑制を示しますが、カフェインはこれを阻害して強心作用を示します。

一方、脳においてはＡ1、Ａ2Ａがそれぞれドパミン受容体Ｄ1、Ｄ2と結合した「受容体複合体」のかたちで存在し、Ａ1／Ｄ1が大脳皮質と線条体、Ａ2Ａ／Ｄ2が線条体のドパミン作動性ニューロン（神経細胞）に多く発現しています。ドパミン神経系は興奮や覚醒、快感や不安などの情動に関与し、通常はアデノシンがその働きを抑制していますが、カフェインがＡ1やＡ

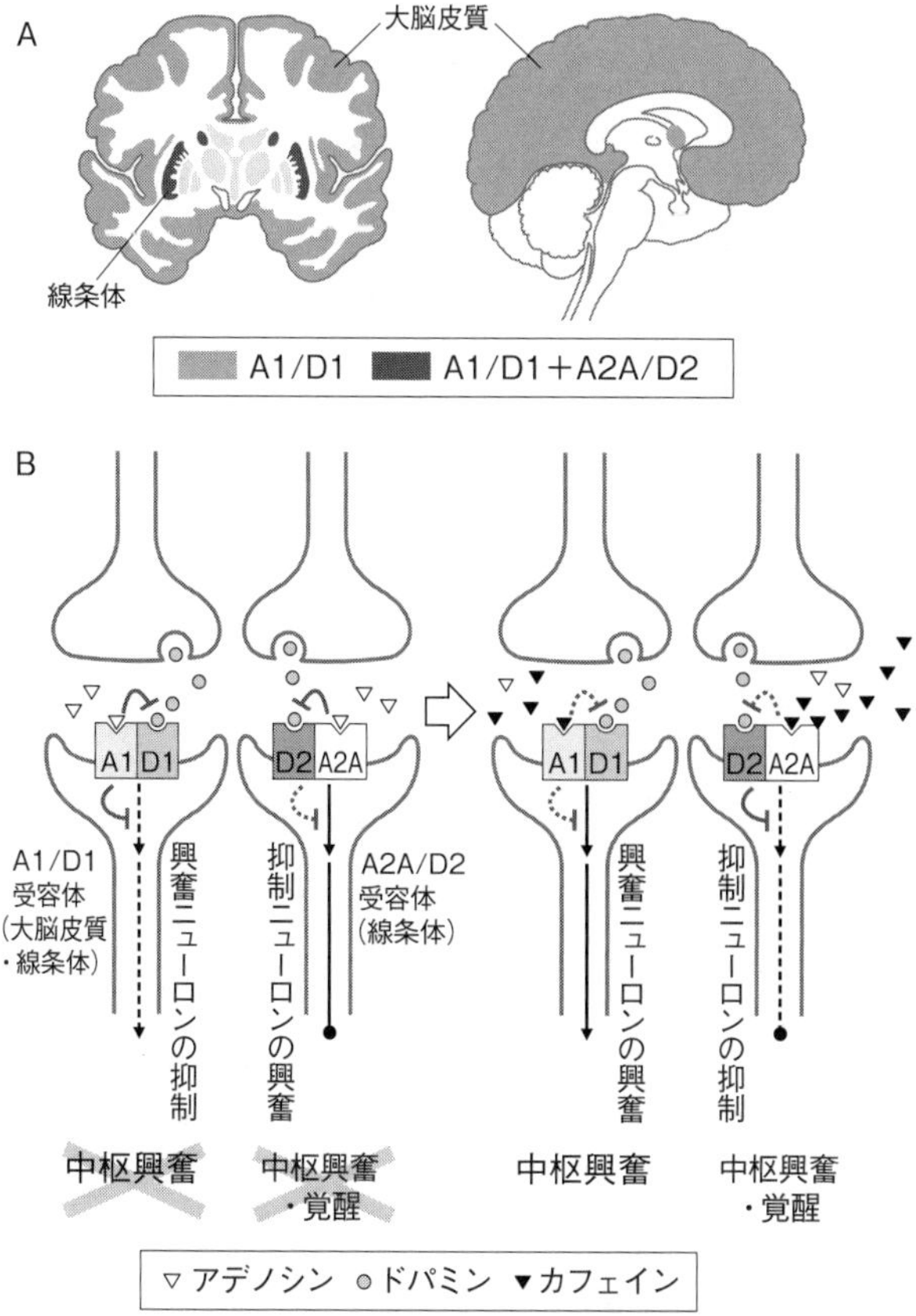

図8-2　カフェインが働くメカニズム　(A) 脳内のアデノシン受容体。大脳皮質および線条体にA1/D1、線条体にA2A/D2受容体が発現。(B) カフェインの作用。アデノシン受容体をブロックすることで中枢神経興奮作用を発揮する

2Aを阻害すると「抑制の抑制」により、中枢興奮作用を生じるのです（図8－2）。

近年の研究から覚醒作用には特にA2A／D2が、快楽に対する反応にはA1／D1が重要であることが判明しています。ドパミンは俗に「脳内麻薬」とも呼ばれ、じつは覚醒剤や麻薬などの多くもドパミン神経系を刺激することで作用します（123頁）。しかし、こうしたドラッグの多くが、ドパミンの放出自体を増やしたり、ドパミン作動性ニューロン自体を興奮させるのに対して、カフェインはARを介して間接的に調節するにとどまります。カフェインを常用してもドラッグのような問題行動を起こさないのは、このためだと考えられています。

コーヒーで成績はアップする？

大学の薬学部や医学部では、いろいろな実験実習を行いますが、その中にカフェインを使う定番の実験があります。まず被験者である学生に、一桁の数字を足し算するだけの算数ドリル（内田クレペリン検査など）を渡し、15分間で可能な限りの問題を解かせます。その後5分の休憩中に、学生の半数には普通の、もう半数にはカフェインレスのコーヒーを、本人にはどちらかわからない状態で飲ませ、また同じテストを行うのです。両グループの休憩後の成績を比べると、カフェインを摂取した学生の方が、解いた問題数と正答率、どちらも高くなる傾向が見られます。

単純計算をつづけると、次第に頭が疲れてペースが落ち、計算ミスも増えますが、この実験ではカフェインの中枢興奮作用で頭の疲れが軽減されて、成績が上がるのです。ただし、これはあくまで単純計算の繰り返しでの話。それまで解けなかった難問の答えをぱっと閃くわけではないですし、コーヒーを飲めば勉強しなくても試験で良い点がとれるなんてこともありません。また大量に摂ると不安や焦燥感が強くなり、落ち着いて考えるのを却って妨げる場合もあるでしょう。

また、最近、記憶に対するカフェインの新たな可能性が報告されました。２０１４年、ジョンズ・ホプキンス大学のグループが、被験者に何枚かの画像を見せて記憶させた直後に２００㎎のカフェインまたは偽薬（プラセボ）を与え、翌日どれだけ覚えているかを確認する実験を行いました。このとき、①初日にしかない画像、②二日目にしかない画像、③両方に共通する画像、に加えて、④初日と似ているけど違う画像を混ぜているのがポイントで、この④をどれだけ正しく見抜けるかで、長期記憶が定着した度合いが測れます。一方、二日目に「昨日覚えたうち、この中にないものを思い出して下さい」と質問すると、覚えたものを思い出す「想起」の能力が測れます。実験の結果、カフェインは想起には影響しなかったものの、記憶の定着を強化すると報告されました。まだまだ他のグループの追試が必要ですが、今後注目が集まりそうな研究テーマです。

スポーツの成績アップ？

カフェインにより中枢神経が興奮するとインスリンやアドレナリンの分泌が増えるとともに、カフェインが心臓や筋肉の末梢性アデノシン受容体に作用して収縮力が高まることで、運動能力にも影響する可能性が昔から指摘されてきました。プロスポーツ関係者には、カフェインはドーピングに準じると考えて全面禁止すべきだという意見の人もいますが、一口に「運動能力」と言ってもスピード、パワー、持久力、闘争心など各要素にどれだけ影響するか、はっきりとは判っておらず、今のところ、世界アンチ・ドーピング機構などの専門機関でも「通常範囲の摂取であれば競技成績に影響するとはいえない」との意見が主流のようです。とはいえ完全に野放しにされるのではなく、尿中濃度が基準値以下ならばＯＫとする、中間的な扱いを受けています。

専門家の意見が分かれる中、比較的信憑性が高いと思われるのが筋肉疲労の軽減です。筋トレ前にカフェインを摂取すると、筋肉を動かすときの負荷が減り、例えば腹筋で連続20回が限界の人でも21回、22回……と上限が伸びると言われます。ただしカフェインを摂取していてもいなくても、腹筋20回分の筋トレ効果に変わりはありません。つまり初めから腹筋回数を決めて行う運動ではなく、限界まで続けるような場合に、プラス・アルファで回数を増やせる分だけ筋トレ効果が上がるという、限定的な効果になるようです。また大量摂取時には興奮による集中力の低下や手足の震え（振戦）で、却って精密な動作を妨げるかもしれません。

その他の急性作用

このほか、コーヒーの急性作用のうちカフェインによるものには一過性の血圧上昇や利尿作用があります。またコーヒーは胃液分泌を促進し、消化を助けると言われる一方、空腹時のむかつきや胃を荒らす原因になることが古くから知られていますが、この胃液分泌促進作用にもカフェインが関与します。ただしカフェインの量は焙煎でほとんど変化しないにもかかわらず、深煎りの方が浅・中煎りよりも胃に優しいと経験的に言われてきました。現在は焙煎で減少する胃液分泌の促進物質（N－アルカノイル－５－ヒドロキシトリプタミド）と、焙煎で増える抑制物質（N－メチルピリジニウム）など、カフェイン以外に複数の胃液分泌調節物質が見つかっており、これらが関与する可能性が指摘されています。

カフェイン以外の成分が関与する急性作用の一つに血中コレステロール上昇があります。これはコーヒーに特有な油脂中の成分（カフェストールとカーウェオール）によるもので、これらが肝臓のコレステロール分解酵素を阻害するため、体内のコレステロール量、特に中性脂肪（TG）と、いわゆる悪玉コレステロール（LDL）が一時的に増加します。その摂取量は抽出方法に影響されやすく、北欧式やターキッシュなどの煮出し式やプレス式（258頁）のような油脂分が増える淹れ方では、この作用が現れやすいと言われています。なお、これらはあくまで一時的な作用で、コーヒーを飲んでも高血圧や胃炎、高脂血症などになりやすくなるというわけではありません。

コーヒーの急性作用は程度の差はあれ、誰にでも発現するものがほとんどですが例外もあります。1990年にイギリスで行われた横断研究で、コーヒーを飲んだ後でお腹が緩くなる（便意をもよおす）効果が被験者の約3割に認められました。介入試験の結果、これらの人ではコーヒーを飲んだ後に大腸のぜん動運動が活発になることが判明しています。この作用は、食道から小腸にかけての内容物移動速度にはほとんど影響せずに大腸での移動速度だけを上げて、栄養吸収を妨げずに排便を促す、「お腹に優しい便秘薬」と同じ作用（緩下作用）だと考えられています。カフェインレスコーヒーでも見られることからカフェイン以外の成分による作用だと考えられていますが、詳しいメカニズムや活性本体はまだわかっていません。

長期影響を考える

一回の飲用後に現れる急性作用に対し、ある程度の期間にわたって飲みつづけるときに現れるのが長期影響（または慢性作用）です。これには、①比較的大量を常用する人に見られる「カフェイン離脱」と、②長期間飲みつづけるときの疾患リスクの増減、がありますが、①は飲み過ぎの問題として後述することにして、ここでは②について取り上げましょう。

ニュース記事の見出しなどで「コーヒーは○○の原因になる」とか「コーヒーが××を予防する」と書いてあるのを見たことはないでしょうか。判りやすさを優先する一般向け記事では仕方ないのですが、厳密に言うと、これらは医学的には「不正確な文章」です。そのどこが正確でないかを探ると、コーヒーの長期影響を考える上で重要な、二つのポイントが見えてきます。

一つ目のポイントは「リスクの増減」という考え方です。がん、糖尿病などの疾患には、年齢や遺伝的な要因のほかに、普段の食生活や飲酒喫煙などの生活習慣が関係します。喫煙とがん、塩分過多と高血圧など、特定の生活習慣と強く関連する疾患もありますが、それでもたった一つの要因だけで発症するかどうかが決まる例は少なく、複数の要因が長期間にわたって作用することで、例えば「日本人の二人に一人はがんになる」というように、「見かけ上、確率的に」一定の集団内に、その病気になる人が現れます。コーヒーの飲用も数多い生活習慣の一つにすぎず、飲んだ人全員で「○○の原因」になったり、１００％「××を予防」することはありません。しかしコーヒーを飲む人の集団では飲まない集団と比べて、いくつかの疾患の発症リスクが増減することが明らかになっています。「○○の原因」「××を予防」が不正確と言ったのはこのためで、「○○のリスク上昇」「××のリスク低下」と書く方が、より正確だと言えます。

相関と因果関係

二つ目のポイントは「相関と因果関係の違い」です。現時点では「コーヒーを飲む人は（飲まない人より）○○のリスクが低い」という文章は医学的に正確ですが、これを「コーヒーは○○のリスクを下げる」と書くことは、まだできません。一見、同じ意味のようですが、前者は「コーヒーを飲む（事象A）」と「○○のリスク低下（事象B）」が互いに関連するという「相関」を、後者はAがBの原因だという「因果関係」を意味する文章です。コーヒーの長期影響では、多くの観察研究からいろいろな疾患リスクの増減との相関が見いだされていますが、ヒト介入試験がほとんど行われておらず、因果関係の立証が十分ではないため、後者の書き方では誤りなのです。

些細な違いに感じるかもしれませんが、これは「コーヒーと健康」を考えるにあたって、最も注意すべきポイントです。疫学では、しばしば相関と因果関係の混同が問題になります。例えば、仮に「コーヒーを飲むと肺がんが治る」というデマが広まっていたなら、肺がん患者の方がたくさん飲むかもしれません。この場合、相関はあっても因果関係は逆になります。また、以前「コーヒーを飲む人は肺がんリスクが高い」と発表されたとき、よく調べてみると、その調査ではコーヒーを飲むグループの方が喫煙者の割合が高く、喫煙／非喫煙者に分けて計算しなおすと、コーヒーと肺がんリスクには、ほとんど相関がないという結果になりました。このように、別の隠れた因子の影響（交絡）によって、相関があるように見えることを「擬似相関」と言います。

このような可能性を除外するため、疫学調査では、①AがBよりも先行しているか（時間的前後関係）を調べること、②交絡因子を排除してコーヒーの影響だけを調べること、が必要になります。ただし信頼性が高いコホート研究でもこれらの問題を完全に解決するのは困難であり、因果関係を立証するには介入試験を行う必要が出てきます。

介入試験の難しさ

「だったら介入試験すればいいじゃない」と言うのはもっともですが、何年もかけて発症するがんや糖尿病の研究には、被験者のコーヒー摂取を長期間コントロールする必要があり、容易ではありません。しかも「飲みつづける」「飲まない」のどちらのグループになるかはランダムで決められ、被験者自身が選ぶことはできないのです。私なら「これから2年間、毎日3杯飲め」と言われても平気ですが「2年間一滴も飲むな」と言われたら、たまったものではありません。

また介入試験はいわば一種の人体実験です。例えば、コーヒーが肺がんの原因だと証明しようとすることは、もしその仮説が正しければ一部の被験者を肺がんにすることになり、倫理的には大問題です。これらの理由から介入試験ができない問題が、疫学にはときどき出てきます。例えば「喫煙は肺がんの原因」というのも、じつはこの理由から介入試験で立証されたわけではありません。しかし、①多くの疫学調査で相関と前後関係が確証され、②交絡を排除した単独での影響が十分に大きく、③用量―反応性（喫煙量が増えるほど肺がんリスクが上昇、など）があり、④活性本体と作用メカニズムが解明され、⑤動物代替実験でも証明……と間接的な証拠を積み重ねた結果、因果関係として認められています。コーヒーの長期影響は単独の影響が小さいものが多いため難航してはいますが、現在これと同じ方向で傍証が積み重ねられている段階なのです。

コーヒーの長期影響

ではコーヒーと疾患リスクの関係を見ていきましょう。ただしあらかじめはっきり注意しておきますが、これらの疾患リスク低下は「不確実な予防効果」のようなもので、特に「治療効果」とはまるっきり別物です。既に発症している人では、逆に症状を悪化させる懸念もありますから、不安な人はコーヒーに縋《すが》ろうと考えず、専門のかかりつけ医師に相談してください。

これまで多くの疫学調査から、コーヒーを飲む人の方が発症リスクの低くなる疾患と高くなる疾患がそれぞれ見つかっており、メタ解析による検証も行われています。急性作用の場合には、同じ薬理作用が時と場合によって良くも悪くも働くという「善悪両面」がありましたが、慢性作用では、発症リスクが低下する疾患と上昇する疾患があるという「善悪両面」があると言えるでしょう。また、日本ではあまり普及していませんが、欧米ではカフェインレスコーヒーのシェアが30％近く、通常のコーヒーと比較可能なことや、お茶やコーラなどの含カフェイン飲料全体の結果から、一部の疾患にはカフェインが影響することが指摘されています。

2型糖尿病リスクの低下

近年もっとも注目されている影響の一つが、コーヒー飲用者での2型糖尿病リスクの低下です。糖尿病には遺伝的要因が大きい1型と、生活習慣の関与が大きい2型があり、日本では特に2型糖尿病が多く、社会問題となっています。２００２年、オランダの研究者がコーヒー飲用者では2型糖尿病の発症リスクが低いことを発表し、その後、日本を含む、数多くの大規模疫学調査のほぼ全てで同様の結果が得られています。２００９年に行われたメタ解析では、摂取量が一日１杯増えるごとに発症リスクが７％低下すると試算されました。

正直「７％」とは微妙な数字で、少なくとも個人レベルでは意味のある増減とは言いがたいのが本音です。ただ、２０００年に厚労省が打ち出した「健康日本21」というプロジェクトでは「このままだと２０１０年には糖尿病人口が１０８０万人になることが予想されるので、それを１０００万人にまで減らそう」という数値目標が掲げられました。割合にして７・４％の削減。

それが国家的な目標になったのですから、集団レベルで考えれば、7%という数字もそう捨てたものではないかもしれません。

カフェインが、インスリン分泌や細胞のインスリン応答性に影響することは古くから知られていますが、疫学調査ではカフェインレスコーヒーでも効果が見られ、この糖尿病リスク低下がどの成分によるものかは判っていません。またヒト介入試験も行われましたが、2ヵ月間の実施が限界で、この短期では糖尿病を発症する人もなく、糖尿病の診断マーカー（アディポネクチンなど）に改善傾向が見られたものの、統計上意味のある（有意な）違いは認められませんでした。もっと長期の試験が可能ならいいのですが、ヒト実験上の制約もあって難しいようです。

各種がんリスクの増減

がんは、日本人の二人に一人がかかり、死亡原因の第1位……死因の約3割を占める国民的疾患です。コーヒーとがんの関係を調べた論文は数多く、がんの種類ごとに影響が異なります。

もっとも研究が進んでいるのは肝がんの発症リスク低下です。メタ解析の結果から、コーヒー摂取量が一日1杯増えるごとに約20%の肝がんリスク低下があると総括されています。日本における肝がんの主因は、B型、C型肝炎ウイルスによるウイルス性慢性肝炎ですが、これらのウイルス保有者でも発症リスク低下が見られます。コーヒー飲用者では、肝機能の指標となる酵素量や肝硬変に伴う線維化にも改善傾向が見られることから、肝機能全体の改善が肝がんリスクの低下に関連するようです。その活性本体は不明ですが、カフェインとは別の成分だと思われます。

これ以外のがんについては、まだはっきりしているとは言いがたいものが大半です。古くから議論が続いている大腸がんでは、1998年のメタ解析でリスク低下が指摘されたものの、2009年の再解析の結果、一部の地域・性別だけで見られる現象のようだと下方修正されています。一方、膀胱がんでは一日1杯で3～5%のリスク上昇というメタ解析の結果があり、これはカフェインによるものだと疑われています。

心血管疾患リスクとの関係

日本では、がん、心疾患、脳卒中を「三大死因」、これに糖尿病を加えて「四大疾病」と言いますが、このうち心疾患（心臓病、心筋梗塞、CHD）と脳卒中（脳血管疾患）をまとめて「心血管疾患（CVD）」とも呼びます。疫学調査が始まった1960年代にコーヒーが心血管疾患の原因になるという論文が発表され、後に交絡の見落としだったことが判明したものの、1970年代以降、リスクが上昇するという報告と影響しないという報告の両方が相次ぎ、論争が巻き起こりました。

この矛盾の原因は、調査方法の違いによるものだった可能性が指摘されています。1994

年、ハーバード大のイチロー・カワチ教授らが調査手法ごとのメタ解析を行い、症例対照研究ではリスクが上昇する一方、コホートではほとんど差がないことを示しました。症例対照研究は調査対象が何らかの基礎疾患を持った人などに偏る傾向があり、これが見かけ上のリスク上昇を引き起こしたと考えられています。原因はまだ不明ですが、高リスク群には遺伝的にカフェインの代謝分解が遅い人が多いのではないかという仮説が現在提唱されています。

また、その後コホートを対象にしたメタ解析で用量—反応性が検証された結果、心疾患や脳卒中のリスクは、コーヒーをまったく飲まない人に比べて、かえって少量〜中程度飲む人の方が低く、一日3〜4杯をピークにして、それ以上摂取量が増えるとリスク上昇に向かうという「U字型」の用量—反応曲線になることが示されました。飲むか飲まないかだけの比較では隠れてしまっていたのですが、健康な人が適量を飲む場合には、じつは従来言われていたのとは逆に、心血管疾患リスクが低下するのではないかという結果になっています。

その他の疾患との関係

この他に発症リスクの増減が指摘されているものを表8-3にまとめました。このうち研究が進んでいるのはパーキンソン病で、メタ解析の結果からコーヒー一日3杯で25〜30%程度のリスク低下があると報告されています。この作用は、お茶などを含めたカフェイン総摂取量やカフェ

表8-3　コーヒーの主な長期影響

		症例対照	コホート	メタ解析			活性本体	動物実験	介入試験
		相関のみ	相関＋前後関係		用量反応性				
リスク低下	２型糖尿病	○	○	○	○	−7%/cup	カフェイン？	○	△
	肝がん	○	○	○	○	−20%/cup	カフェイン以外		
	大腸がん	○	○	？論争中			カフェイン以外		
	子宮体がん	○	○	○	○	−25-30%/3cups			
	パーキンソン病	○	○	○	○	−10%/cup	カフェイン	○	
	胆石	○	○	○	○	−5%/cup			
	アルツハイマー病・認知症	○	○	？論争中			カフェイン		
	心血管疾患	×(リスク上昇)	○	○	U-shape	−15%, at 3-4cups/d	カフェイン		
	総死亡		○	○	U-shape	−16%, at 4cups/d			
	自殺		○		J-shape?				
リスク上昇	膀胱がん	○	○	○	○	+3-5%/cup	カフェイン		
	関節リウマチ	○	○	○	?				
	肺がん	○	○	○	?				
	緑内障		○				カフェイン？		
	流死産	○	○	○	?		カフェイン		

インレスコーヒーとの比較解析からカフェインによる影響だと考えられています。パーキンソン病の発症には線条体におけるドパミンの低下が関与しており、カフェインがＡ２Ａ受容体を介してドパミン作動神経を調節することが予防や進行防止に働くことが判明し、Ａ２Ａだけを特異的に阻害する新しい抗パーキンソン薬（イストラデフィリンなど）の開発につながりました。

善悪どちらが大きいか？

コーヒーの長期影響の良い面と悪い面を列挙してきましたが、結局、善悪どちらの影響が大きいのでしょうか。次のような例から比較方法を考えてみましょう。

「二つの疾患A、Bについて、コーヒーを飲まない人での発症率をそれぞれ1としたとき、コーヒーを飲む人では疾患Aの発症リスクが0・9、疾患Bの発症リスクは2・0になる」

このように、対照群の発症率を1としたときのリスクを「相対リスク」と呼びます。コーヒーによる疾患A、Bの相対リスクの増減は「10％ 対 100％」で、疾患Bへの影響を大きく感じるのではないでしょうか。しかしこう続けるとどうでしょう。

「疾患Aを発症する患者は日本で年間30万人だが、Bは年に30人の珍しい疾患である」

実際には、もともとの基準となる発症率は疾患ごとに異なります。日本の人口を1億2000万人とすると疾患Aの絶対リスクは約0・25％、Bはその1万分の1です。このように集団全体を基準にしたリスクを「絶対リスク」と呼びます。コーヒーによる絶対リスクの増減を計算するには飲用率も考える必要がありますが、概算すると疾患Aでは30万人の10％で3万人、Bでは差し引き30人……「3万 対 30」で、今度は疾患Aへの影響が大きく感じられます。しかし話はこれでは終わりません。次のように続けるとどうでしょうか。

「疾患Aは入院手術すれば99・9％命は助かる。Bは治療法がまだない死病である」

このように、疾患ごとにその後の経過や治療法も異なるため、そこまで考えると、どっちがましかわからなくなってきます。これはあくまで喩えの一つにすぎませんが、現実も似たようなものです。結局、長期影響の良い面と悪い面を比べるのは難しいと言わざるをえません。

コーヒーを飲むと長生きできる？

とは言え「難しい」で終わらせてしまうのも癪《しゃく》なので、なんとか良い面と悪い面のどちらが大きいかを評価できないでしょうか。かなりアバウトですが、病気の中でも死に至る重篤なケース、つまり「死亡リスク」を指標にするのが一つの考え方です。2012年、のべ40万人、13年間の追跡を行ったNIH（アメリカ国立衛生研究所）の大規模コホートの結果、コーヒーを飲む集団の方が全く飲まない集団より、調査期間中の総死亡率が低下すると発表されて話題を呼びました。一日4～5杯飲むグループがもっともリスクが低く、がんによる死亡にはあまり違いが見られなかったものの、それ以外の死因（心疾患、脳卒中、肺炎、事故など）で、リスク低下が認められました。日本の大規模コホート調査でも、また2014年に報告されたメタ解析でも同様の傾向が確認されています。ただし重要なテーマだけに、今後さらに多くの医学的根拠が必要になるでしょう。

もしこの見解が正しいとしたら、コーヒーは私たちの健康にどう影響するでしょうか。少し話が逸《そ》れますが「日本で1980年代からがんが急増して死因第1位になった最大の理由は何か」という疫学の設問があります。学生に質問すると、食品添加物？ 環境汚染？ 食生活の欧米化？などいろいろな回答が出てきますが、正解は「医学が進歩して他の病気で早死にする人が減ったから」。がん最大のリスク因子は「加齢」であり、感染症などが減って長生きする人が増えた分、がんも増えたというわけです。あくまで「もしも」の話ですが、日本人全員が今よりもコーヒーを毎日1〜2杯多く飲む「もしもの世界」では、疾患発生のパターンが変わると予想されます。心疾患や脳卒中、不慮の事故などで急逝する人が減り、2型糖尿病などの疾患リスクも減ると思われます。ヒトはいつか必ず死ぬので、別の死因が増えるでしょうが、総合的に見ると医学の進歩のときと同様に「健康長寿社会」に近づく可能性が考えられるのです。

アピールは割に合わない

「本当にトータルで良い面が大きいなら、もっとアピールしたらどうか」と思った人もいるかもしれません。しかしここで、もう一度「リスク」について思い出してください。リスクは集団として考えた場合の確率で、いわば競馬などでの「掛け率」のようなもの。いくらハズレを引く確率が減ったとしても、外れるときは外れるものです。特に、コーヒーを飲むことでのリスク変動はどれも一日1杯増でせいぜい5～20％程度。２型糖尿病のように「集団レベル」では意味があっても、「個人レベル」で考えると、飲んでも飲まなくても大した変動ではありません。

また積極的なアピールも考えものです。例えば「コーヒーを飲む人の方が膀胱がんのリスクが高い」と「コーヒーを飲む人の方が肝がんのリスクが低い」は、現時点ではそれなりに根拠がある内容ですが、それを聞いた人がもし膀胱がんになったら、真実かどうかにかかわらず「コーヒーのせいでがんになった」と考えても仕方ありません。また別の人が肝がんになったとき「コーヒーを飲んでいたのにがんになった。コーヒーなんて効かないじゃないか」と考えるのも仕方ないでしょう。それがヒトの心理というものなので、責めることはできません。もちろん「コーヒーのおかげで肝がんにならずに済んだ人」もいるはずなのですが、健康なヒトはそれを「当たり前」だと考えるものなので、彼らがコーヒーに感謝することはまずないでしょう。ちょっと悲観的かもしれませんが、コーヒーが悪者扱いされなくなる日はまだまだ先なのかもしれません。

飲み過ぎるとどうなるか

ここまでは、一般的な摂取量での影響が話の中心でしたが、ここからは飲み過ぎた場合の問題点について考えましょう。飲み過ぎたときに問題になるのは、急性症状の「カフェイン中毒」と、中～長期症状の「カフェイン離脱」の二つで、どちらもカフェインが原因です。

カフェイン中毒

短時間のうちに大量にコーヒーを飲んだとき、望ましくない生理反応が心身に現れることがあります。これはカフェインの過剰摂取による急性の中毒症状で「カフェイン中毒」と呼ばれます。このカフェイン中毒という言葉を、カフェインの常用や後述のカフェイン依存の意味で使う人がいますが、医学上は正しくありません。現在「中毒（ｉｎｔｏｘｉｃａｔｉｏｎ）」は急性の有害作用を指す用語であり、例えばアルコールでも、昔は「急性アルコール中毒」「慢性アルコール中毒」という言葉がありましたが、後者は現在「アルコール依存症」と呼ばれています。

カフェインの大量摂取は、不安や不眠などの精神症状や、手足の震え（振戦）、動悸、胸焼けなどの身体症状を引き起こすことがあります。精神疾患診断の基準の一つ『ＤＳＭ－５（精神疾患の診断と統計マニュアル第５版）』では、カフェイン２５０㎎以上を摂取し、神経過敏や顔面紅潮などの12の診断項目のうち5つ以上に当てはまる場合を「カフェイン中毒」としています。DSM―5ではコーヒー1杯をカフェイン100～200mgに概算するため、「一度にコーヒー2～3杯以上飲んだら症状が出ることがある」という計算です。なお、これは診断上の見落としがないよう厳しめの数値になっているので、この量で誰にでも必ず症状が現れるというわけではありません。

カフェインの急性中毒は通常、何もしなくてもその日のうちに快復し、特に目立った後遺症もありません。ただし極めて大量に摂取したときは救命措置が必要な場合もありますし、ごくまれに命を落とす例も報告されています。このほとんどはカフェイン錠剤の大量服用によるものです。カフェインのヒト致死量は5～10g程度と言われていますが、50g以上での生還例や、重度肝障害の人が1gで亡くなった例もあり、かなりのばらつきがあります。ただ通常は、コーヒーで致死量を摂るには50杯以上を一気飲みしなければいけない計算になりますから実際問題不可能に近く、事実、コーヒーの大量飲用による死亡例は過去には見当たりません。

カフェイン離脱（カフェイン依存）

コーヒーやカフェインを普段から多く常用する人では、最後の摂取から半日～2日後に、頭痛や集中力の低下、疲労感、眠気などの症状が出ることがあります。これは「カフェイン離脱」と呼ばれる退薬症状で、特に頭痛が顕著なことから「カフェイン離脱頭痛」とも呼ばれます。

カフェイン離脱は一般に、一日摂取量が400㎎を越える常用者に見られますが、この量でも起こさない人もいれば、もっと少なく100㎎程度でも起こす人もいるようです。頭痛などの身体症状（身体依存）と不安などの精神症状（精神依存）の両方が見られますが、どちらもアルコールや他の薬物依存の場合と比べるとかなり軽微です。これらの症状は少量のカフェインを摂取するとすぐにおさまりますし、何もしなくても1～4日程度で消失し、後遺症もありません。離脱時にカフェインを求めること（渇望）はありますが、麻薬や覚醒剤とは異なり、罪を犯してでも手に入れようとするほどではなく、意志の力だけで十分自制可能な範囲です。また効かなくなって使用量が増えつづけること（耐性）は通常ほとんど生じないか、部分的なものに留まると考えられています。

総合すると「軽微な身体・精神症状は現れるが、短期間で消失し、耐性は部分的で、問題行動も起こさない」、これなら麻薬や覚醒剤はもちろん、アルコールやタバコなどと比べてもはるかに安全だろう、というのが、現在のカフェイン離脱に対する扱いに繋がっています。

カフェインと耐性

「耐性は部分的」「使用量が増えつづけることがない」と説明しましたが、首を傾げた人もいるかもしれません。眠気覚ましに飲んだコーヒーが思うように効かないとか、急に飲む量が増える経験談はしばしば見聞きしますし、私自身も何度か覚えがあります。とはいえ、私も少なくとも25年以上飲みつづけていますが、今でも毎朝最初の1杯で頭が冴えますし、一時的に飲む量が増えてもしばらくすると元に戻ります。これを医学上は「耐性が生じにくい」と呼ぶわけです。

また利尿作用や血圧上昇などの末梢作用では、ある程度のカフェイン耐性が生じる一方、覚醒や興奮などの中枢作用では生じにくいようです。これは脳のA2A受容体に耐性が生じにくく、A2Aだけでも十分な中枢興奮作用を発揮できるからだという説があります。ただし非常に大量のカフェイン（一日あたり750〜1200㎎）を常用する人では、中枢にも耐性が現れることがあるようです。これはカフェインの主要な分解酵素（CYP1A2）が、カフェイン摂取で産生（酵素誘導）されやすくなり、肝臓での分解が促進されるためだと考えられています。

「そこまで飲んでないのに効かない」と納得できない人もいるでしょう。ひょっとしたらカフェインの効き目は同じでも、睡眠不足や疲労が蓄積しているせいかもしれません。カフェインは基本的に「眠気」「疲労感」を一時的に抑えるもので、睡眠や休息そのものの代わりにはならないのです。またヒトがコーヒーを飲む量は、精神的ストレスが強いときほど増える傾向がありま す。おそらくは無意識下にカフェインによるリラックス効果を求めるためだと思われます。「コーヒーの急増はストレスのバロメーター」と言っていいかもしれません。もちろんこのコーヒーのストレス低減にも限界がありますから、急に飲む量が増えたときは、ほかのストレス解消法を併用したり、ストレスの原因そのものを無くす方法も考えるとよさそうです。

飲み過ぎと適量の境界線

飲み過ぎの弊害はわかりましたが、どこまでが適量で、どこからが飲み過ぎなのでしょうか。

全日本コーヒー協会が毎年行っているアンケートによれば、日本人は週平均10〜11杯とのこと。また40〜69歳を対象にした調査によれば、①ほとんど飲まない、②週に1〜数杯、③一日1〜2杯がそれぞれ約3割を占めています。日本は国民一人当たりの消費量は少ない国で、世界1位のフィンランドは一日3〜4杯が平均です。また歴史上の人物では、ボードレールは毎日10杯、バルザックは原稿に追われながら何と一日50杯以上飲んだと伝えられています。

飲む量の違いには食文化や習慣だけでなく、遺伝も関係しているかもしれません。最近、カフェインの分解に関わる二つの遺伝子（ＣＹＰ１Ａ２とＡＨＲ）の遺伝的な違いが、コーヒー常用と相関するという論文が報告されています。カフェインの分解能力が生まれつき低い人は急性作用が現れやすく、不快に感じる経験が多いためコーヒーを避けるという仮説が提唱されています。

また一杯あたりのカフェイン含有量には、同じ１５０㎖のレギュラーコーヒーでも40〜１８０

mgと、じつに4倍以上のばらつきがあります。焙煎や抽出方法の違いより、一杯に使用する豆の量の違いがもっとも大きい原因のようです。疫学分野では「一杯あたり100mg」に換算するのが慣例でしたが、近年の調査では実際の量は60〜90mgと、やや少なめのようです。

一般成人の「適量」の目安

最初に「飲み過ぎは体に毒」と言いましたが、実際は、良くないことが起きた場合を飲み過ぎと呼ぶのであって、問題が起きないならば、どれだけ飲んでも差し支えないという言い方も可能です。少なくとも、コーヒーの飲み過ぎが原因で死んだ人は過去に記録がなく、逆にボードレールやバルザックのように大量に飲んでも支障がなかった人の例は多々あります。その意味では例えばお酒と比べても害は少ないと言えるでしょう。とはいえ、コーヒー1杯飲んだだけでも気分が悪いと訴える人がいるのもまた事実。「適量」には個人差が大きいという結論になります。

その上であくまで一般論として、健康な成人の場合、コーヒー3杯以上（カフェイン250mg以上）を一気に飲むと、急性カフェイン中毒の症状が出ることもあると言えるでしょう。また、長期間飲みつづける場合については少なくとも一日4〜5杯くらいまでなら、疾患リスクへの影響はあまり考えなくてよいと思われます。ただし、これはそれ以上が危険という意味ではなく、そんなに多く飲む人のデータが少ないため、現時点でははっきりしたことが言えないにすぎません。おそらく将来、もう少しまで大丈夫という方向に向かうと予想しています。

また、少しややこしいのがカフェイン離脱の問題です。嬉しくない作用であることは確かですが、やや多めに飲む人でも出るとは限らない作用ですし、今の日本のように、飲みたいときにいつでもコーヒーを飲める環境にある限り、何の不自由もなく過ごせます。また仮に我慢するにしても2〜4日で解決します。どちらを選ぶかは、本人次第というところでしょうか。

摂取に注意が必要な人

多くの人にとっては問題が少ないものの、摂取に注意が必要な場合も報告されています。

妊娠初期の女性

妊娠初〜中期（8〜28週）にカフェインを多量に摂取しつづけている人は、そうでない人に比べて流死産のリスクが高いという報告があります。妊娠中には激しい運動を避けたり、喫煙、飲酒を控えたり、薬を飲むのを止めるよう、産婦人科の先生から指導を受けますが、「カフェインを過剰に摂取しつづけないこと」も、それらと同様の扱いです。ただし、もともと正常な妊娠でも約15％のケースは自然流産することが知られており、コーヒー一日2〜3杯以内ならばリスクに差がないという報告がほとんどです。飲みたいけれど不安だという場合には、例えば3杯目からカフェインレスコーヒーにするのも一つの手かもしれません。

子供～青少年

カフェインは、WHOの基礎医薬品リストに小児無呼吸症の治療薬として収載されている関係から子供への安全性の検証は十分に進んでいます。カフェインを代謝する能力は子供でも成人と変わらないものの、同じ量を飲んだ場合は、体の小さい子供の方が、体重当たりのカフェイン濃度が高くなるため急性作用が強く現れがちです。一回当たり3mg／kg（体重65kgの大人で約200mg）以内の摂取であれば、特に問題がないと考えられています。

精神疾患などとの関係

2011年、厚労省がそれまでの四大疾病に統合失調症やうつ病などの精神疾患を加えて「五大疾病」としたことからもわかるように、いまや国民の健康を脅かす重要な疾患です。コーヒーと精神疾患との関係は複雑です。近年、飲用者ではうつ病の発症リスクが下がるという報告がいくつか出てきていますが、一方ではカフェインが不眠やパニック発作などの症状を増悪したり、抗うつ薬に拮抗して治療を妨げることも知られています。このため、すでに発症、治療中の人は摂取を避けるか、少なくとも担当医に相談するべきでしょう。この他、胃炎治療中の人や、重度

図8-3　コーヒーと健康を考える

の肝機能低下がある場合も同様です。

「コーヒーを飲むとヒトはどうなるか」について医学的な観点からいろいろ考えてきましたが、もう一つ忘れてはならないことがあります。それはコーヒーが人生に愉しさと潤いを与えること、すなわち「クオリティ・オブ・ライフ」を向上させる効果です。いろいろなデメリットとメリットを天秤にかけ（図8－3）、「自分にとって無理のない量を楽しく飲む」のがいちばん健康に良い飲み方ではないでしょうか。

おわりに

「科学から見たコーヒーの世界」いかがでしたでしょうか？　最後まで本編を読んでいただいた皆さん方に、ここで一つ質問があります。

「あなたにとってコーヒーとはなんですか？」

……そう、一章の最初に出てきた質問です。私はこれをコーヒーに関するあらゆる問いの中で「一番目に大事な質問」に位置づけています。では一番目は何なのか。それは「コーヒーとはなんだろう」という根本的な、そして考えるほどに判らなくなる哲学的な疑問です。しかし「二番目に大事な質問」の回答を積み重ね、「コーヒー」という一つの対象をいろんな角度から眺めることで、全体像を立体的に捉えることができれば、今よりもほんのちょっとだけ、その「答えらしきもの」に近づけるかもしれません。もしも、この本から知った内容を通じて、皆さんのコーヒー観が以前よりちょっとだけ立体的になり、そこからこれまでとは違った一人一人の回答が導き出されるのであれば、著者としても、また一人の「コーヒーおたく」としても、これに勝る喜びはありません。

本書は（ページ数を減らすため、草稿を大幅にカットはしましたが）これまでに私が得た知識の集大成の一つです。実世界、ネット上を問わず、多くの人からのご教示なくしてこの本は生まれませんでした。中でも第一に、自家焙煎店「カフェバッハ」店主である田口護・文子ご夫妻に深謝いたします。45年以上に亘って自家焙煎業界の雄として活躍され、その経験と科学的視座に基づく焙煎技術の理論を体系化した、私にとってはコーヒー研究の大先輩とも言うべき存在です。私が若輩の頃からコーヒーの知識や体験、技術の数々を惜しみなく御提示いただいただけでなく、田口夫妻を通じてコーヒーに造詣が深い多数の識者の方々とも交流を持つことができました。

また『コーヒーに憑かれた男たち』『コーヒーの鬼がゆく』（中公文庫）などの名著で知られる嶋中労氏に深謝いたします。田口氏との共著である前著『コーヒー おいしさの方程式』（NHK出版）の出版記念の席で言われた「旦部君はブルーバックスで一冊書くべきだ」の一言がなかったら、本書が形になることもなかったでしょう。また、いつも支えてくれる滋賀医大微生物感染症学部門の同僚たちと、知人友人、家族にもこの場を借りて感謝の意を述べさせていただきます。

そして最後になりましたが、編集担当の家中信幸氏と、企画段階から尽力いただいた能川佳子氏をはじめ、本書に携わった講談社ブルーバックスの全ての方々に深く御礼申し上げます。

２０１６年2月　旦部幸博

図表

図2-2. Angiosperm Phylogeny Website（http://www.mobot.org/mobot/research/apweb/　2015年12月15日アクセス）、B. Bremer & T. Eriksson（2009）Int. J. Plant Sci. 170, 766-793、Q. Yu *et al.*（2011）Plant J. 67, 305-317.
図2-3. A.P. Davis *et al.*（2011）Bot. J. Linnean Soc. 167, 357-377.
図2-5. P. Lashermes *et al.*（1993）Genet. Res. Crop. Evol. 40, 91-99、P. Lashermes *et al.*（1996）Theor. Appl. Genet. 93, 626-632.
表4-1. F. Hayakawa *et al.*（2010）J. Sensory Studies 25, 917-939.
表4-3. C. Narain *et al.*（2003）Food Qual. Prefer. 15, 31-41.
図5-6. S. Avallone *et al.*（2001）Curr. Microbiol. 42, 252-256.
図5-7. C.F. Silva *et al.*（2008）Food Microbiol. 25, 951-957.
図7-9. Y. Li *et al.*（2015）Soft Matter 11, 4669-4673.
図8-1. A. Rosner（2011）J. Bodywork Movement Ther. 16, 42-49.

第8章

77. FTC（2014）FTC Charges Green Coffee Bean Sellers with Deceiving Consumers through Fake News Sites and Bogus Weight Loss Claims, Press release, 2014-May-19,（https://www.ftc.gov/news-events/press-releases/2014/05/ftc-charges-green-coffee-bean-sellers-deceiving-consumers-through 2015年12月15日アクセス）
78. 野田光彦（編著）『コーヒーの医学』（日本評論社 2010）
79. 栗原久（著）『カフェインの科学』（学会出版センター 2004）
80. P. Philip *et al.*（2006）Ann. Intern. Med. 144, 785-791.
81. K. Ker *et al.*（2010）Cochrane Database Syst. Rev. CD008508.
82. S. Ferré（2008）J. Neurochem. 105, 1067-1079.
83. D. Borota *et al.*（2014）Nat. Neurosci. 17, 201-203.
84. 世界アンチ・ドーピング機構（2015）禁止表（http://list.wada-ama.org/jp/　2015年12月15日アクセス）
85. L.M. Burke（2008）Appl. Physiol. Nutr. Metab. 33, 1319-1334.
86. C. Weiss *et al.*（2010）J. Agric. Food Chem. 58, 1976-1985.
87. H. Heckers *et al.*（1994）J. Intern. Med. 235, 192-193.
88. S.R. Brown *et al.*（1990）Gut 31, 450-453.
89. R.M. van Dam & E.J. Feskens（2002）Lancet 360, 1477-1478.
90. R. Huxley *et al.*（2009）Arch. Intern. Med. 169, 2053-2063.
91. N.M. Wedick *et al.*（2011）Nutr. J. 10, 93.
92. F. Bravi *et al.*（2013）Clin. Gastroenterol. Hepatol. 11, 1413-1421.
93. E. Giovannucci（1998）Am. J. Epidemiol. 147, 1043-1052.
94. Y. Je, E. Giovannucci *et al.*（2009）Int. J. Cancer. 124, 1662-1668.
95. W. Wu *et al.*（2015）Sci. Rep. 5, 9051.
96. I. Kawachi *et al.*（1994）Br. Heart J. 72, 269-275.
97. S. Malerba *et al.*（2013）Eur. J. Epidemiol. 28, 527-539.
98. R. Liu *et al.*（2012）Am. J. Epidemiol. 175, 1200-1207.
99. N.D. Freedman *et al.*（2012）N. Engl. J. Med. 366, 1891-1904.
100. E. Saito *et al.*（2015）Am. J. Clin. Nutr. 101, 1029-1037.
101. A. Crippa *et al.*（2014）Am. J. Epidemiol. 180, 763-775.
102. EFSA（2015）"Scientific Opinion on the safety of caffeine" EFSA Journal 13, 4102.

50. M. Czerny, W. Grosch *et al.*（1999）J. Agric. Food Chem. 47, 695-699.
51. E. Ludwig *et al.*（2000）Eur. Food Res. Technol. 211, 111-116.
52. B. Bouyjou *et al.*（1999）Plantations, recherche, développement 6, 107-115.

第6章

53. 柄沢和雄、田口護（著）『コーヒー自家焙煎技術講座』（柴田書店 1987）
54. 星田宏司ほか（著）『珈琲、味をみがく』（雄鶏社 1989）
55. K. Davids "Coffee: A Guide to Buying, Brewing, and Enjoying"（St Martin's Press, NY, 2001）
56. N. Bhumiratana, K. Adhikari *et al.*（2011）LWT Food Sci. Technol. 44, 2185-2192.
57. 佐藤秀美（著）『おいしさをつくる「熱」の科学』（柴田書店 2007）
58. 杉山久仁子（2009）伝熱 48(204), 37-40.
59. E. Virot & A. Ponomarenko（2015）J. Royal Soc. Interface 12, 20141247.
60. P. S. Wilson（2014）J. Acoust. Soc. Am. 135, EL265-269.
61. S. Schenker（2000）D.Phil thesis. No. 13620. ETH Zurich.
62. J. Baggenstoss（2008）D. Phil thesis. No. 17696. ETH Zurich.
63. 妹尾裕彦（2009）千葉大学教育学部研究紀要 57, 203-228.
64. 山内秀文（編）『Blend, No. 1』（柴田書店 1982）
65. 岡崎俊彦『大和鉄工所のコーヒー焙煎機（マイスター）資料集』（http://www.daiwa-teko.co.jp/coffee/　2015年12月15日アクセス）

第7章

66. コルトフ（編著）『分析化学』（広川書店 1975）
67. 田口護（著）『カフェ・バッハ　ペーパードリップの抽出技術』（旭屋出版 2015）
68. E. Illy & L. Navarini（2011）Food Biophysics 6, 335-348.
69. 芝原耕平（1928）JOCK講演集. 第5輯, 123-132.
70. E. Aborn（1912）Tea and Coffee Trade J. 23（Suppl.）, 49-52.
71. R.C. Wilhelm（1916）Tea and Coffee Trade J. 31, 338-339.
72. W.B. Harris（1917）Tea and Coffee Trade J. 32, 336-337.
73. 関口一郎（著）『珈琲の焙煎と抽出法―カフェ・ド・ランブル』（いなほ書房 2014）
74. E. Bramah & J. Bramah "Coffee Makers: 300 Years of Art & Design"（Quiller Press, Wykey, UK, 1992）
75. おいしい探検隊（編）『OYSYコーヒー・紅茶』（柴田書店 1994）
76. M. White "Coffee Life in Japan"（University of California Press; Berkeley, CA, 2012）

24. USAID（2005）“Moving Yemen coffee forward”（http://pdf.usaid.gov/pdf_docs/Pnadf516.pdf　2015年12月15日アクセス）
25. A. Lécolier *et al.*（2009）Euphytica 168, 1-10.
26. S. Spindler（2000）“Brazil Internet Auction: The Grand Experiment” Tea & Coffee Trade J. Online 172. No.2（http://teaandcoffee.net/0200/ 2015年12月15日アクセス）
27. S. Ogita, H. Sano *et al.*（2003）Nature 423, 823.

第4章

28. 日本化学会（編）『化学総説 14：味とにおいの化学』（日本化学会 1976）
29. 石川伸一（著）『料理と科学のおいしい出会い』（化学同人 2014）
30. J. Chandrashekar *et al.*（2006）Nature 444, 288-294.
31. 重村憲徳ほか（2007）細胞工学 26, 890-893.
32. 稲田仁、富永真琴（2007）細胞工学 26, 878-882.
33. 岡勇輝（2014）実験医学 32, 2912-2916.
34. J.E. Hayes *et al.*（2011）Chem. Senses 36, 311-319.
35. N. Pirastu *et al.*（2014）PLoS ONE 9, e92065
36. W. Meyerhof *et al.*（2010）Chem. Senses 35, 157-170.
37. R. Matsuo（2000）Crit. Rev. Oral Biol. Med. 11, 216-229.
38. 東原和成ほか（著）『においと味わいの不思議』（虹有社 2013）
39. ゴードン・M・シェファード（著）『美味しさの脳科学』（インターシフト 2014）
40. T. Michishita *et al.*（2010）J. Food Sci. 75, S477-489.
41. ベルトラン・G・カッツング（著）『カッツング薬理学　原書10版』（丸善 2009）
42. 嶋中労（著）『コーヒーに憑かれた男たち』（中公文庫 2008）
43. 全日本コーヒー商工組合連合会日本コーヒー史編集委員会（編）『日本コーヒー史』（全日本コーヒー商工組合連合会 1980）

第5章

44. O. Frank, T. Hofmann *et al.*（2006）Eur. Food Res. Technol. 222, 492-508.
45. O. Frank, T. Hofmann *et al.*（2007）J. Agric. Food Chem. 55, 1945-1954.
46. S. Kreppenhofer, T. Hofmann *et al.*（2011）Food Chem. 126, 441-449.
47. 中林敏郎ほか（著）『コーヒー焙煎の化学と技術』（弘学出版 1995）
48. R.J. Clarke & O.G. Vitzthum（eds.）“Coffee: Recent Developments”（Blackwell-Science Ltd, Oxford, 2001）
49. I. Flament “Coffee Flavor Chemistry”（John Wiley & Sons, Ltd, Chichester, West Sussex, UK, 2001）

参考文献

第1章

1. 田口護、旦部幸博（著）『コーヒー　おいしさの方程式』（NHK出版 2014）
2. 田口護（著）『田口護の珈琲大全』（NHK出版 2003）
3. 石脇智広（著）『コーヒー「こつ」の科学』（柴田書店 2008）
4. 全日本コーヒー検定委員会（監修）『コーヒー検定教本』（全日本コーヒー商工組合連合会 2012）
5. 田口護（著）『田口護のスペシャルティコーヒー大全』（NHK出版 2011）
6. W.H. Ukers “All About Coffee”（Tea and Coffee Trade Journal Co., NY, 1922 & 1935）
7. Henri Welter “Essai sur l'histoire du café”（C. Reinwald Éditeur, Paris, 1868）

第2章

8. Jean Nicolas Wintgens（ed.）“Coffee: Growing, Processing, Sustainable Production”（Wiley-VCH Verlag GmbH & Co. KGaA, Germany, 2009）
9. F. Anthony *et al.*（2010）Plant Syst. Evol. 285, 51-64.
10. 日経サイエンス編集部（編）『別冊日経サイエンス　205：食の探究』（日経サイエンス 2015）
11. A.P. Davis *et al.*（2006）Bot. J. Linnean Soc. 152, 465-512.
12. P. Lashermes *et al.*（1999）Mol. Gen. Genet. 261, 259-266.
13. F. Denoeud *et al.*（2014）Science 345, 1181-1184.
14. 森光宗男（著）『モカに始まり』（手の間文庫 2012）
15. R.D. De Castro & P. Marraccini（2006）Braz. J. Plant Physiol. 18, 175-199.
16. H. Ashihara *et al.*（2008）Phytochemistry 69, 841-856.

第3章

17. 臼井隆一郎（著）『コーヒーが廻り世界史が廻る』（中公新書 1992）
18. ラルフ・S・ハトックス（著）『コーヒーとコーヒーハウス』（同文舘出版 1993）
19. マーク・ペンダーグラスト（著）『コーヒーの歴史』（河出書房新社 2002）
20. アントニー・ワイルド（著）『コーヒーの真実』（白揚社 2007）
21. ベネット・アラン・ワインバーグほか（著）『カフェイン大全』（八坂書房 2006）
22. 福井勝義ほか（著）『世界の歴史24：アフリカの民族と社会』（中央公論社 1999、中公文庫 2010）
23. Richard Pankhurst “The Ethiopian Borderlands”（Red Sea Pr., Lawrenceville, NJ, 1997）

〈サ行〉

さくいん

N.D.C.596.7　317p　18cm

ブルーバックス　B-1956

コーヒーの科学《かがく》
「おいしさ」はどこで生まれるのか

2016年 2 月20日　第 1 刷発行
2025年 1 月23日　第20刷発行

著者　旦部幸博《たんべゆきひろ》
発行者　篠木和久
発行所　株式会社講談社
　〒112-8001　東京都文京区音羽2-12-21
電話　出版　03-5395-3524
　販売　03-5395-5817
　業務　03-5395-3615
印刷所　（本文印刷）株式会社新藤慶昌堂
　（カバー表紙印刷）信毎書籍印刷株式会社
製本所　株式会社国宝社

定価はカバーに表示してあります。

ISBN978－4－06－257956－8

発刊のことば

科学をあなたのポケットに

二十世紀最大の特色は、それが科学時代であるということです。科学は日に日に進歩を続け、止まるところを知りません。ひと昔前の夢物語もどんどん現実化しており、今やわれわれの生活のすべてが、科学によってゆり動かされているといっても過言ではないでしょう。

そのような背景を考えれば、学者や学生はもちろん、産業人も、セールスマンも、ジャーナリストも、家庭の主婦も、みんなが科学を知らなければ、時代の流れに逆らうことになるでしょう。

ブルーバックス発刊の意義と必然性はそこにあります。このシリーズは、読む人に科学的に物を考える習慣と、科学的に物を見る目を養っていただくことを最大の目標にしています。そのためには、単に原理や法則の解説に終始するのではなくて、政治や経済など、社会科学や人文科学にも関連させて、広い視野から問題を追究していきます。科学はむずかしいという先入観を改める表現と構成、それも類書にないブルーバックスの特色であると信じます。

一九六三年九月

野間省一